职业教育增材制造技术专业系列教材

增材制造工艺与应用

主　编　王　妲

副主编　祁　莹

参　编　高盛君　李雅君　李卓婧

　　　　刘　宁　周绍乐

机械工业出版社

本书根据教育部 2025 年公布的《高等职业教育专科专业教学标准》中增材制造技术专业教学标准，同时参考国家职业技能标准中关于增材制造设备操作员的岗位要求进行编写。

本书分为 8 个项目，引导读者了解和掌握增材制造的基本概念和原理，以及如何应用它们解决实际问题。本书还将当代中国精神和社会主义核心价值观与增材制造技术专业知识点和技能点深度融合，让读者对于增材制造相关行业在我国的蓬勃发展有更深刻的认识。

本书既可作为高等职业教育增材制造技术相关专业教材，也可作为三年制中等职业教育增材制造技术应用专业教材、增材制造设备操作员等岗位培训用书。为便于教学，本书配套有电子教案、助教课件等教学资源，教师可登录网站（www.cmpedu.com）进行注册、免费下载。

图书在版编目（CIP）数据

增材制造工艺与应用 / 王妲主编. -- 北京：机械工业出版社，2025.5. -- （职业教育增材制造技术专业系列教材）. -- ISBN 978-7-111-78648-1

I. TB4

中国国家版本馆CIP数据核字第2025CA7447号

机械工业出版社（北京市百万庄大街22号　邮政编码100037）
策划编辑：黎　艳　　　　责任编辑：黎　艳　赵晓峰
责任校对：潘　蕊　陈　越　封面设计：张　静
责任印制：邓　博
北京中科印刷有限公司印刷
2025年7月第1版第1次印刷
184mm×260mm・13.75印张・337千字
标准书号：ISBN 978-7-111-78648-1
定价：49.00元

电话服务　　　　　　　　　网络服务
客服电话：010-88361066　　机 工 官 网：www.cmpbook.com
　　　　　010-88379833　　机 工 官 博：weibo.com/cmp1952
　　　　　010-68326294　　金 书 网：www.golden-book.com
封底无防伪标均为盗版　　　机工教育服务网：www.cmpedu.com

前 言

为满足装备制造业产业优化升级需要,适应增材制造业产业数字化、网络化、智能化发展新趋势,对接新产业、新业态、新模式下机械工程技术人员、增材制造(3D 打印)设备操作员等岗位的新要求,不断满足增材制造业产业高质量发展对高素质技术技能人才的需求,推动职业教育专业升级和数字化改造,提高人才培养质量,本书根据教育部 2025 年公布的《高等职业教育专科专业教学标准》中增材制造技术专业教学标准,同时参考国家职业技能标准中关于增材制造设备操作员的岗位要求进行编写。

本书以项目整合内容,通过参与实际项目来学习和探究增材制造技术的基本原理和应用方式,使读者在完成项目的同时,掌握知识和技能,培养解决问题和创新思维的能力。本书主要内容包括:增材制造技术历史、现状和发展,增材制造技术的应用领域和增材制造技术相关职业;增材制造设备基本操作,包括常见的熔融沉积成型(FDM)、光固化成型(SLA)及激光选区熔化成型(SLM)设备的工作原理、基本操作;增材制造的前处理,包括使用 CAD 软件正向建模、三维扫描及逆向建模、切片处理等;增材制造产品后处理;增材制造设备的日常保养,常见软、硬件故障排除方法等。

本书建议 72 学时,学时分配建议见下表,任课教师可根据学校的具体情况做适当的调整。

项目	建议学时
绪论　增材制造技术概述	4
项目 1　增材制造设备的基本操作	8
项目 2　增材制造前处理	10
项目 3　FDM 工艺的高阶应用	10
项目 4　SLA 工艺的高阶应用	10
项目 5　SLM 工艺的高阶应用	8
项目 6　增材制造产品后处理	6
项目 7　增材制造设备的日常保养与故障排除	8
项目 8　综合实训	8
总计	72

本书由王姐任主编，祁莹任副主编，高盛君、李雅君、李卓婧、刘宁、周绍乐参与编写。在编写过程中，校企合作企业给予了大力支持，同时编者参阅了国内外相关资料，在此向相关作者一并表示衷心感谢！

由于编者水平有限，书中不妥之处在所难免，恳请读者批评指正。

编 者

目 录

前言

绪 论 增材制造技术概述 ·· 1
    任务 1　认识增材制造技术 ··· 1
    任务 2　认识增材制造技术的应用领域 ··································· 3
    任务 3　认识增材制造技术职业及相关就业方向 ··························· 7

项目 1　增材制造设备的基本操作 ·· 9
    任务 1　认识增材制造设备及原理 ······································· 9
    任务 2　认识增材制造的工作流程 ······································ 18
    任务 3　FDM 成型设备的基本操作 ····································· 24
    任务 4　光固化成型设备的基本操作 ···································· 28

项目 2　增材制造前处理 ··· 32
    任务 1　CAD 软件的正向建模 ··· 32
    任务 2　认识三维扫描及逆向建模 ······································ 34
    任务 3　FDM 成型工艺切片处理 ······································· 38
    任务 4　光固化成型工艺切片处理 ······································ 43
    任务 5　SLM 成型工艺切片处理 ······································· 48
    任务 6　多特征零件的三维扫描、逆向建模与切片处理 ····················· 50

项目 3　FDM 工艺的高阶应用 ·· 56
    任务 1　认识 FDM 工艺 ·· 56
    任务 2　选用 FDM 耗材 ·· 58

任务 3　认识 FDM 成型设备 ·· 61
　　任务 4　FDM 成型设备的操作与调试 ·· 66
　　任务 5　典型工业零件——连杆的 FDM 增材制造 ·· 71
　　任务 6　复杂工艺品的 FDM 增材制造 ·· 76

项目 4　SLA 工艺的高阶应用 ··· 83
　　任务 1　认识 SLA 工艺 ·· 84
　　任务 2　选用 SLA 耗材 ·· 88
　　任务 3　认识 SLA 成型设备 ··· 91
　　任务 4　SLA 成型设备的生产准备 ·· 94
　　任务 5　遥控器的 SLA 工艺制作 ·· 99
　　任务 6　手持风扇的 SLA 工艺制作 ·· 109

项目 5　SLM 工艺的高阶应用 ··· 114
　　任务 1　认识 SLM 工艺 ·· 115
　　任务 2　选用 SLM 耗材 ·· 118
　　任务 3　认识 SLM 成型设备 ··· 120
　　任务 4　SLM 成型设备的生产准备 ·· 124
　　任务 5　718 高温合金钢叶片的 SLM 增材制造 ··· 129

项目 6　增材制造产品后处理 ·· 133
　　任务 1　认识后处理 ·· 133
　　任务 2　支撑的去除与支撑点的处理 ·· 138
　　任务 3　光固化成型制件的清洗、二次固化及拼接 ······································· 140
　　任务 4　制件表面打磨、补土修复与表面抛光 ·· 143
　　任务 5　制件表面喷漆与上色 ·· 147

项目 7　增材制造设备的日常保养与故障排除 ·· 153
　　任务 1　认识增材制造设备日常保养 ·· 154
　　任务 2　认识增材制造设备常见硬件故障与排除方法 ···································· 157
　　任务 3　认识增材制造设备常见软件故障与排除方法 ···································· 170

任务 4　FDM 设备保养与故障排除……………………………………………175

任务 5　光固化成型设备保养与故障排除…………………………………178

项目 8　综合实训…………………………………………………181

任务 1　扇叶的三维扫描与 3D 打印………………………………………182

任务 2　螺栓与螺母的三维建模与 3D 打印………………………………201

参考文献………………………………………………………………………211

绪 论　增材制造技术概述

学习目标

◆ 知识目标
1. 认识什么是增材制造技术。
2. 了解增材制造技术的应用领域。
3. 了解增材制造技术的相关职业及就业方向。
◆ 技能目标
能够正确分析增材制造技术的应用场景和技术特点。
◆ 素养目标
形成对国家增材制造行业蓬勃发展的自豪感和从事增材制造相关专业的职业认同感。

任务1　认识增材制造技术

任务描述

通过教师讲解、查阅资料等认识增材制造技术，掌握增材制造技术的技术原理、工艺过程。

增材制造（Additive Manufacturing，AM）技术是采用材料逐渐累加的方法制造实体零件的技术，相对于传统的材料去除——切削加工技术，它是一种"自下而上"的制造方法。增材制造技术已经取得了快速的发展，"快速原型制造（Rapid Prototyping）""三维打印（3D Printing，简称为3D打印）""实体自由制造（Solid Free-form Fabrication）"等名称分别从不同侧面表达了这一技术的特点。它以数字模型文件为基础，运用粉末状金属或塑料等可粘合材料，通过3D打印机等增材制造仪器，以逐层打印的方式来构造物体。增材制造过程如图0-1所示。

增材制造的过程可以类比兵马俑的制作方法——泥条盘筑法。兵马俑的制作者采用的是当时革命性的技术。他们先把泥土打到变软，再卷成条状，然后把泥条一圈圈往上盘，这种方法就称为泥条盘筑法（见图0-2）。该方法与增材制造技术有异曲同工之处：

3D打印机相当于泥塑师傅的手和工具；数字模型相当于泥塑师傅准备塑造的形象；可粘合材料相当于泥条；逐层打印相当于将泥条一层一层地按照泥塑形状向上盘起，从而形成有高度的（三维）雕塑，如人像、马匹等。

图 0-1　增材制造过程

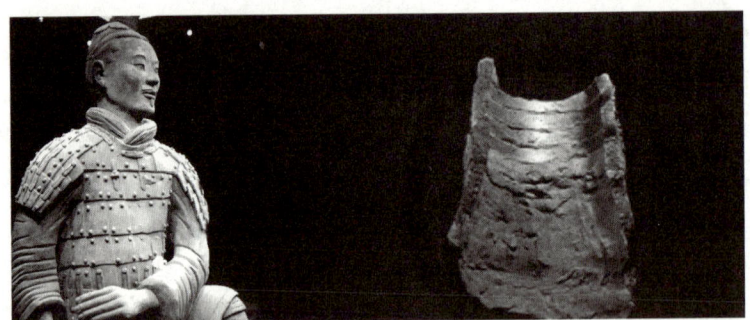

图 0-2　泥条盘筑示意图

> **知识拓展**
>
> ### 古代兵马俑的制作工艺
>
> 古代兵马俑的制造者一定是通过使用模具来满足大规模生产的吗？就像现代兵马俑制作工艺一样？专家们在残损破碎的兵马俑的躯干上有了新的发现，兵马俑内部中空，且内部的纹理提供了关于兵马俑是如何制作的非常重要的信息，黏土层的内部痕迹说明了黏土是如何形成的。泥条是一圈一圈地盘绕上去的，泥土盘绕粘合的痕迹非常明显。这些证据无疑表明，最初的兵马俑并没有采用模具压制而成。模具只是用来制作手、耳、头等部位的。所有兵马俑的模型都是一个个用手工制作的，而且这些技术在当时来说是革命性的。

任务 2　认识增材制造技术的应用领域

任务描述

通过教师讲解、举例，了解当前增材制造技术的应用领域，并逐步从中收集增材制造技术的应用优势。

1. 建筑行业

传统建筑行业用于展示的样板房，经常采用人工制作模型的方法，效率、精度较低，3D 打印可使样板房制作变得快捷、高精度、低成本；极高的客户自定义性，使该方法同样可应用于沙盘制作领域。传统建筑方式中，构件的制作常常需要耗费大量的人力和物力，造价昂贵。而通过 3D 打印技术，可以根据设计师的要求精确地制作出各种定制化的建筑构件。这样不仅可以提高生产率，减少人力投入，还可以降低建筑成本，促进建筑行业的可持续发展。我国通过 3D 打印的建筑已经不胜枚举。"一种移动可折叠式建筑 3D 打印系统"已经获得发明专利授权，显示了 3D 打印技术在我国建筑行业的蓬勃发展。如图 0-3 所示为 3D 打印的住宅建筑。

2. 航空航天

3D 打印具有轻量化、低成本、快速研制等特点，这与航空航天产品的需求"不谋而合"。由于两者契合度颇高，因而航空航天被认为是全球 3D 打印增长最快的应用领域之一。2022 年 12 月，第二届增材制造（3D 打印）研究前沿国际会议在南京召开，会上展示了众多 3D 打印领域的新技术和新成果。对于航空航天装备而言，减轻重量是不变的主题，3D 打印技术的应用，在让卫星"瘦身"的同时，也丰富了它的"内涵"。3D 打印的微纳卫星，虽然外表看上去就是一个四四方方的盒子，并无特别之处，但内里却"大有乾坤"。虽然这颗卫星模型的体积仅为 10cm³，内部却容纳了多个不同功能的元器件。一体化 3D 打印技术的拓扑设计、晶格设计等轻量化设计技术，可以在卫星内部结构上进行重新布局，从而可以实现卫星轻量化。3D 打印的一体化研制的微纳卫星（见图 0-4），体积可减少 30% 以上，功能密度提升 30% 以上。这样不仅可以降低成本，为批量化生产卫星提供基

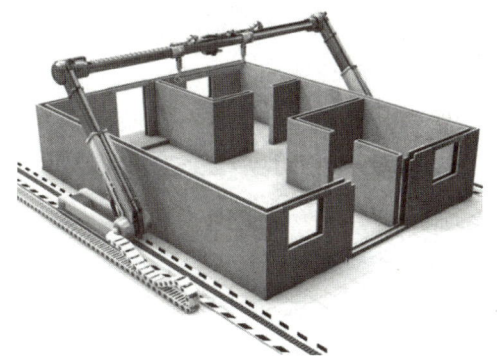

图 0-3　3D 打印的住宅建筑

图 0-4　3D 打印的一体化研制的微纳卫星

础,还可以搭载更多的卫星载荷,进行更多的空间试验。目前,3D 打印技术在微纳卫星研究方面越发成熟,仅南京理工大学就发射了十几颗此种卫星。

3. 汽车制造

虽然 3D 打印的汽车还没有量产,但 3D 打印一直是汽车开发过程中至关重要的部分。随着技术不断发展,3D 打印已开始在整个汽车制造业中站稳脚跟,主要涵盖以下几个方面。

1) 当天制作汽车原型。
2) 打造轻量化的汽车零部件。
3) 将概念车变为现实。
4) 制作模具,用于制造汽车零部件。
5) 制作生产辅助工具。
6) 制作售后零部件成品。
7) 在赛车和摩托车中迭代和改进发动机性能。
8) 改进碳纤维成型工艺。
9) 制作备用发动机部件。

综上,3D 打印技术不仅能够缩短上市时间和提高车辆性能,而且可以为供应商、原始设备制造商和服务消费者带来明显优势。

4. 游戏玩具手办

随着国风潮玩越来越受到消费者的欢迎和喜爱,其市场规模将不断扩大。增材制造技术为游戏玩具手办的创意设计、快速制作、个性定制、交流共享等方面提供了技术支持。通过工业级 3D 打印机,设计师能够将自己的创意和想象力完美地转化为实体的玩具手办模型。无论是动漫角色、游戏人物还是原创造型,3D 打印技术均能够准确地复现每一个细节,使得玩具手办模型更具个性和独特性,如图 0-5 所示。相比传统的制作方式,3D 打印能够大大缩短玩具手办模型的制作周期。设计师只需将设计文件导入到 3D 打印机中,机器便能够自动化地将其转化为实体模型,省去了传统手工制作所需的大量时间和人力成本。借助 3D 打印技术,玩具手办模型爱好者之间可以更方便地进行创意交流和作品共享。设计师们可以通过在线平台分享自己的作品文件,其他人可以下载并使用 3D 打印机打印出相同的模型,促进创意的碰撞和交流。

图 0-5　3D 打印的玩具动漫手办

5. 医疗行业

现代的医疗行业,存在大量的个性化需求,难以进行标准化、批量化生产,而这恰恰是

3D打印技术的优势所在。3D打印技术可以根据病人的实时需求为病人量身定制专属的医疗辅助器械，如术后修复用护具、拐杖等；还可以辅助医生进行救治，如打印术前模型、高精密的医疗器械等。

具体有以下两个方向。

（1）术前模拟　就是做手术前打印患者情况，模拟手术，增加手术成功率。3D打印的心脏模型如图0-6所示。

（2）矫正器械　帮助患者定制属于自己的矫正器械（牙科已经在大量使用这种技术）。3D打印的外骨骼支架如图0-7所示。

图0-6　3D打印的心脏模型

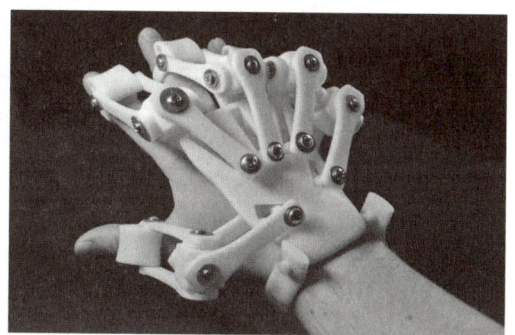

图0-7　3D打印的外骨骼支架

6. 文物保护

所有的物品都是有生命期限的，尤其是见证了历史的各种文物，延续到现在已经消耗了文物不少的"生命"，随着时间的流逝，文物会消失。

而利用3D扫描和3D打印技术，可以帮助考古学家完成对文物的修复，也可以打印出一个相同的"赝品"摆放在博物馆里供人参观和欣赏，真迹保存在特定的环境里，以延长其寿命。3D打印的文物模型如图0-8所示。

7. 影视道具

现在越来越多的剧组青睐用3D打印技术打印道具，其制作方便、造型独特、造价便宜、重量轻，可以很方便地满足需求。在电影《流浪地球2》中使用240台3D打印机，打印了30套宇航服及诸多道具，如图0-9所示。

8. 服饰行业

随着3D打印技术的不断发展，增材制造技术在服装行业表现亮眼。3D打印的服装不仅展现了设计师独特的创意和技艺，也彰

图0-8　3D打印的文物模型

显了现代科技与时尚的完美结合，如图0-10所示。现在3D打印的运动鞋已经非常普遍了，

如图 0-11 所示，它采用独特的 3D 打印格子，鞋底是一种独特的设计，将物理学的属性直接融入其中。

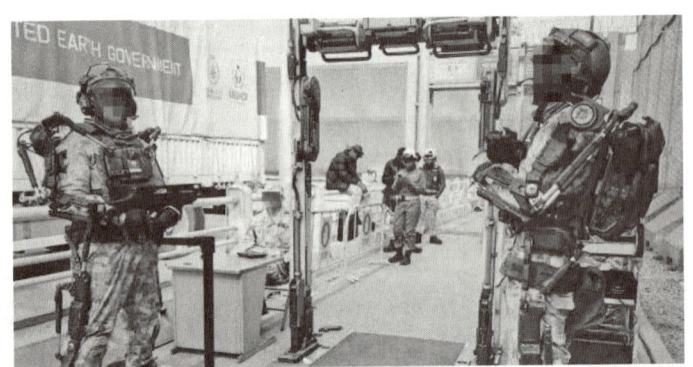

图 0-9　3D 打印的电影道具

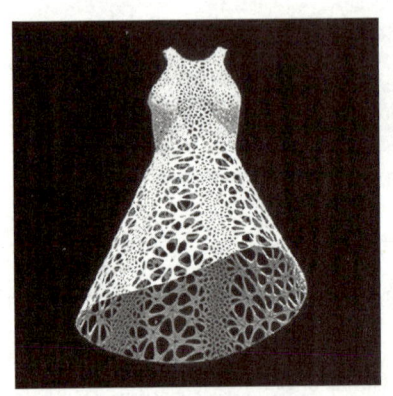

图 0-10　3D 打印的服装

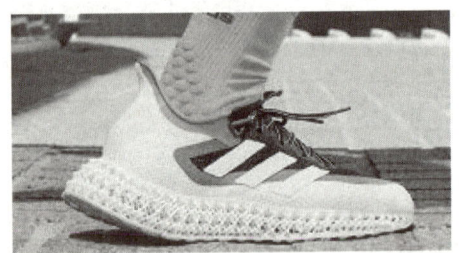

图 0-11　3D 打印的运动鞋

9. 创客教育

创客教育本是美国成人中流行的一种文化，到我国后被用于中小学的素质教育，如创客教育、STEAM（science、technology、engineering、arts、mathematics 首字母缩写）教育这些课程都可以使用增材制造技术来授课。3D 打印技术本身就是造物，所以通过造物的方式来学习，是培养学生主动学习的一种很好的方式。3D 打印课程如图 0-12 所示。

图 0-12　3D 打印课程

任务 3　认识增材制造技术职业及相关就业方向

任务描述

通过分析增材制造设备操作员的主要工作任务，以及增材制造及相关行业中的就业方向，让学生更好地进行专业方向选择和职业规划。通过分析各级各类增材制造相关大赛，引导学生树立明确的学习方向。

1. 增材制造设备操作员

2020 年，人力资源和社会保障部职业能力建设司将"增材制造设备操作员"拟定为新职业，跨出了从以往政策支持学校培养到职业认可的重要一步，人力资源和社会保障部同时给出了增材制造工程技术人员的定义及其主要工作任务。

定义：从事增材制造设备安装、调试、维修和保养，以及生产操作和运行管理的人员。

其主要工作任务如下：

1）运用数字化逐层堆积原理，研究、开发增材制造技术与方法。
2）运用增材制造的复杂结构制造能力，设计产品结构。
3）研发增材制造专用成型头、检测与监控核心功能部件等。
4）设计、集成增材制造装备，进行可靠性测试。
5）研发增材制造分层切片、路径优化、工艺仿真和过程控制等工艺软件。
6）确定产品的增材制造工艺，指导产品生产制造。
7）检测、评估增材制造产品质量。
8）制定增材制造材料、装备、工艺、应用标准和规范。

近年来，随着增材制造相关产业的迅速发展和应用范围不断扩大，人才缺口问题日益凸显。2022 年，人力资源和社会保障部发布了《2021 年第四季度全国招聘大于求职"最缺工"的 100 个职业排行》，"增材制造设备操作员"位列第 90，人才短缺正成为制约我国增材制造产业发展的主要短板之一。中国增材制造产业联盟预测，未来数年，增材制造领域研发、工程、设计、应用等方面人才数量短缺将达到 800 万人的规模。

2. 增材制造行业、产业分类及就业方向

增材制造行业、产业链上、中、下游如下：

（1）上游　上游为塑料、金属、蜡、石膏、砂等原材料。不同的增材制造技术对材料的要求也有所不同，如光聚合成型主要以液态光敏树脂为主要材料；颗粒物成型的主要材料为金属、塑料、陶瓷等；而熔融沉积成型的适用材料为塑料等混合物。

（2）中游　3D 打印的中游为设备研发及制造。目前，3D 打印设备主要分为桌面级 3D 打印设备和工业级 3D 打印设备。桌面级 3D 打印设备是增材制造技术的初级阶段，可以直观地阐述增材制造技术的工艺原理；工业级 3D 打印设备主要分为快速原型制造设备和直接产品制造设备，两者在打印速度、精确度、尺寸等方面各有不同。

（3）下游　下游主要是3D打印服务，它延伸到各个细分的实际应用方向，包括制造、医疗、军事、建筑等领域。随着3D打印行业的快速发展，增材制造技术应用场景将不断拓展。

增材制造行业不同的产业细分对人才的需求方向不同，深入了解不同产业细分的具体需求有助于读者更好地进行职业规划。

3. 增材制造相关技能大赛

为了加快培养产业紧缺人才的速度，国家出台了一系列人才培养与激励政策。2017年11月30日，工业和信息化部、发展改革委、教育部等十二部门联合印发《增材制造产业发展行动计划（2017—2020年）》，提出要健全增材制造人才培养体系。在此背景下，近年来增材制造技术相关技能大赛备受瞩目并取得了长足进步，主要赛项有：

1）世界技能大赛"增材制造"赛项（新）。
2）全国技能大赛"增材制造"赛项。
3）"创想杯"增材制造（3D打印）设备操作员竞赛。

另外，与增材制造技术相关的赛项有：

1）世界技能大赛"原型制作"赛项。
2）世界技能大赛"CAD机械设计"赛项。
3）世界技能大赛"制造团队挑战"赛项。
4）世界技能大赛"工业设计技术"赛项（新）。
5）全国技能大赛"原型制作"赛项。
6）全国技能大赛"CAD机械设计"赛项。
7）全国技能大赛"制造团队挑战"赛项。
8）全国技能大赛"工业设计技术"赛项。

增材制造相关的部分国赛和世赛，以及不同层次的行业赛和省赛等，对增材制造技术人才的培养发挥了指挥棒的作用。

项目 1　增材制造设备的基本操作

项目引入

对于一台全新的增材制造设备，了解并掌握其工艺原理和基本操作流程，是成为一名合格"增材制造设备操作员"的必备技能。

学习目标

◆ 知识目标
1. 认识 3~4 种常用增材制造设备。
2. 理解这些增材制造设备的工艺原理。
3. 掌握增材制造设备的基础应用。

◆ 技能目标
1. 会进行增材制造设备的基本操作。
2. 会进行不同工况下增材制造的生产准备。

◆ 素养目标
1. 培养分析问题、解决问题的主动思考习惯。
2. 养成安全使用设备和工具的良好职业习惯。

任务 1　认识增材制造设备及原理

任务描述

从 1988 年世界上第一台快速成型机问世以来，增材制造技术的工艺方法已有十余种。在目前所有的增材制造工艺方法中，光固化成型（Stereo Lithography Apparatus，SLA）、激光选区烧结（Selective Laser Sintering，SLS）、熔融沉积成型得到了世界范围内的广泛应用，而不同工艺、不同厂家、不同结构的增材制造设备种类多达数百种。对于一台全新的增材制造设备，应快速了解其主要技术参数。通过对增材制造设备结构的近距离观察、打印过程的演示及教师的讲解，了解不同增材制造设备的工艺原理及结构特点，能够触类旁通地分析出该设备所能成型的原材料种类，以及该设备的应用领域。

> **知识拓展**
>
> **增材制造设备操作员竞赛**
>
> "增材制造设备操作员"职业的产生,标志着3D打印领域从业人员有了自己的职业名称,意义非同寻常。通过"增材制造设备操作员竞赛"可进一步推动人才队伍建设,促进3D打印的行业发展。
>
> 比赛发挥了引导带动作用,激发了技能人才学习技术、钻研业务和提升素质的热情。通过比赛,可不断提升技能人才创新能力和水平,推进创新人才全面发展;通过比赛,可大力弘扬劳动光荣、技能宝贵、创造伟大的时代风尚,营造人人皆可成才、人人尽展其才的良好环境,为3D打印领域高素质劳动者和技术技能人才提供成长通道。

1. 认识FDM增材制造设备

国内学者将FDM(Fused Deposition Modeling)翻译为熔融沉积成型,是将热熔性材料(ABS、尼龙或蜡)通过加热器熔化、挤压喷出并堆积一个层面,然后将第二个层面用同样的方法建造出来,并与前一个层面熔结在一起,如此层层堆积而获得一个三维实体。

FDM增材制造技术由美国学者Dr.Scott Crump于1988年研发成功,并由美国Stratasys公司推出了商业化的设备。

桌面3D打印机主要由硬件、软件和打印耗材构成。硬件结构包括机体框架、机械轴、控制电路、喷嘴、热床、挤出机、电源组成。

(1)机体框架 机体框架通常采用金属、亚克力、木板等材料制作而成。对机体框架有一个主要的要求,就是结构的刚性,3D打印机主要采用如图1-1所示三角形、如图1-2所示矩形来作为机体结构的基本形状。因为3D打印机工作的时候,X轴、Y轴是在不断运动的,所以为了保证精度,喷嘴运动时的动量对机体的影响越小越好,解决方法就是减轻喷嘴重量和提高机体刚性。

图1-1 三角形作为机体结构的
基本形状(Reprap系列)

图1-2 矩形作为机体结构的基本
形状(Printrbot系列)

（2）机械轴　机械轴就是X、Y、Z轴运动的部件，主要有两种类型。直角坐标型：X、Y、Z轴呈互为直角的样子，X、Y轴通常是由同步带连接步进电动机来定位的，Z轴则是由丝杠控制的。三角爪型：其数学原理是跟直角坐标型一样、应用笛卡儿坐标系原理，只是将X、Y轴通过三角函数映射到三个爪的位置上。

（3）控制电路　控制电路的基本结构是由单片机、步进电动机驱动、控制喷嘴热床的场效应管，还有各种外出接口构成的。

单片机有以下两大类。

1）基于ATMEL芯片的Arduino嵌入式开发母板（见图1-3）+集线板+电动机驱动板（见图1-4）+液晶屏控制板（见图1-5），其主要代表就是Ramps、Ultimaker。这类单片机的优点是减少了维护成本，把控制板分为核心板、扩展板和驱动板，当其中某一个板损坏时只需要更换坏的部分就可恢复使用，而且Arduino Mega的资源较为丰富，扩展功能会比ATMEGA644P、ATMEGA1284芯片要多；其缺点是初次投入成本高，而且体积也会比单一控制板要大。

图1-3　开发母板

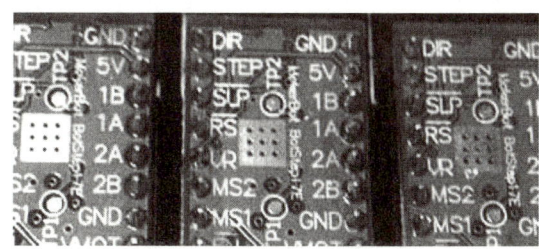

图1-4　电动机驱动板

图1-5　液晶屏控制板

2）用ATMEL ATMEGA644P、ATMEGA1284等芯片直接将单片机和控制电路做在一起，其主要代表是Sanguinololu、Printrboard、GEN6、Melzi。这类单片机的优点是体积较小、初始成本比第一类稍低；缺点是后期维护困难。

（4）喷嘴　喷嘴主要分为两种：一种是J-head，它的重量较轻，适合用在一些精度要求较高或者机械轴负载能力较弱的结构中（如三角爪型）。另一种是Budaschnozzle，它有主动散热和被动散热两种方式，MK7喷嘴就是采用这种结构的主动散热方式。Makebot、Reprappro的机器都采用这种喷嘴结构作为默认结构。

这两种结构没有优劣之分，只有适合与不适合之分。

（5）热床

1）作用。

① 提供支撑。作为打印物体的基础平台，为打印过程提供稳定的支撑，确保模型在逐层堆积过程中不会发生晃动或移位。

② 控制温度。通过加热保持适当温度，减缓熔融材料的冷却速度，使材料之间更好地融合，减小层间应力，防止模型出现翘边、开裂等问题。

③ 增加附着力。使熔融的打印材料与热床表面有良好的黏附性，保证首层材料能牢固地附着在热床上，为后续的打印奠定基础。

2）结构与组成。

① 基板，通常采用铝基板，具有表面平整、导热性良好等优点，能为热床提供稳定的支撑和均匀的导热。

② 加热元件，常见的有加热棒、加热丝、聚酰亚胺加热片、PCB等，通过将电能转化为热能，对基板进行加热。

③ 保温层，一般由保温棉等材料构成，包裹在热床底部和侧面，减少热量散失，提高热效率，使热床升温更快、更省电。

④ 温度传感器，如热敏电阻或热电偶，用于实时监测热床温度，并将温度信号反馈给控制系统，实现温度的精确控制。

⑤ 调平机构，如调平螺丝等，用于调整热床的平整度，确保喷头与热床之间的距离均匀一致。

3）类型。

① 聚酰亚胺加热片热床。该热床柔软可弯曲，便于安装，但加热不均匀，容易损坏，需要用胶带固定到铝板上，通常需要定做。

② 加热棒和铝板热床。该热床结构相对简单，但加热均匀性较差，为保证导热效果，铝板需要做得较厚。

③ PCB热床。该热床是目前应用较广泛的热床类型，加热均匀，工作稳定，不易损坏，可以不加铝板，还能增加手动调平功能。

4）选择与维护。

① 选择。需考虑打印尺寸、加热效率、温度均匀性、平整度、耐用性以及与打印机的兼容性等因素。还可参考其他用户的评价和使用经验，选择符合自己需求和预算的热床。

② 维护。定期清洁热床表面，保持其干净整洁，避免杂物和残留材料影响打印效果；检查热床的平整度，如有不平需及时调平；监测温度传感器的准确性，确保温度控制精确；检查加热元件和线路，及时更换老化或损坏的部件。

（6）挤出机　挤出机主要分为直接挤丝（direct driver extruder）、齿轮挤丝（wade's extruder）两种类型。齿轮挤丝：步进电动机用小齿轮带动大齿轮进行挤丝；直接挤丝：步进电动机直接连接挤丝轮进行挤丝，这需要用较大转矩的步进电动机，这种结构的优点在于结构简单、好维护，但是不适合长距离挤丝。

（7）电源　一般采用电源有 ATX 电源（计算机主机电源）、开关电源、Xbox360 用的 203W 电源。选择时只需要考虑电源是否为 12~24V，电流是否为 8A 以上即可。整个 3D 打印机中最消耗电能的部件是喷嘴和热床。

1）图 1-6 所示为桌面型 FDM 3D 打印机（BS-200F），为常见的全封闭式直角坐标型结构，其主要技术参数见表 1-1。

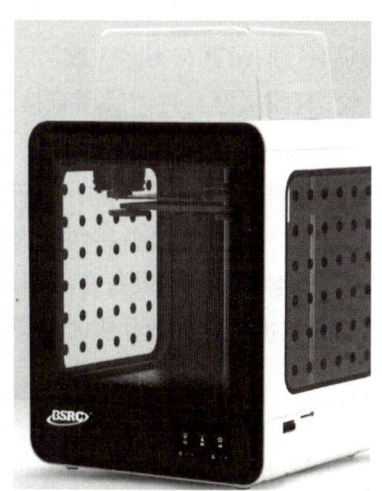

图 1-6　桌面型 FDM 3D 打印机

表 1-1　BS-200F 的主要技术参数

项目	技术参数	项目	技术参数
成型工艺	FDM	喷嘴温度 /℃	≤ 260
成型尺寸（长 × 宽 × 高）/mm	200 × 200 × 200	打印层厚 /mm	0.1~0.4
机器尺寸（长 × 宽 × 高）/mm	411 × 435 × 503	显示模块	4.3in 彩色触摸屏
包装尺寸（长 × 宽 × 高）/mm	533 × 499 × 605	电源电压要求 /V	输入：115~235，输出：24
机器净重 /kg	16	打印耗材	PLA、ABS
包装毛重 /kg	20.68	耗材直径 /mm	1.75
打印精度 /mm	± 0.1	支持语言	中英切换
喷嘴直径 /mm	标配 0.4	工作模式	联机或 SD 卡脱机
喷嘴数量 / 个	1	主板	静音主板
热床温度 /℃	≤ 100	断料检测	支持
断电续打	支持	文件格式	STL、OBJ、AMF

注：1 in=25.4mm。

选择设备时需要重点关注的技术参数如下：

① 成型工艺：说明该设备的工艺原理。

② 喷嘴温度：FDM 增材制造设备最高工作温度是选择打印耗材时的重要参考。

③ 成型尺寸：说明该设备的最大成型空间，是选择打印设备的重要参考。

④ 耗材直径：设备所用耗材的规格。

其他主要技术参数如下：

① 喷嘴直径：喷嘴直径越大，成型效率越高，但打印曲面的质量会下降，一般FDM推荐0.4mm直径的喷嘴。大部分FDM增材制造设备都支持更换喷嘴，需要注意的是，切片时喷嘴直径的设置与实际一致。

② 打印层厚：打印层厚直接影响成型效率和质量，与喷嘴直径有一定关系，一般推荐值为喷嘴直径的50%。

③ 断料检测：指通过特有的断丝检测装置实时检测耗材异常并进行保护处理，当发生断料或丝材耗尽时，设备将暂停打印，并支持耗材更换后的继续打印。

④ 断电续打：指设备在打印过程中发生断电时，3D打印机内置有蓄电池可以存储打印数据后再关机，待重新开机时选择继续打印，打印机就可以自动回到断电时的位置继续打印了。

⑤ 热床温度：热床是FDM 3D打印机特有的配件，其主要作用是增加材料附着力、降低温差、防止翘边，热床所能达到的最高温度决定了该设备能不能成型ABS等热变形系数比较大的材料。

2）图1-7所示为并联臂（三角洲）结构FDM 3D打印机，是一种非常典型且常见的FDM 3D打印机，具有结构简单、维护方便、打印速度快等优点。其主要技术参数见表1-2。

与图1-6所示的桌面型结构机型相比，虽然同样采用FDM工艺，但是两者有以下区别。

① 成型空间：三角洲FDM 3D打印机因其结构的特殊性，成型空间接近一个圆柱体；桌面型3D打印机成型空间一般为一个长方体。

② 送料方式：三角洲FDM 3D打印机一般采用远程送料，而桌面型3D打印机既可以采用远程送料也可以采用近程送料。远程送料的优点是挤丝机构不用随打印头一起运动，因此打印机可以进行高速打印，缺点是远程送料需要更长的回抽距离，对一些软性材料无法成型。

③ 自动调平：对于增材制造设备操作员来说，3D打印机工作平台的调平是一项极具挑战且必须掌握的基本技

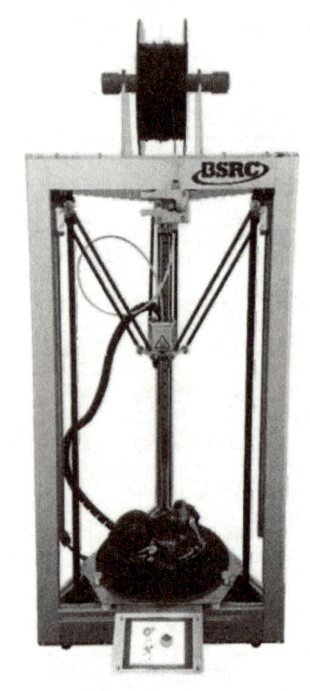

图1-7 并联臂FDM 3D打印机

能。而三角洲FDM 3D打印机的调平补偿算法非常成熟，借助压电传感器可以实现自动调平；其他FDM 3D打印机一般采用3D Touch自动调平传感器，3D Touch是一种应用霍尔效应来实现调平的装置，可以通过在打印平台上触碰来获取该点的位置，在打印中通过调整Z轴高度来进行补偿，进而实现在打印平台不平的情况下也能正常打印。

④ 坐标系原点：三角洲FDM 3D打印机的系统原点一般在平台正中心，而桌面型3D打印机的系统原点一般位于平台左下角，因此在使用时切片程序必须确认与机型无误，否则可能出现撞机危险。

表 1-2 三角洲 FDM 3D 打印机主要技术参数

项目	技术参数	
型号	BS3DP-223	BS3DP-446
成型原理	FDM	FDM
成型尺寸 /mm	$\phi 200 \times 300$	$\phi 420 \times 596$
文件格式	STL、OBJ、3ds	STL、OBJ、3ds
连接方式	高速 USB 接口，SD 卡脱机	高速 USB 接口，SD 卡脱机
屏幕	3.5 in 液晶显示屏	3.5 in 液晶显示屏
打印层厚 /mm	0.05~0.4	0.05~0.4
导轨方式	高精直线导轨	高精直线导轨
理论重复定位精度 /μm	30	30
使用耗材	PLA、ABS、PVA 等	PLA、ABS、PVA 等
喷嘴直径 /mm	0.4	0.4
送料方式	远程送料	远程送料
自动调平方式	压力传感外置调平	压力传感外置调平
断电续打	支持	支持
断料检测	支持	支持

2. 认识光固化成型增材制造设备

光固化成型也常被称为立体光刻成型，英文名称为 Stereo Lithography，简称 SL，参照第一台光固化成型设备，即美国 3D Systems 公司的 SLA-250，该工艺也被称为 SLA（Stereo Lithography Apparatus），它是最早发展起来的快速成型技术，自从 1988 年 SLA-250（见图 1-8）推出以来，SLA 已成为目前世界上研究最深入、技术最成熟、应用最广泛的一种快速成型工艺方法。它以光敏树脂为原料，通过计算机控制紫外激光将原料凝固成型。这种方法能简捷、全自动地制造出其他加工方法难以制作的复杂立体形状，在加工领域具有划时代的意义。

目前，研究光固化成型设备的单位有美国的 3D Systems 公司、Aaroflex 公司，德国的 EOS 公司、F&S 公司，法国的 Laser 3D 公司，日本的 SONY/D-MEC 公司、Teijin Seiki 公司、Denken Engieering 公司、Meiko 公司、Unipid 公司、CMET 公司，以色列的 Cubital 公司及我国的西安交通大学、上海联泰科技股份有限公司、华中科技大学等。其中，美国 3D Systems 公司的 SLA 技术在国际市场中占的比例最大。3D Systems 公司在继 1988 年推出第一台商品化设备 SLA-250 以来，又于 1997 年推出

图 1-8 3D Systems 公司的 SLA-250

了 SLA-250HR、SLA-3500、SLA-5000 三种机型，在光固化成型设备技术方面有了长足的进步。其中，SLA-3500 和 SLA-5000 使用半导体激励的固体激光器，扫描速度分别达到 2.54m/s 和 5m/s，成型层厚最小可达 0.05mm。

此外，还采用了一种称之为真空吸附式刮板的新技术，该技术是在每一成型层上，用一种真空吸附式刮板在该层上涂一层 0.05~0.1mm 的待固化树脂，使成型时间平均缩短了 20%。SLA-5000 机型如图 1-9 所示。该公司于 1999 年推出的 SLA-7000 机型如图 1-10 所示。SLA-7000 与 SLA-5000 机型相比，成型体积虽然大致相同，但其扫描速度却达 9.52m/s，平均成型速度提高了 4 倍，成型层厚最小可达 0.025mm，精度提高了一倍。3D Systems 公司推出的较新的机型还有 Vipersi2 SLA（见图 1-11）及 Viper Pro SLA（见图 1-12）。

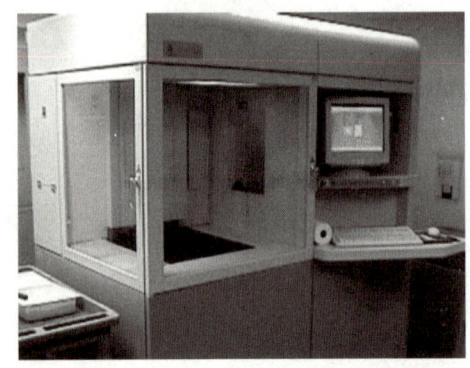

图 1-9　3D Systems 公司的 SLA-5000 机型

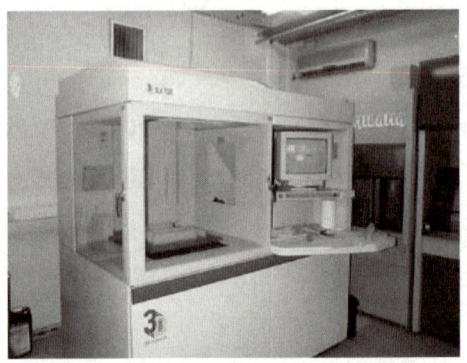

图 1-10　3D Systems 公司的 SLA-7000 机型

图 1-11　3D Systems 公司的 Vipersi2 SLA 机型

图 1-12　3D Systems 公司的 Viper Pro SLA 机型

西安交通大学在光固化成型技术、设备、材料等方面进行了大量的研究工作，推出了自行研制与开发的 SPS、LPS、和 CPS 三种机型，每种机型有不同的规格系列，其工作原理都是光固化成型原理。LPS600 成型机如图 1-13 所示。

西安交通大学的光固化成型机的主要性能指标与技术特征如下：

1) 成型机的激光器、扫描与光聚焦系统从国外引进。扫描速度：SPS 机型最大可达

7m/s、LPS 机型可达 2m/s。精度达 ±0.1mm。全范围扫描分辨率达 3.6μm，整机控制精度达 50μm，高于国外同类机器水平，保证了可靠性。扫描光斑直径为 0.2mm，SPS 机型激光寿命大于 5000h，LPS 机型激光寿命大于 2000h，与国外水平相同。

2）采用了快速排序分层法，大大加快了分层速度，且具有分层数据自动诊断和修复功能。

3）零件成型精度达 ±0.1mm（<100mm）或 0.1%（>100mm），与国外水平相同。样件测试尺寸合格率达到美国 3D Systems 公司 SLA 系列机器的水平，高于日本 CMET 公司 Soup 型机器的水平。

4）针对不同材料与结构，可调整回流量，从而改善涂层质量，此为国际首创。可以采用不同公司、不同牌号的树脂，有良好的兼容性和开放性，优于美国 3D Systems 公司、日本 CMET 公司的同类产品。

5）零件模型管理和成型数据生成软件自主开发、整机自制，用户界面全部汉化，具有优异的交互性和易学性。三维模型（STL 格式）的检视、分层过程与编辑、支撑结构的设计全部实现了图视化操作。成型控制软件是在磁盘操作系统下开发的，保证满足了控制的实时性要求，操作界面全部汉化和图视化。

图 1-13　LPS600 成型机

上海联泰科技股份有限公司开发的光固化成型设备主要有 RS-350H、RS-350S、RS-600H 和 RS-600S（见图 1-14）等机型。

光固化成型又分为三种类型，分别是 SLA、LCD（选择性区域透光固化技术）和 DLP（数字化光照加工技术）三种工艺，图 1-15 所示为一台 LCD 工艺的桌面型光固化 3D 打印机。LCD 工艺是目前最新颖、应用最多的光固化工艺。它的成型原理是紫外灯发出光源，然后通过液晶屏"切割"出每一层形状的光源，投射到离型膜上，一次性将整个层面固化，层层叠加，直至完成。该光固化 3D 打印机的主要技术参数见表 1-3。

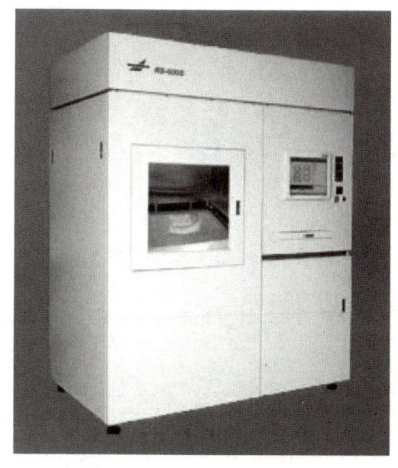

图 1-14　RS-600S 光固化成型机

图 1-15　LCD 工艺的桌面型光固化 3D 打印机

表 1-3　光固化 3D 打印机的主要技术参数

项目	技术参数
文件格式	STL、SCL
技术原理	LCD
成型尺寸（长 × 宽 × 高）/mm	190 × 120 × 250
固化波长 /nm	405
Z 轴精度 /mm	0.00125
打印速度 /(mm/h)	20（Z 轴 max）
像素尺寸	3840 像素 ×2400 像素
支撑功能	一键自动生成，可编辑
耗材属性	铸造树脂、非铸造树脂
连接方式	U 盘
层厚 /mm	0.02~0.1

选择光固化 3D 打印机时需要重点关注的技术参数如下：

1）技术原理：说明该设备采用的工艺原理。

2）成型尺寸：说明该设备的最大成型空间，其中长、宽尺寸取决于 LCD 屏幕的大小。

3）固化波长：说明该设备所用固化光源的波长，目前以 405nm 紫外光的应用最为普遍。

4）Z 轴精度：光固化 3D 打印机 Z 轴的最小移动量，即一个脉冲 Z 轴的移动量。

5）打印速度：LCD 工艺为面成型，因此成型速度与界面大小关系不大，主要取决于模型的高度，20mm/h 代表每小时最快可成型 20mm 高的模型。

6）像素尺寸：为 LCD 屏幕的显示分辨率，分辨率越高，X、Y 方向的成型精度越好。

7）层厚：设备所支持的层厚越小，打印曲面质量越精细。

分组讨论

1）选择增材制造设备主要依据哪些参数？

2）不同种类的增材制造设备，其技术原理分别是什么？

任务 2　认识增材制造的工作流程

任务描述

了解增材制造的基本工作流程和特点，理解各流程的基本工作内容，区分不同增材制造工艺的具体流程差异，思考增材制造各流程的合理顺序。

1. 增材制造工艺的基本工作流程

增材制造技术根据路线不同，可分为五个类别：光固化成型（SLA）、叠层实体制造（LOM）、三维打印快速成型（3DP）、熔融沉积成型（FDM）和激光选区烧结成型（SLS）。

其中，光固化成型（SLA）及熔融沉积成型（FDM）不断发展突破，已经成为应用较为广泛的增材制造技术。特别是熔融沉积成型（FDM）近年来发展最快，已经普遍推广于大、中、小学教育和工艺美术设计等诸多领域。而叠层实体制造（LOM）和三维打印快速成型（3DP）这两种技术路线基本上没有得到实际应用，研究者也较少。

虽然技术路线不同，但是上述五种增材制造技术的基本思路是一致的，即将三维实体离散成二维层片，完成二维打印后叠加形成三维实体。这种制造方式与传统制造方式完全不同，它通过将三维制件转化为简单的二维单元，不需要制作模具，大大减少了设计周期，很好地满足了不同客户的需求。

零件的增材制造工艺流程主要包括五个步骤，具体如下：

（1）建立三维模型　目前，增材制造技术首先要通过三维绘图软件或3D扫描仪等构建三维模型，然后才能打印。随着增材制造技术的发展，相关的三维绘图软件逐渐丰富起来，有些软件甚至可以将平面照片转化成立体模型。当构形轮廓不规则时，还需要对三维图形进行加工，如添加支撑以保证打印顺利进行，也有专门的STL文件修复软件用于解决这一问题，如比利时的MAGICS软件。通常三维模型采用STL格式存储，以便对分层软件进行识别和进一步分层。STL文件中应该包含有零件的尺寸、颜色、材料及其他有用的特征信息。

获得3D模型的途径有以下三种。

1）使用三维画图软件建立打印模型。要实现3D打印机功能最大化，必须具备使用软件绘图的能力。所谓功能最大化，就是使用3D打印机打印新设计的产品，实现设计者的创作意图，而不是一直重复打印同一个东西，或者只能打印网上下载的模型。3D打印之所以又称为快速成型技术，并不是因为它的建造速度比传统制造技术快。假如利用自己制好的模具，采取注塑、挤塑等传统制造技术，几分钟就可以生产一个塑料产品。而3D打印机根据模型的大小需要用几小时到几十小时不等的时间才能完成。但是，传统制造技术在制造一个新产品之前必须开模，有模具才可以生产。通常，开模需要花费好几个月，这个时候3D打印机的几小时甚至是几十小时就变得极具吸引力了。因此，使用3D打印机来完成新产品的设计才是它真正的价值所在。

现在的绘图软件已有很多，如Pro E、3ds Max、Solid Works、NX等都可以绘制三维模型，只需要最后输出的文件是STL格式即可。计算机辅助设计软件产生的模型文件输出格式有多种，常见的有IPGI、HPGL、STEP、DXF和STL等，其中STL格式为增材制造行业通用的文件格式。

2）利用网络下载模型。为了增加用户对3D打印机的使用，不少3D打印机制造商开始提供模型下载及打印服务。他们会在网上建立一个平台，将自己绘制或者激励懂得绘图的专业人员绘制的模型上传至平台，用户可以直接下载这些模型，用3D打印机打印出来。有些网站则提供打印服务，为没有3D打印机的用户提供打印服务，为没有3D打印机的用户提供指定的3D打印模型。通过这种方式，越来越多的潜在用户发现3D打印的乐趣，开始使用3D打印机。

3）使用3D扫描设备获得模型。可以通过3D扫描仪（3D scanner）等设备来获得模型的三维数据。在医疗领域，医生在手术前会通过医疗设备（如CT扫描仪）来获知患者体内的病灶情况，提高医生诊断的准确度，但是仍然会存在一些盲点。现在不少医院开始通过3D打印将病灶的实际情况打印成立体模型，以更加直观、全面地了解患者的情况。利用立体模型准确分析并指定最佳治疗方案，这是医疗技术的一次大进步。

三维扫描是集光、机、电和计算机于一体的高新技术，主要用于对物体空间外形、结构及色彩进行扫描，以获得物体表面的空间坐标参数，得出大量坐标点的集合，称为点云（Point Cloud）。它的重要意义在于能够将实物的立体信息转换为计算机能直接处理的数字信息，创建实际物体的数字模型，为实物数字化提供了相当便捷的手段。图1-16所示为各式各样的三维扫描仪。

图1-16　各式各样的三维扫描仪

以前人们通过拍照来留住特别的时光，自从有了增材制造技术之后，人们开始复制一个小小的自己的立体塑像来留作纪念。在不少大城市已经开始出现这种照相馆，成为一种新的时尚。3D照相馆正是应用了3D扫描仪来获得人体外形的打印数据。

目前，精确的医学整形外科也可以用三维扫描仪快速获取需要制作假牙和假肢、需要面部整形和矫正等模型的数据。

三维扫描仪价格仍较为昂贵，并且在操作上需要较多技术知识，不够简易。目前，网上出现了一些简单的3D扫描模块和软件。例如，有一款名为Itseez3D的扫描仪可配合iPad使用，如图1-17所示。Itseez3D扫描仪让iPad用户可以将家具、鞋、玩具甚至是人体转变为3D模型。这个软件仅需在iPad上加装一个小小的传感器。也有消息称，谷歌和苹果公司都在计划将3D传感技术引入平板电脑中，将来只需要一台平板电脑就可以实现3D扫描。人类社会的广泛需求，必将推动三维扫描仪的迅速发展。

图1-17　Itseez3D扫描仪

（2）数据处理　将已经绘制成型的三维模型按 Z 轴竖直摆放，然后采用切片软件把其切成二维层片，切割平面与 Z 轴垂直。切片时每层的厚度对制件质量及成型时间有着重大影响。由于 3D 打印为逐层叠加制造，在实际加工时并不会按模拟的连续面线制造，而是采用小台阶式的离散数据取代连续的轮廓线，就像用多边形无限趋近圆形一样。因此，切片厚度越小，"台阶效应"越不明显，精度也就越高。但是切片厚度也不是越薄越好，厚度太薄，会大大增加成型难度和成型时间。所以，切片厚度需要根据不同机型和制件来调整。而切片厚度的精准度往往取决于分层件的性能优劣和 3D 打印设备的精度。

数据转换及传输。目前，大部分增材制造系统中获得的打印模型都会转换成 STL 文件格式。这种格式由美国 3D Systems 公司开发，是和当时的成型工艺相配合的一种较为简单的语言格式，已经成为当前的增材制造技术标准。1990 年以来，几乎所有的 CAD/CAM 制造商都在他们的系统中整合了 CAD-STL 界面。STL 格式数据是一种用大量的三角形面片逼近曲面来表现三维模型的数据格式。STL 数据的精度直接取决于离散化时三角形的数目。一般地，在 CAD 系统中输出 STL 文件时，设置的精度越高，STL 数据的三角形数目越多，文件就越大。特别是，面积大的表面需要采用数量较多的三角形逼近，这就意味着弯面部件的 STL 文件可能非常大。

但是 STL 文件格式也有很多缺点，在使用小三角形面片来近似接近三维实体时，存在曲面误差，缺失颜色、纹理、材质、点阵等属性。2010 年，一种更完善的 AMF 语言格式开始兴起，逐渐取代了 STL，便于打印机固件读取更为复杂的、海量的 3D 模型数据。

（3）准备设备　所有的增材制造设备都有一些必要的加工参数设置，尽管有些增材制造设备是专门为几种材料设计的，需要设置的参数非常少，使用过程中仅需要改变几个打印参数，如分层厚度。而有一些增材制造设备需要设置的参数比较多，用户可以通过操作软件实现材料的选择、打印速度的设定及低污染模式等参数的设定。这些设备一般有一些默认参数或者是上一次加工后保存下来的参数。有时尽管参数的选择不会影响加工的进行，但会一定程度上影响零件的质量。数据处理完成后，需要开启打印机，做好打印前的准备工作，同时进行检测。若模型有错，应及时返回修改。

（4）加工　切片完成之后，系统将根据切片时设定的每层厚度确定各层的高度 Z 位置，按照切片获得的二维平面图形进行打印。每打印完一层，成型平面相对于成型喷丝头下降一层，然后继续执行下一层打印，以此类推。在此过程中，只要选择合适的技术参数（如温度、速度、填充密度等），就能确保层与层之间粘连良好，即可保证逐层叠加打印成型。在加工过程中只要系统没有检测到错误，零件一般可以顺利地加工完成。

（5）后处理　零件通过增材制造工艺制作好之后，就需要将零件周边的多余材料清理干净，也要将零件与制造平台分开。成型完成后，零件上会有明显的逐层堆积纹路，也会存在若干表面缺陷。例如，由材料本身的胀缩导致的微小形变或应力产生的问题及由于机械精度原因导致的表面粗糙问题等。这些问题都需要通过后处理予以解决。一般的后处理方式有打磨、浸喷树脂、瞬时高温气流、溶剂蒸汽等。

2. 增材制造技术的优势

增材制造技术是采用材料逐渐累加的方法制造实体零件的技术，相对于传统的材料去除——切削加工技术，是一种"自下而上"的制造方法。这一技术不需要传统的刀具、夹具及多道加工工序，在一台设备上可快速而精密地制造出任意复杂形状的零件，从而实现"自由制造"，完成许多过去难以制造的复杂结构零件的成型，并大大减少了加工工序，缩短了加工周期。而且越是复杂结构的产品，提高其制造的速度作用越显著。

增材制造原理与不同的材料和工艺结合形成了许多增材制造设备，目前已有的设备种类达20多种。该技术一出现就取得了快速发展，在消费电子产品、汽车、航天航空、医疗、军工、地理信息、艺术设计等多个领域都得到了广泛的应用。其特点是单件或小批量的快速制造，这一技术特点决定了快速成型在产品创新中具有显著的作用。

与传统的生产方式相比，增材制造技术大有颠覆传统、重塑制造业生产模式的趋势，其优势主要如下：

1）使复杂模型的直接制造成为可能，提高了制造复杂零件的能力，大大提升了产品形状和结构的复杂度。

2）使模型或零件的制造时间缩短数倍甚至数十倍，大大缩短了新产品研制周期。

3）可以及时发现产品设计的错误，做到早找错、早更改，避免造成巨大损失，显著提高了新产品投产的一次成功率。

4）增材制造让企业以更低廉的成本，快速制造个性化产品。其小批量生产的优势，与现代消费者日新月异的需求更完美地契合。

5）使设计、交流和评估更加形象化，使新产品设计、样品制造、市场订货、生产准备等工作能并行进行，支持同步（并行）工程的实施。

6）解决人才短缺问题和降低生产成本。相较于传统生产方式，增材制造能有效降低生产成本与进入门槛。

7）节省了大量的开模费用，成倍降低了新产品研发成本。

3. 增材制造行业的发展前景

在国家政策的大力支持下，增材制造产业发展迅速。在3D打印专用材料及装备、增材制造工艺及装备以及增材制造产业与传统制造相结合、协同发展方面，均取得了较大的突破。目前，我国增材制造产业仍处于快速发展阶段，发展前景广阔，主要表现在以下七个方面。

（1）国家政策支持　近年来，我国高度重视增材制造技术发展，陆续推出了《增材制造产业发展行动计划（2017-2020年）》《"十四五"智能制造发展规划》等一系列产业政策规划，为我国增材制造行业的发展提供了有力支持，有助于推动增材制造行业进入长期快速增长通道。

（2）行业生态体系成形　随着行业的发展，围绕增材制造设备、软件、材料、工艺及相关方向逐步形成了行业生态体系，包含增材制造设备的研发、生产，材料的研发、制备，以及去除、回收等工艺及装备，后续加工、精加工、热处理等后处理，与传统加工技术及装备的结合，辅助设计软件、工程处理软件、仿真模拟软件、智能处理软件、云管理平台及工业化生产和调度的制造执行系统等，各方面充分协同，形成了更系统化的解决方案，推动了产业发展。

(3) 行业应用场景潜力巨大　近年来，增材制造的应用已在航空航天、汽车、医疗、模具等多个行业领域内取得了重大进展，并逐步扩展到个性化穿戴等与个体联系紧密的领域。相对传统制造业庞大的应用场景，增材制造的应用场景仍有很大潜力待挖掘。未来，随着增材制造在更多领域进行推广并在各行业领域内进一步深度普及，增材制造将获得更广阔的增量市场。

(4) 行业应用不断深化　随着增材制造技术，尤其是金属增材制造技术的进步，行业开始摆脱只能"造型"的限制，而是与众多传统加工制造技术手段一样，成为现代制造的重要工艺，可直接生产终端零部件。航空航天、医疗、汽车、模具等工业领域内，开始采用多台增材制造设备作为生产工具来提供批量化的生产服务，与传统制造融为一体，缩短了产品生产周期，降低了生产成本，提高了产品生产率。

(5) 精度控制技术　增材制造的精度取决于材料增加的层厚和增材单元的尺寸和精度控制。增材制造与切削制造的最大不同是材料需要一个逐层累加的系统，因此再涂层 (recoating) 是材料累加的必要工序，再涂层的厚度直接决定了零件在累加方向的精度和表面粗糙度，增材单元的控制直接决定了制件的最小特征制造能力和制件精度。现有的增材制造方法中，多采用激光束或电子束在材料上逐点形成增材单元，进行材料累加制造，如金属直接成型中，激光熔化的微小熔池的尺寸和外界气氛控制，直接影响制造精度和制件性能。激光光斑为 0.1~0.2mm，激光作用于金属粉末，金属粉末熔化形成的熔池对成型精度有着重要影响。通过激光或电子束光斑直径、成型工艺（扫描速度、能量密度）、材料性能的协调，有效控制增材单元尺寸，是提高制件精度的关键技术。

随着激光、电子束及光投影技术的发展，未来将发展两个关键技术：一是金属直接制造中控制激光光斑更细小，采用逐点扫描方式，使增材单元达到微纳米级，提高制件精度；另一个是光固化成型技术的平面投影技术，投影控制单元随着液晶技术的发展，分辨率逐步提高，增材单元更小，可实现高精度和高效率制造。发展目标是实现增材层厚和增材单元尺寸减小 10~100 倍，从现有的 0.1mm 级向 0.01~0.001mm 级发展，制造精度达到微纳米级。

(6) 高效制造技术　增材制造在向大尺寸构件制造方向发展，如利用金属激光直接制造飞机上的钛合金框架结构件，框架结构件长度可达 6m，目前的制作时间过长，如何实现多激光束同步制造、提高制造效率、保证同步增材组织之间的一致性和制造结合区域质量是发展的关键技术。此外，为提高效率，增材制造与传统切削制造结合，发展增材制造与材料去除制造的复合制造技术是提高制造效率的关键技术。

为实现大尺寸零件的高效制造，发展增材制造多加工单元的集成技术，如对于大尺寸金属零件，采用多激光束（4~6 个激光源）同步加工，可提高制造效率和成型效率。对于大尺寸零件，研究增材制造与切削制造结合的复合关键技术，发挥各工艺方法的优势，提高制造效率。其发展目标是增材制造零件尺寸达到 20m，制件效率提高 10 倍，形成增材制造与传统切削加工的结合,使复杂金属零件的高效、高精度制造技术在工业生产中得到广泛应用。

(7) 复合材料零件增材制造技术　现阶段增材制造主要是制造单一材料的零件,如单一高分子材料和单一金属材料,目前正在向单一陶瓷材料发展。随着零件性能要求的提高,复合材料或梯度材料零件成为迫切需要发展的产品,如人工关节未来需要钛合金和CoCrMo合金的复合,既要保证人工关节具有良好的耐磨界面(CoCrMo合金保证),又要与骨组织有良好的生物相容界面(钛合金保证),这就需要使用复合材料。由于增材制造具有微量单元的堆积过程,每个堆积单元可通过不断变化材料实现一个零件中不同材料的复合,达到控形和控性的制造。

未来将发展复合材料的增材制造,复合材料组织之间在成型过程中的同步性是关键技术,如不同材料如何控制相近的温度范围进行物理或化学转变,如何控制增材单元的尺寸和增材层的厚度。这种材料的复合,包括金属与陶瓷的复合、多种金属的复合、细胞与生物材料的复合,为实现宏观结构与微观组织一体化制造提供新的技术。其发展目标是实现不同材料在微小制造单元的复合,达到陶瓷与金属成分的主动控制,实现生命体单元的受控成型与微结构制造,从结构自由成型向结构与性能可控成型方向发展。

  分组讨论

1) 讨论增材制造技术各基本工作流程的合理顺序。
2) 增材制造技术的优势有哪些?

任务 3　FDM 成型设备的基本操作

任务描述

增材制造技术应用工种一般可以分为初级、中级和高级三个等级,每个级别的具体要求不同,其中 3D 打印设备的操作又分为基本操作和进阶操作。通过本任务的学习,首先需要分清 FDM 成型设备基本操作有哪几种工况,具体操作步骤是什么,以及使用过程中的一些注意事项。

1. 工况一

FDM 3D 打印设备处于完全就绪状态:设备经过调试,Z0 和回零均正确,耗材已经正确安装,开机即可正常运行;设备正在进行批量零件的打印,上一个零件打印完成并完成取件,现有耗材足够完成下一个零件。该工况在 FDM 3D 打印设备使用中所占比例超过 80%,设备操作简单,以桌面型三角洲 FDM 3D 打印机为例,主要包括以下操作内容。

(1) 清理工作台　打印前要确保工作台清洁,可用铲子轻铲工作台表面,确保工作台表面无异物。必要时可拧下工作台上的三个固定螺钉,拆下工作台进行清理,清理完成后再将工作台装回原位,拧紧固定螺钉,如图 1-18 所示。

图 1-18 清理工作台

（2）开机　连接电源线，将电源线圆孔插入打印机电源插孔，电源线插头插入 220V 三孔插座中。打开打印机侧面的红色电源开关，此时控制面板点亮，进入打印机主控制界面，如图 1-19 所示。操作触控面板上的按钮"工具"→"手动"，在打开的界面中单击回零按钮，检查各运动轴是否能够正确回零。（注意：在第一次使用设备或操作者对设备不熟悉时，最好先回零检查是否正确；若确认设备正常则不用回零，打印程序都会有回零指令。）

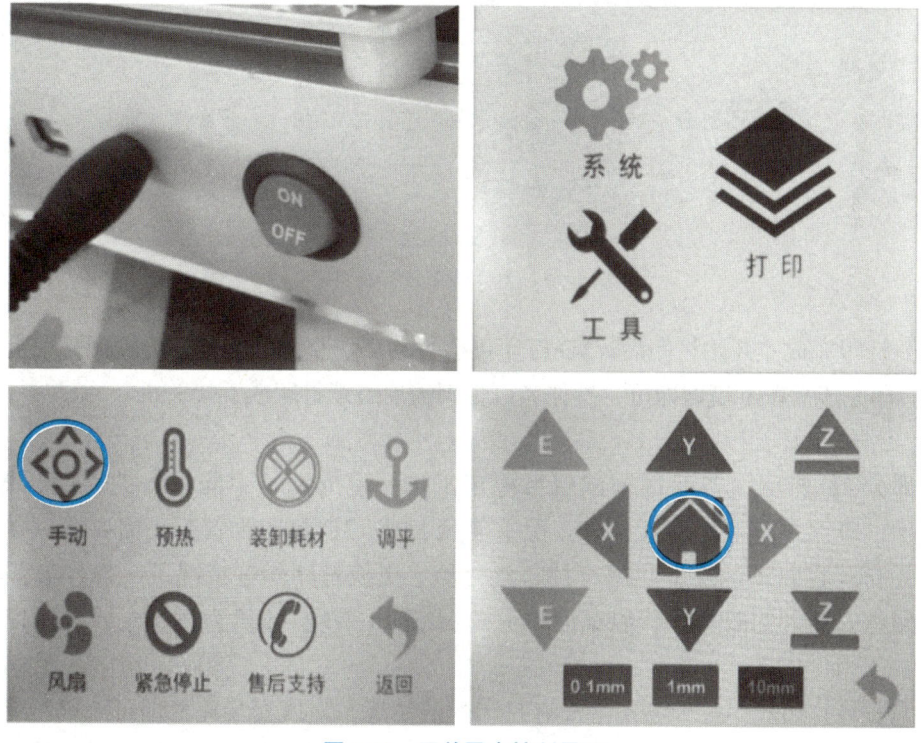

图 1-19　开关及主控制界面

(3) 开始打印 将待打印模型 gcode 文件拷入 SD 卡,然后将 SD 卡插入 3D 打印机的 SD 卡插槽(若打印程序已经存入 SD 卡,或批量件正在打印,则可以省略该步骤);单击主控制界面中的"打印"按钮,在文件列表中选择要打印的 gcode 文件(若当前界面找不到目标文件,可通过上、下箭头键翻页查找)。选中待打印文件后,进入打印确认界面,单击三角箭头即可开始打印,待热床和喷嘴温度达到设定值之后,打印机喷嘴移动至打印准备位置,打印机开始工作,如图 1-20 所示。(注意:开始打印后,喷嘴和热床需要先升温,不同设备升温时间不同,一般需要等待 1~5min,热床大的设备甚至需要等待 10min。为了节省等待时间,可以采用手动提前预热的方式。)

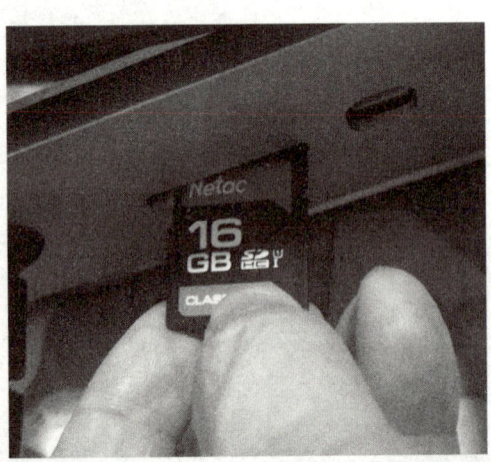

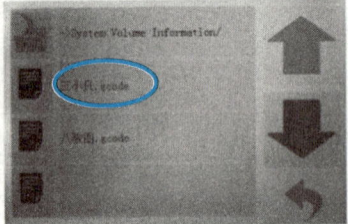

图 1-20 文件选择及开始打印

(4) 打印完成 开始打印后,3D 打印机会自动工作直至完成打印,期间不需要人为干预,待打印完成后取下模型即可,操作者可根据需要继续打印或直接关机。

2. 工况二

大部分 3D 打印设备经过调试后可稳定工作一定周期,不同设备的周期长短不一,一般为 10~30 天不等。因此大部分工况下使用 FDM 3D 打印设备时不需要调试,但是打印丝是耗材,在新设备首次使用、打印丝耗尽、更换打印丝等情况下,操作者需要熟练进行打印丝安装和卸载操作,以桌面型三角洲 FDM 3D 打印机为例,主要包括以下操作内容。

(1) 安装打印丝 对于设备上没有打印丝的情况,直接安装耗材即可。单击主控制界面中的"工具"→"装卸耗材"→"进丝"按钮,在打开的界面中单击"E1"的温度图标,开始材料预热。待喷嘴达到预热值后，将打印丝材放置在料盘架上，拉出一段丝材，用偏口钳进行修整并剪出斜口，左手按压挤出机手柄，使送丝搓轮松开，右手将打印丝插入送丝管中，单击"进丝"图标，直至熔融丝材从喷嘴中光滑挤出，单击"停止"图标，如图1-21所示。

（2）卸载打印丝 对于设备上有打印丝但需要更换材料的情况，必须先卸载原有打印丝，再安装新打印丝，操作方法与安装打印丝基本相同。如图1-21所示，依次单击"工具"→"装卸耗材"→"退丝"按钮。与安装打印丝所不同的是，卸载打印丝一般情况下必须先预热，待喷嘴部分的打印丝融化之后才能进行卸载操作；而安装打印丝尤其是第一次安装打印丝，喷嘴内比较干净时，可以不用预热喷嘴，只是在开始打印时得有一段空走才会正常出丝。

 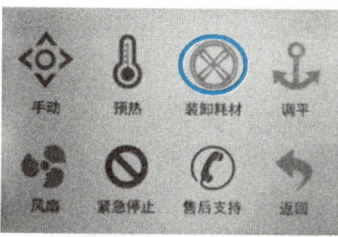 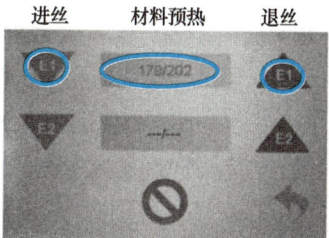

 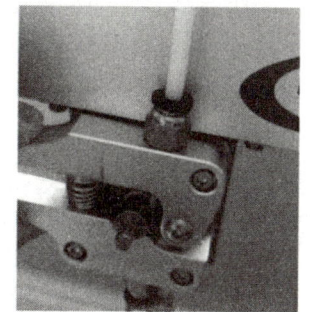 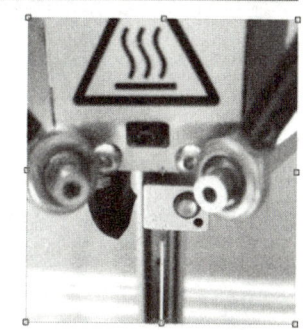

图 1-21 安装打印丝

（3）开始打印 更换耗材之后，3D打印设备就处于完全就绪状态，剩余操作参照工况一执行。

分组考核

1）FDM成型设备的基本操作步骤。
2）FDM成型设备的使用注意事项。

分组讨论

1）打印开始前如何确认耗材足够完成模型的制作？
2）FDM 3D打印任务单应该包含哪些信息？

任务 4　光固化成型设备的基本操作

任务描述

光固化 3D 打印设备的操作也可以分为基本操作和进阶操作。要完成本任务的学习,首先需要分清光固化成型设备基本操作有哪几种工况,具体操作步骤是什么,以及使用过程中的一些注意事项。

光固化 3D 打印设备应有的就绪状态是:设备经过调试,Z0 和回零均正确,料槽已经清理干净(一般光固化 3D 打印机使用完成后都要求及时清理打印平台和料槽),具备光敏树脂添加条件,开机即可正常运行。该工况在光固化 3D 打印设备使用中所占比例超过 80%,具体操作相对简单,但必须小心谨慎。以桌面型光固化 3D 打印机为例,主要包括以下操作内容。

(1)清理工作　LCD 光固化 3D 打印机在成型过程中打印平台与离型膜是面接触,由于光固化打印层厚较小,任何小的杂质或异物都可能损坏打印机的成像屏,因此必须认真清理打印平台和料槽。进行清洗工作前,需佩戴好护目镜、口罩、医用橡胶手套等防护工具,确保清洗工作安全顺利地进行。使用沾有干净酒精的无纺布或者纸巾擦拭、清洁打印平台、料槽及成像屏,确保打印平台、料槽及成像屏表面没有残余树脂和尘土,如图 1-22 所示。

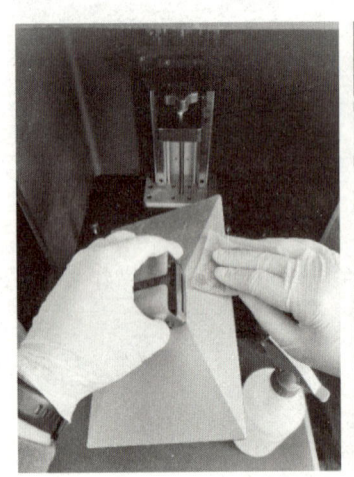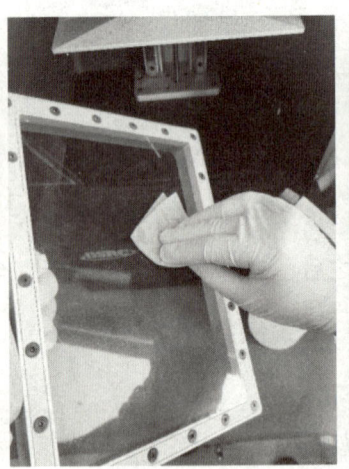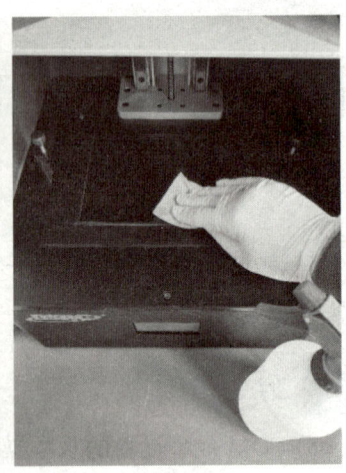

图 1-22　清洗打印平台、料槽及成像屏

(2)开机　连接电源线,将电源线圆孔插入打印机电源插孔,电源线插头插入 220V 三孔插座中。打开光固化打印机侧面的电源开关,此时控制面板点亮,启动打印机控制系统,如图 1-23 所示。

操作触控面板上的按钮"工具"→"手动",在打开的界面中单击回零键,完成运动轴回零操作，如图1-24所示。

图1-23 开机界面

图1-24 回零操作

（3）装填打印材料　根据打印制件的要求合理选择光固化树脂材料，在倒入料槽之前，一般需要对树脂材料进行手动摇晃，避免部分树脂材料因长时间存放而导致色素沉淀。装填树脂材料时需谨慎操作，避免液态树脂材料四处飞溅。单次装填树脂材料的量一般不少于料槽容积的1/3，且不超过料槽容积的1/2，如图1-25所示。

（4）准备打印　将U盘插入计算机，将待打印的CTB格式文件从计算机拷入U盘中，然后将U盘插入光固化3D打印机的USB卡槽，如图1-26所示。

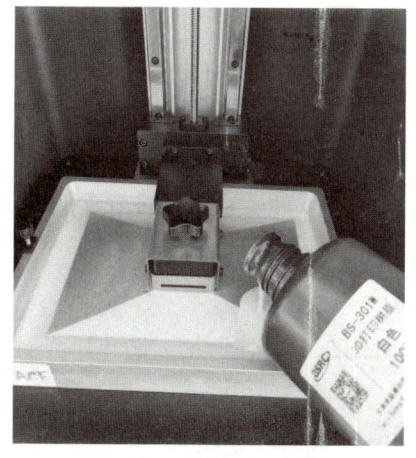
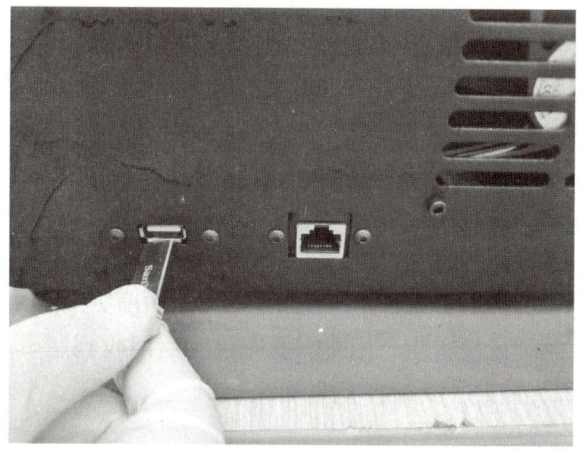

图1-25 装填打印材料　　　　图1-26 准备打印文件

单击触控面板上的"打印"图标，在打开的界面中选择要打印的CTB格式文件，可通过上、下箭头键翻页。找到待打印文件后，单击开始打印按钮，打印机开始工作，如图 1-27 所示。

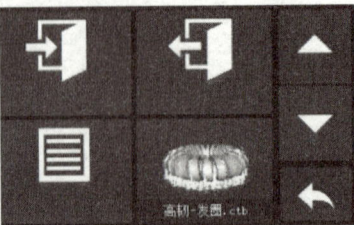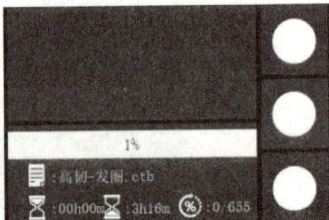

图 1-27　开始打印的操作

（5）回收打印耗材　当光固化成型设备完成打印之后，请佩戴好防护用具，将打印平台上的制件取下，连同打印平台一起进行清洗之后，就可以进行材料回收操作了，具体操作步骤如下：

1）戴好护目镜、口罩、医用橡胶手套等防护用具。
2）用过滤网配合漏斗置于树脂材料瓶口，做好材料回收准备。
3）用酒精清洗佩戴在手上的医用橡胶手套，确保手套干净且无树脂材料残留。
4）取下料槽，让里面的液态树脂从料槽上的导液口流出，经过滤网和漏斗回收。
5）利用塑料铲刀回收悬挂在料槽上面剩余的树脂材料。
6）对于很难回收的残留树脂材料，可以先用干净的无纺布或纸巾擦拭。
7）使用沾有干净酒精的无纺布或纸巾擦拭料槽。
8）将料槽放回设备，完成材料回收操作。

（6）模型清洗　模型打印完成后需要及时清洗，建议使用 TPM（三丙二醇甲醚）进行清洗，或者用无水工业酒精清洗，杜绝使用含水量较大的医用酒精和食用酒精清洗。在清洗时，模型浸泡在酒精中的时间不要超过 3min。清洗好的模型用压缩空气吹干，不易吹干的地方可以用纸、布擦拭。

光敏树脂保存不当容易发生硬化失效，且液态时具备一定的毒性，因此使用时需多加小心，主要注意事项如下：

1）使用光敏树脂之前，需稍微左右摇晃一下，使材料均匀。
2）皮肤和眼睛不要直接接触光敏树脂，如果引起皮肤过敏或不适，需立即用清水冲洗。如果情况严重，请及时接受治疗。
3）为了防止打印机损坏，建议使用制造商推荐的耗材。
4）光敏树脂不用时需及时过滤后回收到瓶子里，或者用东西遮住凹槽，防止阳光直射和强光照射，以及灰尘进入。

分组考核

1）光固化成型设备的基本操作步骤。

2）光固化成型设备的使用注意事项。

> **知识拓展**
>
> **增材制造成为建设制造强国新动力**
>
> 　　增材制造作为"深入实施制造强国战略"的主攻方向，加快建设质量强国、航天强国、数字中国的重要手段，已成为我国制造业领域的亮眼"名片"，对推动我国制造业高端化、智能化、绿色化发展，促进实体经济和数字经济高质量融合，提升产业链供应链韧性和安全水平起到了巨大的作用。
>
> 　　增材制造技术的应用实现由快速制造原型样件逐步向直接制造最终产品质变。在航空航天领域，新一代战机、国产大飞机、新型火箭发动机、火星探测器等重点装备的关键核心零部件大量应用增材制造技术，解决复杂结构零件的成型问题，实现产品结构轻量化。在医疗领域，髋臼杯、脊柱椎间融合器等14款增材制造医疗植入物获得国家药品监督管理局认证。在铸造领域，宁夏回族自治区银川市建成了世界首个万吨级铸造3D打印工厂，提升了产品制造效率，实现了对传统铸造的代替。

项目 2 增材制造前处理

项目引入

增材制造前处理主要包含 CAD 软件建模、根据打印机的实际情况进行 CAD 设计优化、切割、摆放至合适的位置、添加支撑、进行切片。

学习目标

◆ 知识目标

1. 掌握 CAD 软件正向建模的基本流程。
2. 掌握 CAD 软件逆向建模的基本流程。
3. 理解三维扫描仪扫描的基本流程。
4. 掌握 FDM 成型工艺的基本切片流程。
5. 掌握光固化成型工艺的基本切片流程。
6. 掌握 SLM 成型工艺的基本切片流程。

◆ 技能目标

1. 能正确使用 CAD 软件进行简单的正、逆向建模。
2. 能独立完成对简单零件的扫描处理。
3. 能正确使用各个打印工艺的切片软件进行切片处理。

◆ 素养目标

1. 培养严谨、精益求精的工匠精神。
2. 养成安全使用设备和工具的良好职业习惯。

任务 1 CAD 软件的正向建模

任务描述

不同于传统的减材制造,增材制造为人们提供了一项全新的制造解决方案,实现了从三维数模到实物的直接制造。但巧妇难为无米之炊,获取增材制造的三维模型并正确处理是增材制造能否成功的关键。

1. 认识 CAD 正向建模软件

正向建模是将设计者自身的想法或图样进行数字化建模,在三维软件中具象为数字模型。在市面上,CAD 软件五花八门,而 3D 打印所需要的模型为通用的 STL 格式,因此对建模软件没有要求,但软件之间有自己的优劣领域,在建模时可根据自己的实际需求选择合适的 CAD 软件。常见的 CAD 软件可参考表 2-1。

表 2-1 常见的 CAD 软件

类型	软件名	应用领域
基础建模	Autodesk 123D	简单图形的堆砌和编辑,生成复杂形状,适合初学者
	Tinkercad	页面的 3D 建模工具,无需安装,随开随用
工业设计	SolidWorks	专业研发与设计机械软件
	CATIA	航空航天、汽车工业、造船工业、厂房设计等
	NX	产品设计及架构过程提供了数字化造型和验证手段
	Creo(Pro/E)	汽车、航空航天、消费电子、模具、玩具、工业设计等
	Cimatron	模具设计、模具加工
艺术设计	Rhinocero	建筑、工业设计、产品设计及平面设计
	ZBrush	数字雕刻、绘画设计、3D 设计
	3D studio max	工业设计、建筑设计、游戏、室内设计等
三维动画类	Maya	角色动画、渲染特效、物体建模
	Blender	动画电影、视觉效果、交互式 3D 应用程序和视频游戏
室内外建筑	SketchUP	建筑、室内设计、民用和机械工程等
	FormZ	建筑、景观建筑、城市规划、动画等

2. 正向建模的常规流程

(1)产品功能设计　按照产品定位的初步要求,在对用户需求及现有产品进行功能调查分析的基础上,对所定位产品应具备的目标功能系统进行概念性构建的创造。

(2)概念设计　概念设计是由从分析用户需求到生成概念产品的一系列有序的、可组织的、有目标的设计活动组成的,它表现为一个由粗到精、由模糊到清晰、由抽象到具体的不断进化的过程。

概念设计是利用设计概念并以其为主线贯穿全部设计过程的设计方法。概念设计是完整而全面的设计过程,它通过设计概念将设计者繁复的感性和瞬间思维上升到统一的理性思维,从而完成整个设计。

(3)细节设计　在经过产品功能的确定、基础概念的搭建后,就是对于产品细节处的推敲,该步骤可在 CAD 建模过程中反复琢磨、推敲,是精益求精的一个过程。

(4)CAD 模型的创建　使用 CAD 设计软件,将自身对产品的设计及概念进行实际设计，并具象化为三维模型。

（5）模型导出　将模型导出为 STL 格式，STL 格式为三角面片体通用格式，是所有建模软件都可选择导出的常见格式。在导出文件时，需要对文件进行精度的选择，所设置的精度越高，得到的 STL 格式的模型的表面质量越好，打印的最终成品效果也越好。

分组讨论

1）正向建模的难点是什么？如何解决？
2）STL 格式文件的精度高低是通过什么来定义的？

知识拓展

面向增材制造的正向建模技术

传统 CAD 建模技术因其自身的局限性，极大地限制了增材制造产品的设计空间。为了最大限度地发挥增材制造的技术优势，需要在产品设计阶段通过综合产品形状、大小、层次结构及物质组成，实现产品性能的最优化及制造成本的节约化。综合一体化建模与轻量化建模将成为未来发展方向。

任务 2　认识三维扫描及逆向建模

任务描述

学习并认识三维扫描仪的种类、特性及使用方式，总结各类扫描仪的特点，能够针对实际情况选择合适的扫描仪；了解逆向建模的定义及简单操作方法。

1. 三维扫描仪的定义

三维扫描仪是一种科学仪器，用来侦测并分析现实世界中物体或环境的形状（几何构造）与外观数据（如颜色、表面反照率等性质）。收集到的数据常被用来进行三维重建计算，以及在虚拟世界中创建实际物体的数字模型。

2. 三维扫描仪的分类

三维扫描仪并非依赖单一技术，各种不同的重建技术都有其优缺点，成本与售价也有高低之分。仪器与方法往往受限于物体的表面特性，如光学技术不宜处理闪亮（高反照率）、镜面或半透明的表面，而激光技术不适用于脆弱或易变质的表面。扫描仪的分类（基于几何形状测量法）如图 2-1 所示。

（1）接触式　接触式测量又称为机械三坐标测量，是目前应用最广的自由曲面三维模型数字化方法之一。三坐标测量仪是接触式测量仪中的典型代表，如图 2-2 所示，它以精密机械为基础，综合应用了电子技术、计算机技术、光学技术和数控技术等先进技术。根据测量传感器的运动方式和触发信号产生方式的不同,一般将接触式测量方法分为单点触发式和连续扫描式两种。

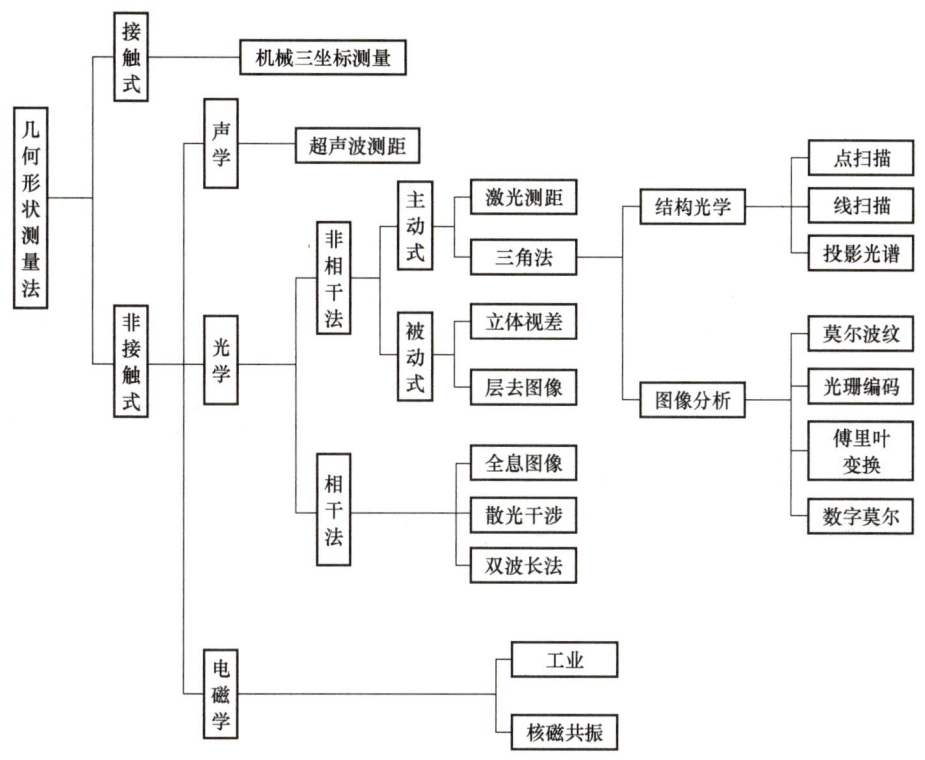

图 2-1 扫描仪的分类(基于几何形状测量法)

接触式三维扫描的优点:适用性强、精度高(可达 μm 级别),不受物体光照和颜色的限制,适用于没有复杂型腔、外形尺寸较为简单的实体测量。其缺点:由于采用接触式测量,可能损伤探头和被测物表面,故不能对软质的物体进行测量,应用范围受到限制;精度受环境温度、湿度影响;采集速度受到机械运动的限制,测量速度慢、效率低;无法实现全自动测量;接触测头的扫描路径不可能遍布被测曲面的所有点,获取的只是关键特征点,因而测量结果往往不能反映整个零件的形状,在行业中的应用具有一定的限制。

(2)非接触式 现代计算机技术和光电技术的发展使得基于光学原理、以计算机图像处理为主要手段的三维自由曲面非接触式测量技术得到了快速发展。各种各样的新型测量方法不断产生,它们具有非接触、无损伤、高精度、高速度,以及易于在计算机控制下实施自动化测量等一系列优点,已经成为现代三维面形测量的重要途径及发展方向。光学线性手持扫描仪如图 2-3 所示,其特点如下:

图 2-2 三坐标测量仪

1）非接触式测量，主动扫描光源。

2）数据采样率高。

3）高分辨率、高精度。

4）数字化采集、兼容性好。

5）可与外置数码相机、GPS 系统配合使用，极大地扩展了三维激光扫描技术的使用范围。

3. 光学扫描仪的使用流程

（1）前处理

1）检查物体表面是否反光、太暗或为透明材质，物体表面如出现这三种情况中的任意一种，都将影响扫描仪的扫描质量，需进行显像剂喷涂处理。

2）针对不同的零件，需要进行标记点的粘贴，用来提高扫描精度及扫描拼接。

3）针对特征的复杂程度，选择合理的解析度。

4）根据现场实际的环境光强度，选择合理的曝光度。

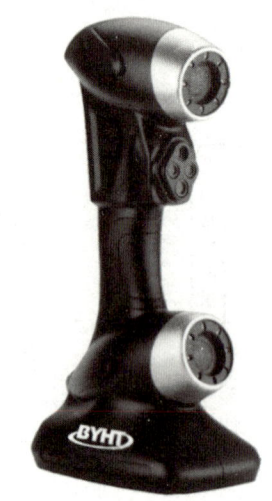

图 2-3 光学线性手持扫描仪

（2）扫描细节 扫描过程中注意扫描仪到扫描物体之间的扫描距离与扫描仪的移动速度，这将直接影响扫描最终结果的质量。在扫描中，需灵活地使用手肘、手腕等关节，且使用者目光需时刻关注计算机中所显示的扫描情况。

（3）扫描后处理 扫描的后处理主要是对计算机采集到的数据进行处理，需要对扫描文件中无用的杂点、噪点、扫描缺陷进行简单修补及处理，对于彩色扫描仪，可直接在扫描软件内完成贴图工作。最终，将扫描完成的数据生成为 STL 格式即可打印或进行逆向建模。

4. 点云处理及逆向建模

用扫描仪扫描物体后，所得到的数据多为点云（ASC 和 IGES 格式）及三角面片体（STL 和 OBJ 格式），部分扫描仪软件可对扫描的文件进行简单的处理及封装，但大部分效果不尽如人意，因此需要专业的对点云及面片进行处理的软件来优化点云。国内市场上常用的软件有 Geomagic、Imageware 等。

（1）点云数据处理 点云数据处理的一般流程如图 2-4 所示，对于特征相对简单的数据，经过处理后，基本可以达到 3D 打印的要求，如有更高的要求或修改意向，可进行更深程度的逆向建模或对扫描模型进行雕刻处理。

（2）逆向建模 逆向建模（Reverse Modeling）是基于现实中存在的人物、物品等进行逆向建模的一种方式。逆向建模的技术发展日新月异、逐渐成熟。逆向建模技术包括点云逆向建模、照片逆向建模、三维扫描逆向建模等技术。逆向建模是一种不同的建模思路，无论采用哪种逆向建模技术，最终都将转化为多边形或者三角面片的数字模型。生成的模型可用于数字可视化、影视、游戏及科研领域。

逆向建模为一种建模思路，因此对于软件的要求并不高，理论上所有正向建模软件均可进行逆向设计。以三维扫描逆向建模技术为例，逆向工程实施流程如图 2-5 所示。

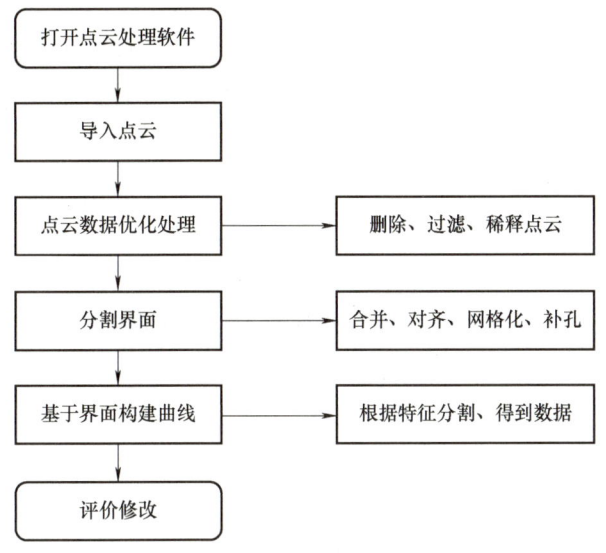

图 2-4　点云数据处理的一般流程

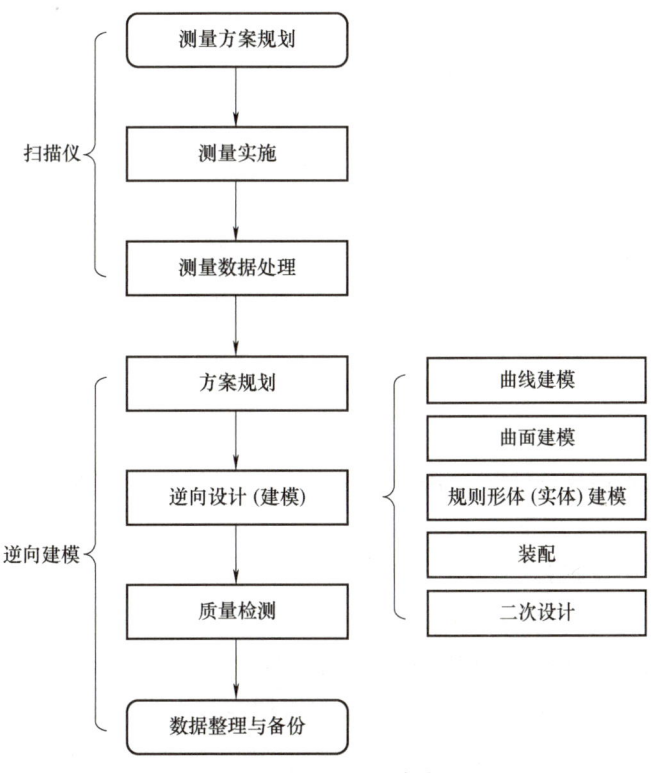

图 2-5　逆向工程实施流程

（3）STL 格式文件　STL 是一种利用三角面片表达三维实体表面模型的文件格式，由美国 3D Systems 公司于 1988 年制定，在工业界被广泛应用。目前，几乎所有的增材制造系统和大部分 CAE 系统都采用 STL 文件作为数据交换格式。大多数 CAD 软件都可以导出 STL 格式文件,但不能对 STL 文件进行编辑处理。

STL 文件从产生之初就应用于增材制造领域中,作为制件切片、大制件分割、支撑生成等数据处理的主要数据模型。另外,由于增材制造成型空间有限等原因,对于尺寸较大的制件,需要对其 STL 模型进行分割处理。

尽管 STL 文件从产生至今,不论是在研究方面还是在应用方面都取得了可喜的进展,但仍存在明显不足,其中最突出的就是 STL 文件可编辑性差。

为了解决 STL 文件可编辑性差的问题,增材制造系统大多采用自行开发的软件系统,目前可用的、可编辑性高的 STL 文件编辑软件有 NX(1926 后的版本)、Materialise Magics、Geomagic 及部分不通用的独立切片软件。

分组讨论

1)正向建模与逆向建模的区别是什么?
2)光学扫描仪的优点与缺点分别是什么?

任务 3　FDM 成型工艺切片处理

任务描述

通过教师讲解、查阅资料、实际操作等方法,熟悉 FDM 切片软件的基础功能。

1. 切片原理

在得到需要打印的 STL 模型后,需要将 STL 模型转换为打印设备可识别、执行的程序,这个过程称为切片处理。从执行角度考虑,可以想象为将模型以一个均匀的厚度进行平行切割,得到一组等厚的截面轮廓,使打印机在每个高度运行对应的轮廓堆积成一个三维物体,因此称其为切片处理。

2. FDM 切片软件的操作

(1)将模型导入切片软件　以 BSRC4.8 切片软件为例,将需要打印的 STL 格式的文件导入到切片软件中,共有以下三种方式。

1)单击"文件"→"打开文件"→选中文件,如图 2-6 所示。
2)单击左上角的文件图标按钮(快捷键 <Ctrl+O>),选中文件。
3)直接拖拽 STL、3MF、AMF 或 OBJ 格式的文件到切片软件中。

(2)模型编辑功能　切片软件中的模型编辑功能多为添加支持、打印受力方向、物体大小等因素服务,主要功能如下:

1)移动:单击选中模型,单击移动功能图标 ,拖拽模型上下左右移动或者给 X、Y、Z 赋值,如图 2-7 所示。

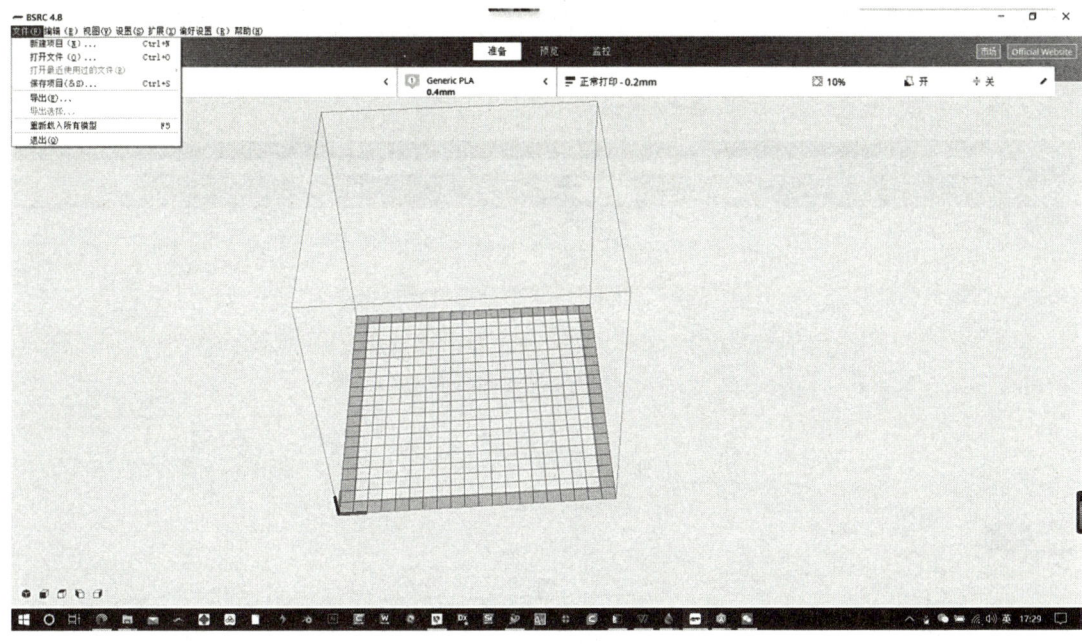

图 2-6 文件导入

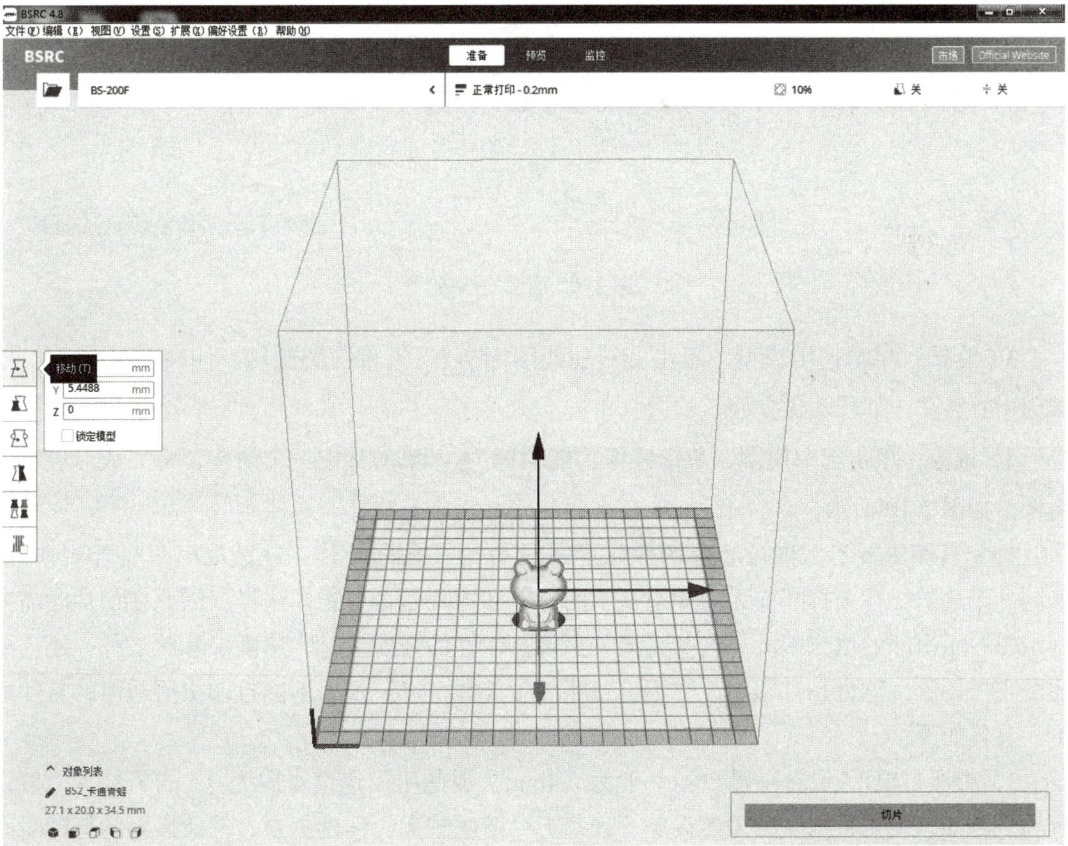

图 2-7 模型的移动

2)缩放：单击选中模型，单击缩放功能图标 ▧，给 X、Y、Z 之一赋值或者填写缩放比例，如图 2-8 所示。

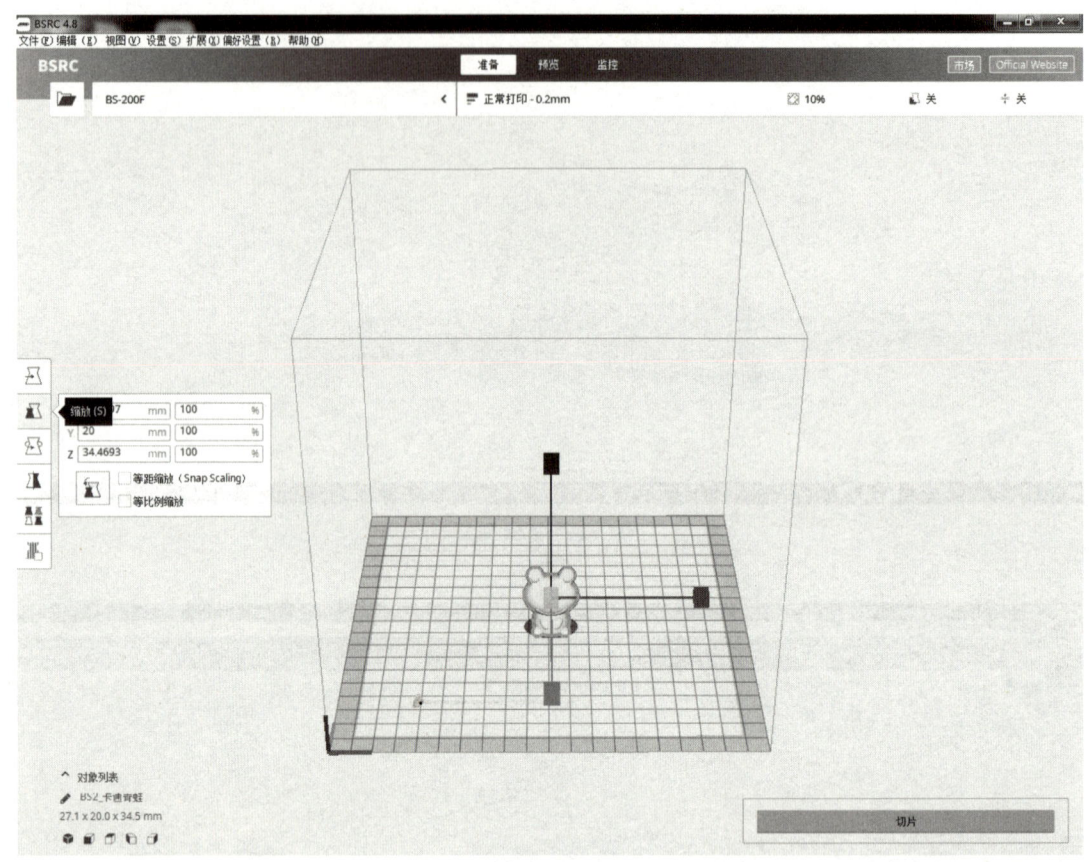

图 2-8　模型的缩放

3)旋转：单击选中模型，单击旋转功能图标 ▧，沿着圆圈旋转，使模型以 X、Y、Z 轴为中心转动，如图 2-9 所示。

4)镜像：单击选中模型，单击镜像功能图标 ▧，单击其中一个箭头，将完成对应轴的镜像，如图 2-10 所示。

(3)打印主要参数的配置　因 STL 格式文件为三角面片体，在读取时只有外观薄片，如同一个盒子，在未打开前无法知道盒子的壁厚和内部是否有物体一样，因此在切片时需要制定壁厚、内部的填充密度，这些直接关系着打印件的强度及打印速度。除此之外，还需要注意支撑设置，这也是打印切片中不可忽略的主参数，以及根据不同打印机所适应的打印速度，具体如下：

1)壁厚：FDM 设备喷嘴口径一般为 0.4mm，因此所设定壁厚需为 0.4 的倍数，一般设置为 1.2mm，也可根据实际需要设定。理论上，壁厚越大，强度越强，但所需要的打印时间将大幅度增加。

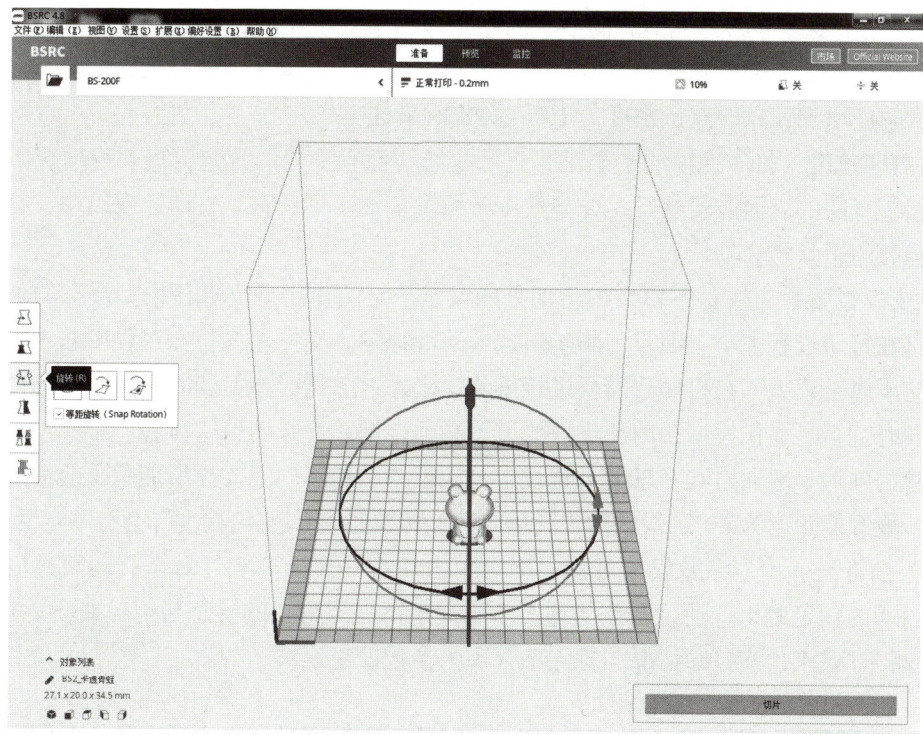

图 2-9　模型的旋转

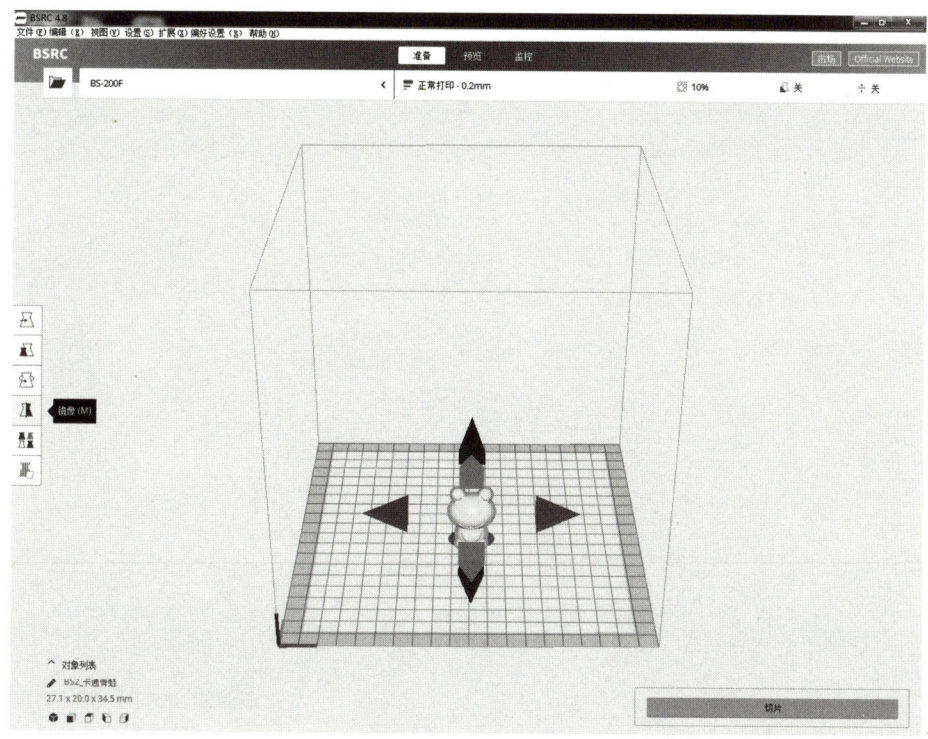

图 2-10　模型的镜像

2）填充密度：可以将一个装满沙子的盒子认为是全填充的，空盒子为零填充，借此来想象填充密度。填充密度越高，所打印的物体越重，强度也越高，但所需的材料越多，打印时间也大幅度增加，一般默认密度为 10%~20% 时最佳。

3）打印速度：打印速度的上限基于打印机结构而有不同的设定，但普遍情况下，打印速度越慢，打印的表面质量越好。此参数可参考设备说明书调整，打印速度越快，打印时间越短，但打印质量将会降低。

4）支撑设置：支撑是不属于模型部分的设定，它的作用是支撑住模型浮空的部分，使模型局部在打印过程中不会因重力影响出现塌陷等缺陷。支撑是在打印过程中必不可少的部分，但它不属于模型，在打印后需要进行拆除，支撑过多将影响打印时间、材料的损耗，在拆除时费时且容易损伤模型，因此支撑的设置必须合理才有好的打印体验。

支撑的施加一般通过与 Z 轴的夹角设定，因设备结构不同，支撑所能承受的极限角度也不同，一般万能角度为 60°，但根据设备的结构、模型的曲率变化程度等会有一定的变化。

（4）预览与导出　参数设定好后，即可单击切片，在计算机计算好打印轨迹后，就可以看到打印的预览效果，通过右侧的预览条可观察每一层打印的状态与情况如图 2-11 所示，可通过这种方式来预演打印情况，排除不合理的参数设定。

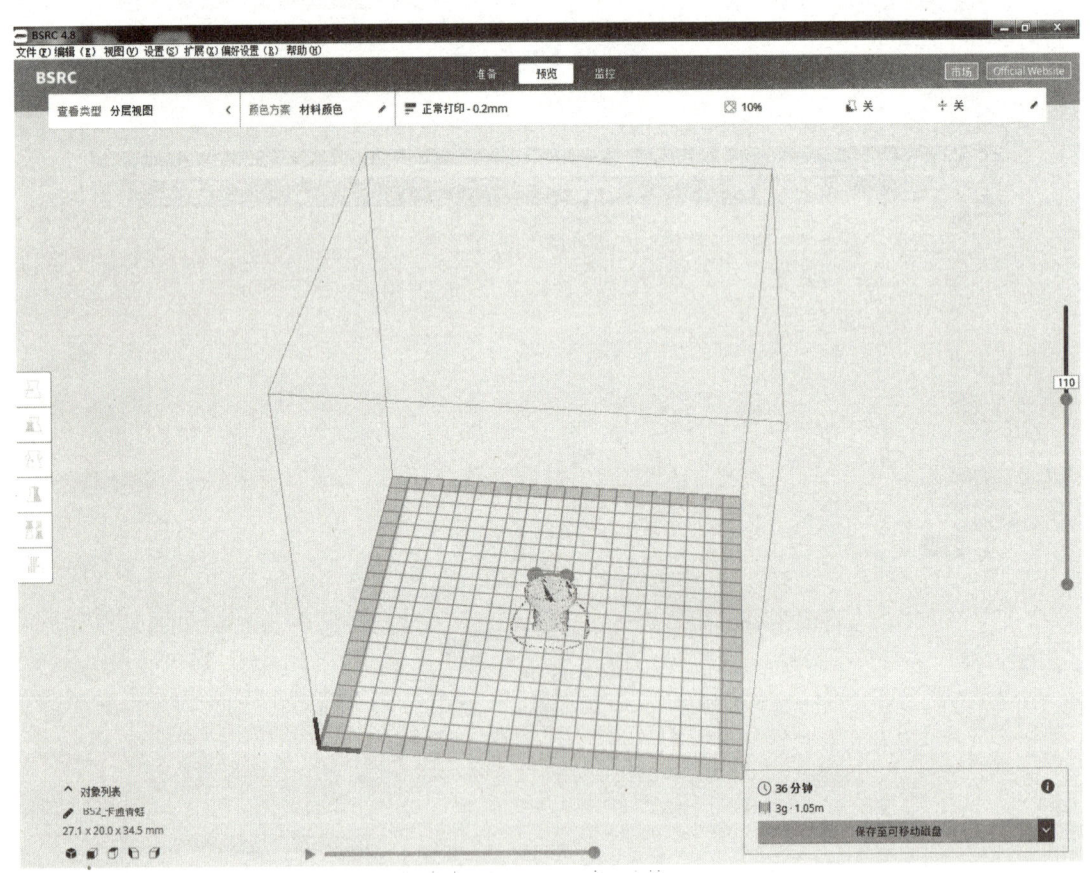

图 2-11　切片预览

在确定预览的打印文件没有问题时，可以通过软件将切片好的文件保存至桌面或 SD 卡内，切片程序多为 gcode 格式。至此，切片软件的任务完成，可用打印机启动程序，开始打印。

分组讨论

1）FDM 切片软件中，能否进行多零件同时打印？
2）对于支撑，是否需要进行密度填充？

人物事迹

中国工程院院士、材料成型专家李德群

李德群（1945 年 8 月 7 日—2022 年 9 月 5 日），男，汉族，江苏泰县人，材料成型专家，中国工程院院士，华中科技大学材料科学与工程学院教授、博士生导师。

他致力于面向宏微观结合的塑料注射成型过程集成系统和智能型塑料注射机的研发，为中国机械成型加工工程及自动化学科的发展做出了突出贡献。从表面模型的提出，到模拟软件的开发，再到智能装备的制造，李德群在科学研究的道路上经历了从理论到实践、从工艺到装备的全过程，为中国塑料成型加工学科的发展做出了突出的贡献。

任务 4　光固化成型工艺切片处理

任务描述

通过教师讲解、查阅资料、实际操作等方法，熟悉光固化成型工艺切片软件的基础功能。

光固化成型工艺是使用固定波长的紫外线区域性地照射光敏树脂，使光敏树脂固化成型的工艺。因此，光固化的切片主要控制光照射的时间。

1. 光固化成型工艺切片软件

光固化成型工艺切片软件多为开源通用软件，以 LCD 工艺为例，市面上主要有 Lychee Slicer、CHITUBOX、VoxelDance 等软件，国内常用 CHITUBOX 开源软件作为主控制切片软件。

2. 切片软件的操作

无论是何种打印机的切片软件，其辅助功能（如导入、旋转、移动、镜像等）的操作基本一致，在此不做赘述。

（1）镂空　因 LCD 光固化机为面激光照射成型，因此模型在切片中的每一个截面均为该层的投影图像。正常的 STL 文件在光固化切片软件中是默认为实心模型的，而镂空是减轻重量、节省材料的有效手段。对照 FDM 工艺，镂空工艺通过壁厚参数进行设置。镂空参

数设置位置如图 2-12 所示。镂空参数的最小厚度与打印机参数、模型的强度有直接的关系，一般设置 3mm 为主要打印参数。

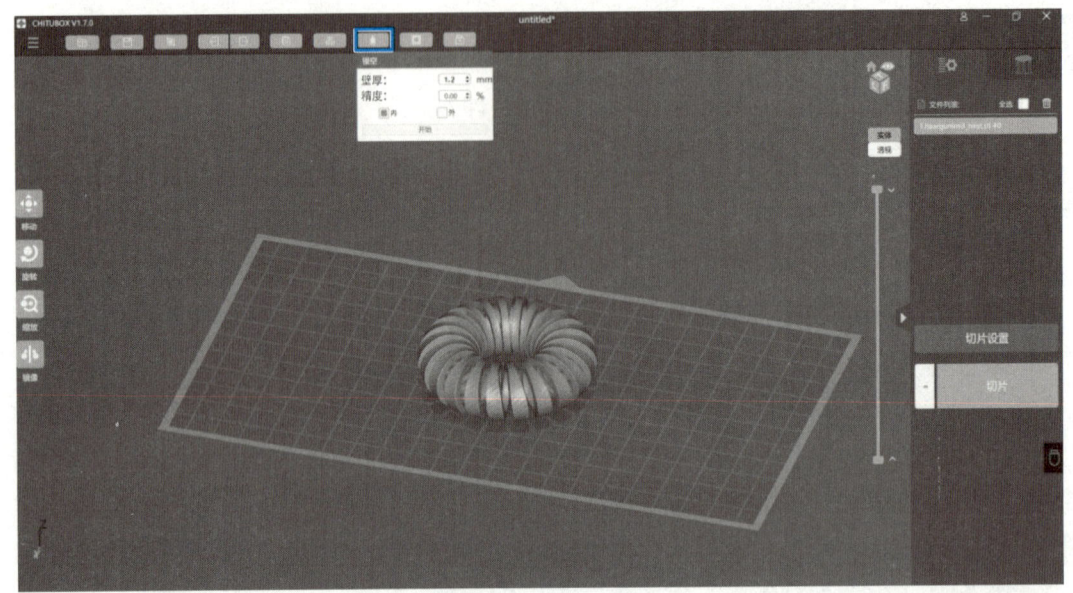

图 2-12　镂空参数设置位置

（2）挖洞　此功能是配合镂空使用的，因镂空的效果是将一个实心的物体变为全封闭的腔体，而光敏树脂为液态，在打印过程中会有部分材料被封在腔体内，这将会影响模型内部的结构稳定性，且镂空后存在内部应力，挖洞会把应力释放，并可以将内部残留液体倒出，优化打印件的效果。挖洞一般放在模型的平整处，为了方便清洗内部，挖洞一般成对出现。挖洞参数设置位置如图 2-13 所示。

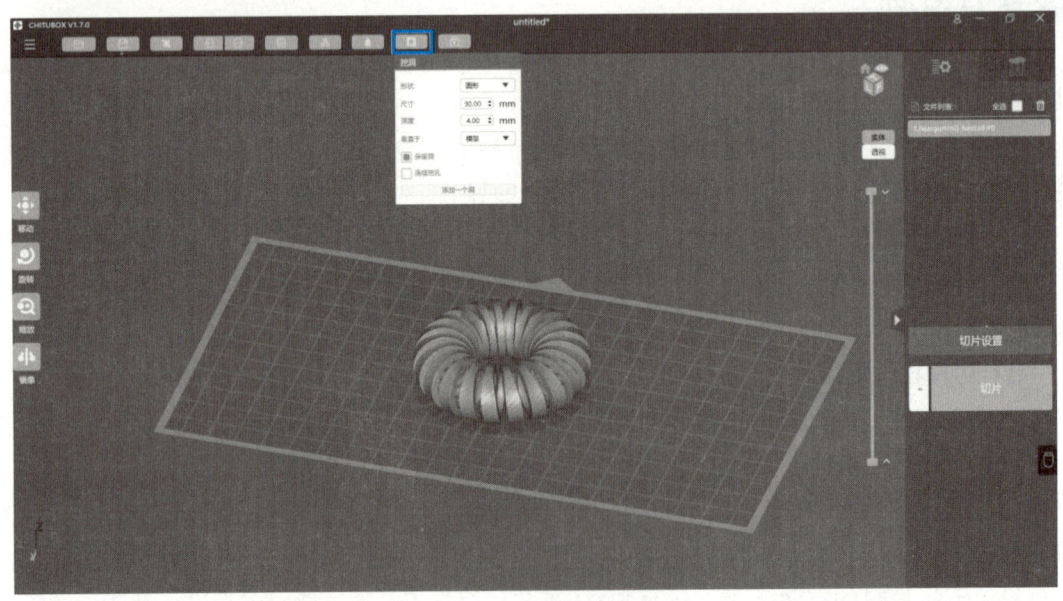

图 2-13　挖洞参数设置位置

(3）切片设置（见图 2-14）

1）层厚：层厚为切片时每一层的厚度，层厚越薄，打印的表面质量越好，但所需的打印时间将越长。

2）曝光时间：曝光时间为每一层紫外线对光敏树脂照射的时间，该参数与光敏树脂材料的特性和层厚有关。

3）抬升速度：作为 LCD 工艺唯一移动的轴（Z 轴），抬升速度同样影响着打印时间。抬升是打印中的辅助动作，是将固化好的层剥离型膜，再调整到合适高度继续打印的动作。抬升越快，所花费的辅助时间越少，但会导致离型时力量过大，使打印的模型掉落，因此抬升速度需根据材料及打印物体的大小而定。

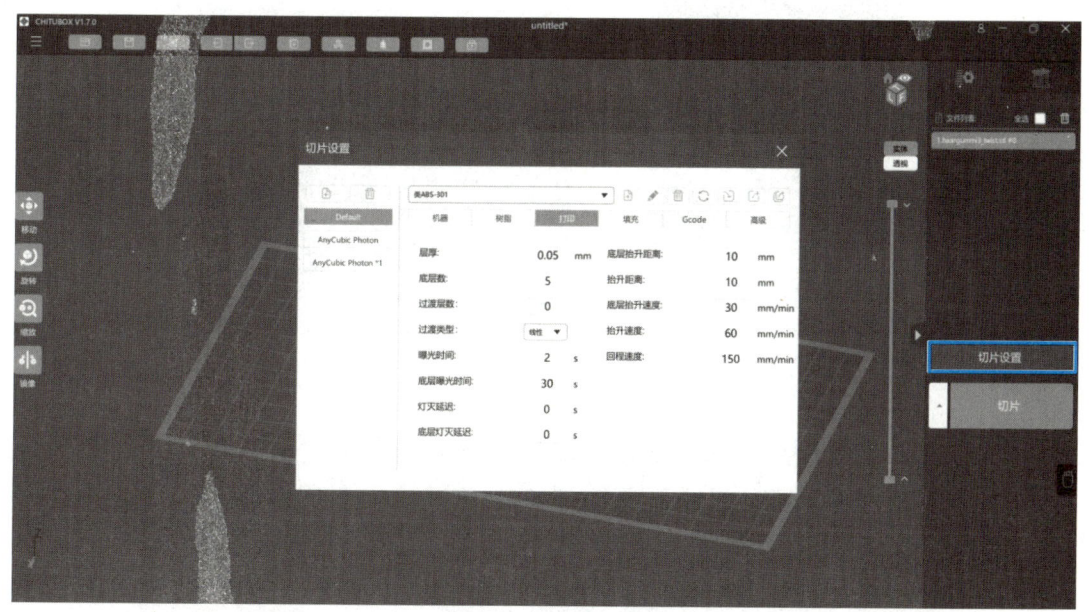

图 2-14　切片设置

(4）支撑参数设置　支撑的设置类型可分细、中、粗三类。每类都有对应的参数设置，建议设置成"中"。

细：支撑与模型的接触面积小，易于取下支撑。

中：支撑与模型接触面积适中，具有一定的稳固性且较容易取下。

粗：支撑与模型的接触面积大，稳固。

支撑参数如图 2-15 所示。

(5）生成切片文件

1）切片操作：设置好所有参数之后，单击界面右下角的"切片"图标，即可对模型进行切片，也可中断切片，如图 2-16 所示。

2）切片预览和切片文件导出：切片完成之后自动进入预览模式（拖动上端或者下端的滑块来预览图层），确定无误后可以导出切片文件或者返回重新编辑，切片预览如

图 2-17 所示。

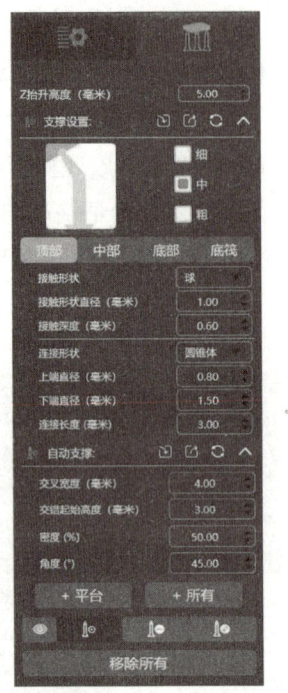
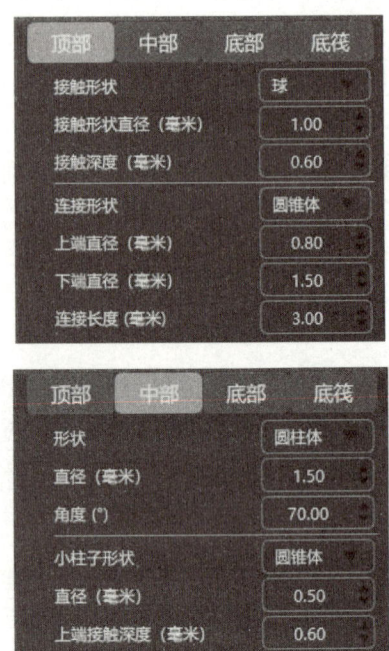

图 2-15 支撑参数

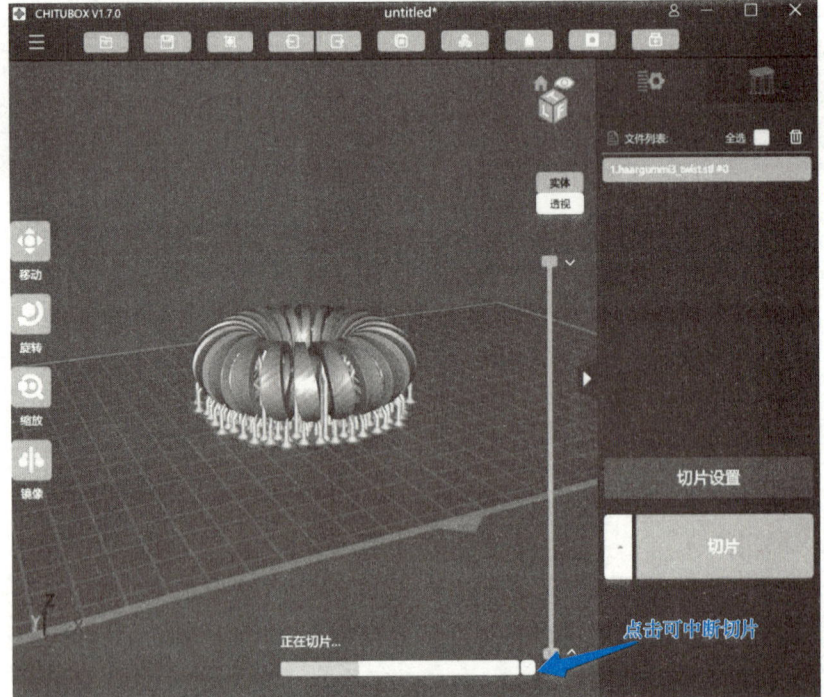

图 2-16 切片操作

项目2　增材制造前处理　47

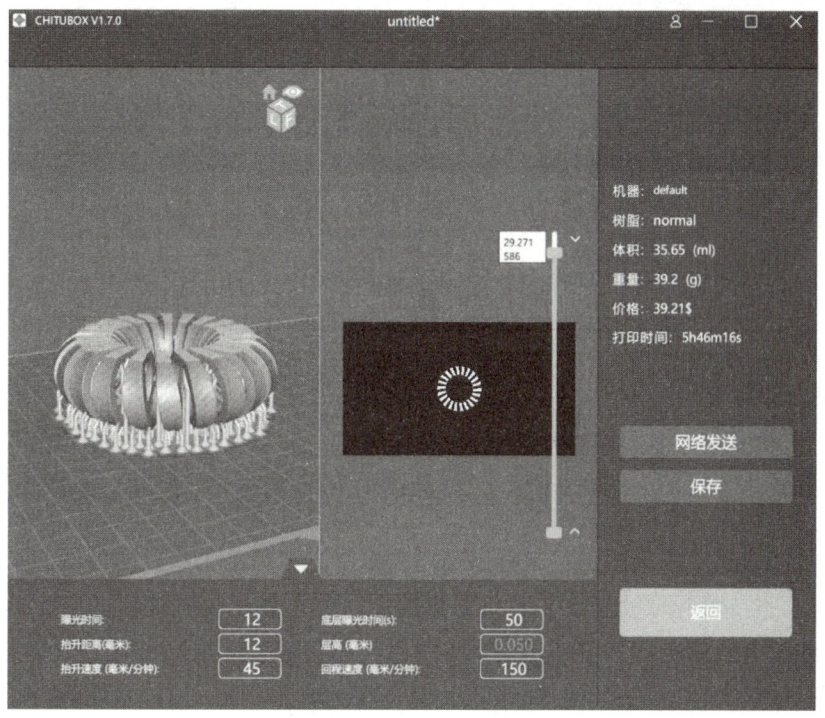

图 2-17　切片预览

分组讨论

1）光固化成型工艺切片软件中，各种支撑的优缺点分别是什么？
2）光固化成型工艺切片软件中，镂空时的注意事项是什么？

人物事迹

光固化行业的引领者——赵国锋

一、坚持教学科研，立足科技创新

赵国锋主要从事新型有机分子、光固化材料的设计及天然产物的提取、合成和应用研究。他坚信科技创新是国家发展的动力和源泉，能够改变人们的生活，带来社会的长远发展。他带领他的学生和团队坚持科研，进行自主开发。

赵国锋在国内外发表相关学术论文50多篇，曾先后参与国家科技型中小企业技术创新基金、中国火炬计划的研发项目，以及天津市发展专项资金项目、天津市科技支撑重点项目等10余项研发项目，获得"国家'万人计划'科技创业领军人才""天津市杰出企业家"等称号。

二、不忘初衷，践行产业报国梦想

赵国锋一直怀揣"产业报国"的梦想，坚持走产学研相结合的道路，致力于科研成果的转化。

> 赵国锋主持研发的 20 多个项目在企业"开花结果",为社会做出了贡献。尤其是他带领开发的光引发剂系列项目,技术已经达到国际先进水平,为企业、为国家创造了丰厚的经济效益,引领了中国光引发剂行业的进步。

任务 5　SLM 成型工艺切片处理

任务描述

通过教师讲解、查阅资料、实际操作等方法,熟悉 SLM 成型工艺切片软件的基础功能。

1. SLM 软件

SLM 技术还在发展阶段,各个厂家所用软件均为自身研发的软件,并不通用。这里以北京易博三维的 PowerRP SLX 工艺规划软件为主要介绍对象。

2. PowerRP SLX 工艺规划软件

PowerRP SLX 工艺规划软件的主要参数如图 2-18 所示。

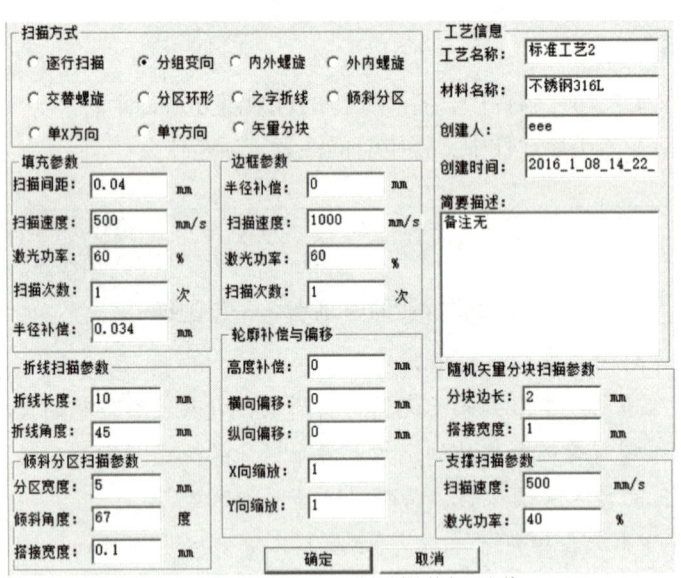

图 2-18　PowerRP SLX 工艺规划软件的主要参数

(1) 扫描方式　可以选择 11 种扫描方式,一般选择"分组变向",其余扫描方式可在后期工艺摸索时选择更改。

(2) 填充参数

1) 扫描间距:一般设置为 0.1mm,可以根据不同模型修改扫描间距,建议范围为

0.04~0.2mm。扫描间距是用来调整打印零件的致密度的，数值越小致密度越高。这需要根据打印零件的模型做修改，不同模型扫描间距都有可能不一样，所以需要在后期工艺摸索中找到一个通用的扫描间距。

2）扫描速度：振镜扫描头运动的速度一般设为1000mm/s，在后续工艺摸索中可以适当修改，修改范围为1000~2000mm/s。扫描速度越快，打印时间越短，但是打印效果会变差。

3）激光功率：激光功率的百分比一般设为55%，在后续工艺摸索中可以适当修改，修改范围为40%~80%。激光功率越大，扫描速度就可以更快，同样需要在后期工艺摸索中慢慢调整。

4）扫描次数：1次，这个不需要修改。就是每一层的扫描次数。

5）半径补偿：激光烧结时，在零件轮廓线上会产生热量扩散，使得不应烧结的粉末也被烧结，从而使零件壁厚增加。半径补偿用于减小壁厚，如设为0.1mm，则零件外壁向内移0.1mm的同时零件内壁向外移0.1mm，即零件壁厚减小0.2mm。可根据不同材料选择不同的半径补偿，具体数值应根据实验确定，无半径补偿时为0（此参数的设置一般用于研究，正常加工时此参数不用设置）。

（3）折线扫描参数

1）折线长度：用于设置折线长度，激光根据设置的折线长度扫描。

2）折线角度：用于设置折线角度，激光根据设置的折线角度扫描。

（4）倾斜分区扫描参数

1）分区宽度：把零件分成多个区域，设置每个区域的宽度。

2）倾斜角度：用于设置每个区域扫描的角度。

3）搭接宽度：用于设置区域与区域之间连接的宽度。

（5）轮廓补偿与偏移

1）高度补偿：一般情况下，3D打印机补偿高度应该为0~0.2mm。

2）横向偏移、纵向偏移：根据不同材料选择，具体数值应根据实验来定，一般为无偏移，即为0。

3）X向缩放、Y向缩放：用于修正零件因材料或后处理工艺引起的收缩或膨胀误差，通过X、Y不同方向乘以补偿系数（百分比）进行修正，具体数值应根据实验数据来定（无修正时为1）。

$$修正系数 = (理论值 / 实际测量值) \times 原修正系数$$

（6）随机矢量分块扫描参数

1）分块边长：把零件分成多个区域，设置每个区域的宽度。

2）搭接宽度：区域与区域之间连接的宽度。

（7）支撑扫描参数

1）扫描速度：建议范围为800~1300mm/s。

2）激光功率：建议范围为50%~70%。

分组讨论

1）SLM 切片软件中，各种扫描方式的优缺点分别是什么？
2）SLM 切片软件中，修正参数的作用是什么？

任务6　多特征零件的三维扫描、逆向建模与切片处理

任务描述

图 2-19 所示为多特征零件实物，现需要制作 2 倍大的快速原型，模型精度需在 0.05mm 以内，为该物体的最终量化生产提供优化依据。

1. 特征分析

该零件存在多种常规特征与一个任意曲面，从建模角度考虑，常规特征可以通过尺规测量方式得到其形状尺寸及位置尺寸，但任意曲面无法通过尺规测量得到有效数据，因此该模型的最佳建模方式为扫描建模，且因其精度过高，无法在扫描后直接封装使用，需配合逆向建模软件进行逆向设计。

2. 前处理

确定物体的精度要求，选择合适的扫描仪，并对扫描物体进行喷粉及贴点操作，效果如图 2-20 所示。

图 2-19　多特征零件实物

图 2-20　喷粉及贴点的效果

3. 扫描件处理

如图 2-21 所示，扫描后所得到的点云文件中缺失的孔洞为标记点所在位置，可以在 Geomagic Wrap 软件中对点云进行修复编辑。

（1）选择非连接项　选择非连接项是为了快速去除大多数与模型无关的杂点、噪点。

（2）减少噪点　调整因过于靠近模型而不好清除的噪点，使扫描点更加规整。

（3）统一　当扫描点过多时，处理点云的负担将过大，对计算机要求更高，因此需要

对点进行筛选处理,"统一"就是对点进行合理的筛选,方便后续的操作。

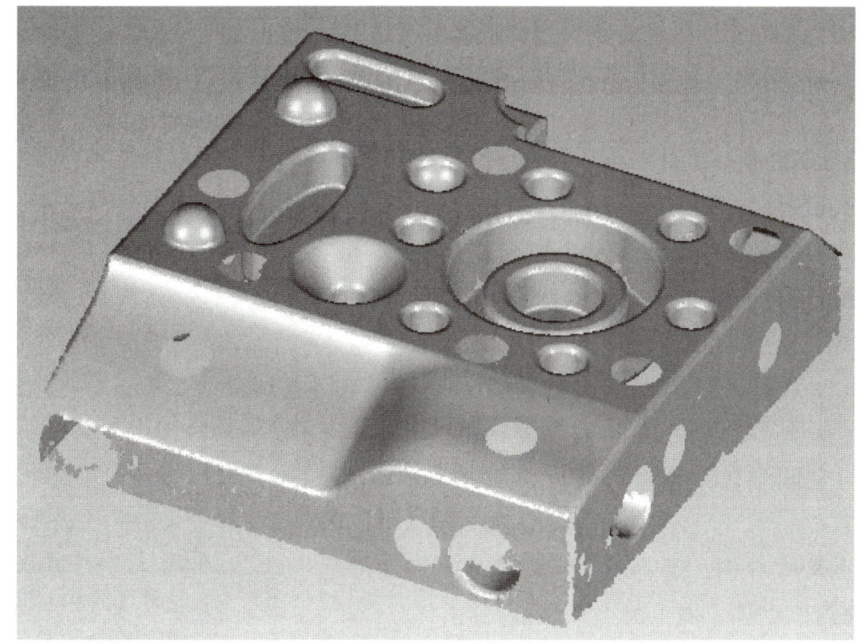

图 2-21 点云文件

(4)封装　将点云转换为三角面片体,如图 2-22 所示。

(5)填充孔洞　如果对模型本身要求不高,且扫描的模型完整度较高,经过填充缺陷后,即可进行打印,填充效果如图 2-23 所示。填充孔洞包括全部填充和填充单个孔。

1)全部填充可将所有破损边缘填充,但只适合小周长破损位置的修补,在曲率变化较大位置效果极差。(注意:该功能可限制最大填充周长,但无法识别曲率。)

2)填充单个孔可选择填充的曲率和填充的方式,是比较万能的填充方法,但在孔洞多时操作较繁琐。

图 2-22 封装

图 2-23 填充效果

将模型导出为 STL 格式，后续可使用建模软件开始逆向建模。

无需逆向建模的模型，在扫描时需确保点云无大面积缺陷，且点云均清晰无错位，以此点云为基础蓝本，在进行上述的封装及简单补孔后，即可输出为 STL 或 OBJ 格式文件，进行打印处理。

4. 逆向建模

这里以 NX 软件为例做主要操作说明，用其余软件逆向建模时思路一致，具体指令可根据各个软件的情况做修改。

（1）坐标系对齐　因扫描文件为任意空间位置，如图 2-24 所示，故需要先将模型坐标系与空间坐标系对齐，方便后续的操作。

1）在 NX 软件中，选择空间直线，打开选择过滤器，点亮"面上的点"功能，在零件的基准三平面各绘制两条交叉曲线，所作曲线尽量选择跨度较大且平整的面，如图 2-25 所示。

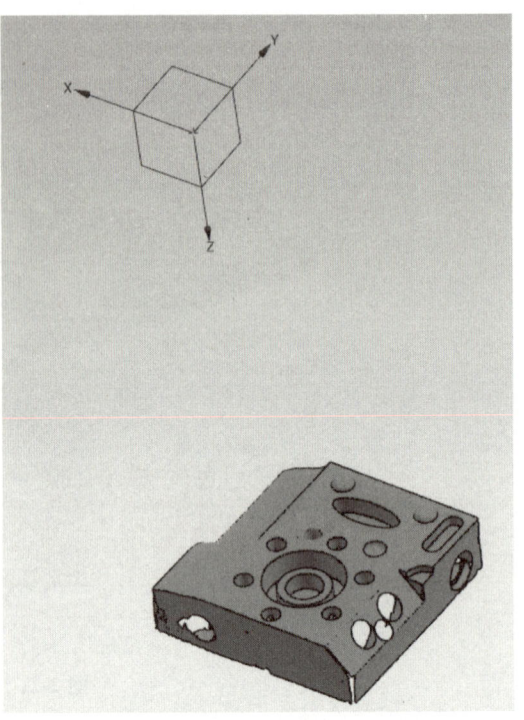

图 2-24　扫描件的空间位置

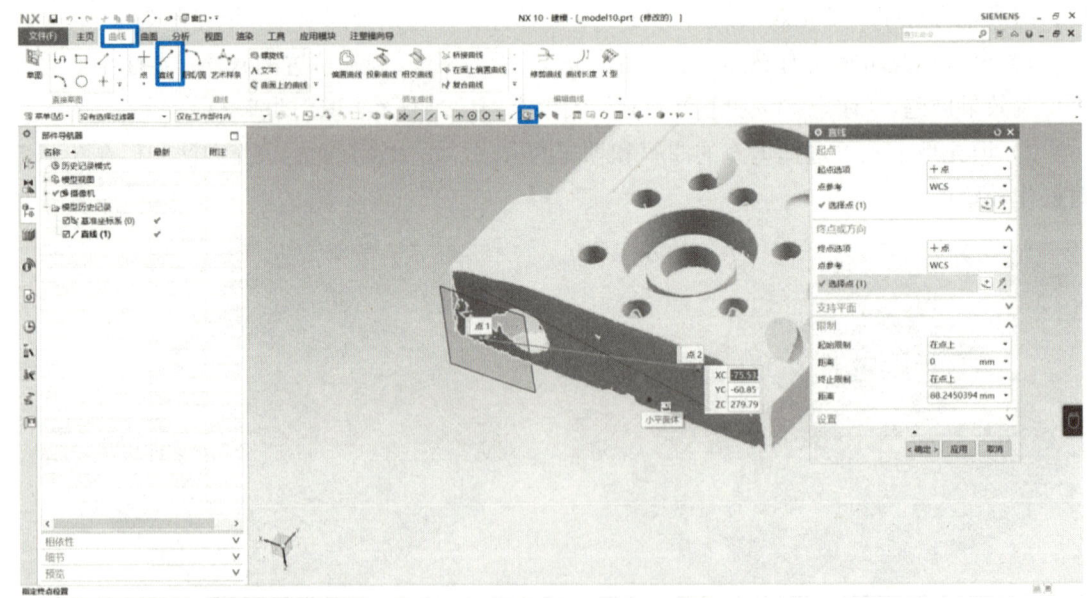

图 2-25　绘制空间交叉曲线

2）绘制完成后，单击基准平面，再分别单击各交叉曲线，创建基准面，为后续的坐标对齐做准备，如图 2-26 所示。

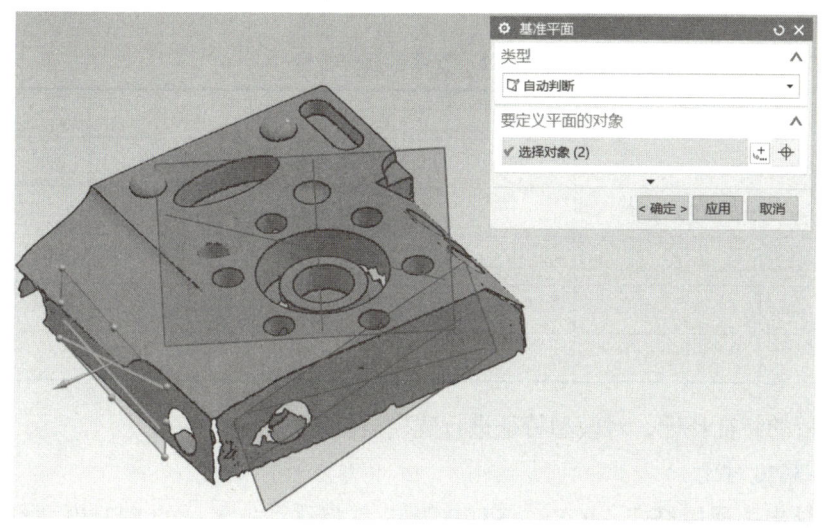

图 2-26　基准面的创建

3）打开"移动对象"对话框，选择"CSYS 到 CSYS"，初始选择三平面，最终到达绝对 CSYS，单击"预览"可以看到坐标系对齐的最终效果，如图 2-27 所示。

图 2-27　坐标系对齐

（2）特征绘制　多特征零件上可以观测到许多规则的特征，可以根据各种特征的特性，将各种特征分为三类，分别是拉伸面特征、回转面特征、任意曲面特征。

拉伸面特征：从某一固定方向截取特征任意位置，所得到的截面均为相同的特征。

回转面特征：由一个图形围绕一条发生母线旋转后得到的特征。

任意曲面特征：无规则的连续面，通常将非拉伸面与回转面的特征均划分至此类。

统计各类特征并正确填写零件特征分类表，见表 2-2。

表 2-2 零件特征分类表

产品名称		材料		设计员	
日期		重量		零件精度	
序号	特征属性	特征名称		备注/数量	
1					
2					
⋮					

根据分析的特征特性，对模型特征进行建模。

5. 模型精度对比

将模型导出为通用格式（IGES、STEP 等），并将移动位置后的 STL 模型也导出为 STL 格式，使用 Geomagic Control 软件进行精度对比。

将逆向后的模型与移动坐标后的原数据导入 Geomagic Control 软件，在分析栏选择 3D 比较，在编辑色谱后单击运用，即可观测到模型的精度误差，如图 2-28 所示，在满足 0.05mm 的精度要求后，即可进行最后的缩放。

 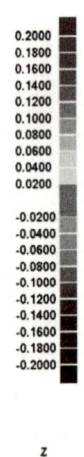

图 2-28 精度误差

任务评价

任务完成后，各任务小组按表 2-3 的综合评分表进行打分，得分计入平时成绩，作为期末成绩的一个重要加权项。

表 2-3 综合评分表

评价模块	序号	评价标准	配分	评分 自评	评分 小组评价	评分 教师评价	得分
理论知识（30分）	1	了解各类建模软件的特性	5分				
理论知识（30分）	2	熟悉扫描仪的属性及使用	10分				
理论知识（30分）	3	熟悉切片软件基本应用	10分				
理论知识（30分）	4	了解逆向建模的流程及思路	5分				
实操技能（50分）	5	学会使用扫描仪扫描物体	10分				
实操技能（50分）	6	学会使用Geomagic Wrap软件进行点云处理	10分				
实操技能（50分）	7	学会使用NX软件的图元工具创建三维模型	15分				
实操技能（50分）	8	学会使用Geomagic Control软件进行精度对比	15分				
职业素养（20分）	9	遵守课堂纪律，服从指导教师和小组组长的安排	5分				
职业素养（20分）	10	不迟到、不早退、不旷课	10分				
职业素养（20分）	11	课堂讨论阶段能主动积极，与同学相互配合	5分				

项目 3　FDM 工艺的高阶应用

项目引入

FDM 是一种应用广泛、普及程度高的增材制造工艺，具有成本低、安全易用的突出优点，广泛应用于文化创意、消费、教育、娱乐、医疗、电子、汽车、建筑等领域。本项目将全面介绍 FDM 工艺应用的详细流程。

学习目标

◆ 知识目标

1. 理解 FDM 增材制造的基本原理。
2. 掌握 FDM 增材制造的基本流程。
3. 能正确描述 FDM 工艺不同耗材的优缺点及应用场合。
4. 能正确描述不同 FDM 成型设备的结构和特点。
5. 能根据 FDM 工艺的特点进行产品结构优化设计。
6. 能合理选择零件的成型方向并合理施加支撑。

◆ 技能目标

1. 能正确进行 FDM 成型设备的操作和调试。
2. 能根据零件的实际使用工况合理选择耗材种类。
3. 能正确完成 FDM 工艺的前处理、打印成型和后处理。

◆ 素养目标

1. 培养严谨、精益求精的工匠精神。
2. 养成安全使用设备和工具的良好职业习惯。

任务 1　认识 FDM 工艺

任务描述

通过教师讲解、查阅资料等熟悉 FDM 工艺的工作原理和特点，熟悉 FDM 工艺的成型过程，通过分组讨论，总结本任务学习内容。

1. 认识 FDM 工艺的工作原理和特点

（1）工作原理　FDM 技术也称为熔丝堆积成型技术或熔融挤出成型技术。它是利用热塑性材料的热熔性、黏结性，在程序控制下逐层堆积成型，是目前应用最广泛的一种增材制造工艺。

FDM 工艺的工作原理示意如图 3-1 所示，将丝状的热熔性材料通过送丝机构、挤出机送进喷嘴，在喷嘴内加热熔化；喷嘴在分层数据的控制下，沿截面轮廓和填充轨迹运动；熔化的材料挤出后迅速固化并与周围材料黏结；每完成一层成型，喷嘴便上升一层高度（或打印平台下降一层高度），喷嘴再进行下一层截面的扫描喷丝，如此反复，直至最后逐层堆积出一个实体模型或零件。

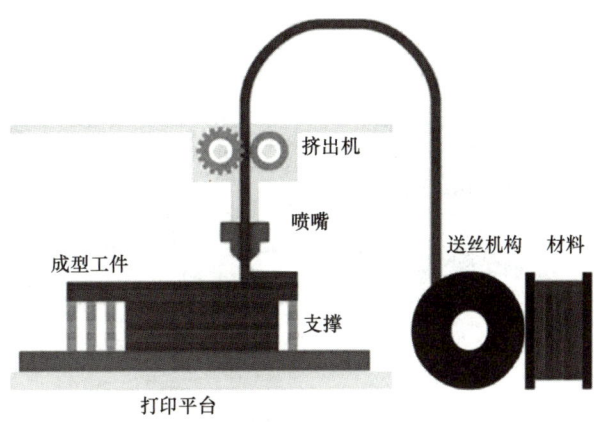

图 3-1　FDM 工艺的工作原理示意图

FDM 成型过程中每层都是堆积在上一层上的，上一层对当前层起到支撑作用。随着打印高度的增加，当前层片轮廓的面积和形状若发生较大变化，上层轮廓可能无法很好地起到支撑作用，这就需要设置一些辅助结构——支撑部分，以保证制件顺利成型。支撑部分可以使用与成型部分相同的材料，也可以使用特性不同的专门材料。无论使用哪一种材料，均需在打印完成后去除多余的支撑部分。

> **知识拓展**
>
> ### FDM 技术的发展历史
>
> FDM 技术出现在 20 世纪 80 年代末期，由美国学者斯科特·克伦普（Scott Crump）在 1988 年发明。1989 年，斯科特·克伦普成立了 Stratasys 公司。1992 年，Stratasys 公司推出世界上第一款基于 FDM 技术的 3D 打印机——"3D 造型者（3D Modeler）"，标志着 FDM 技术步入商用阶段。2009 年，FDM 关键技术专利到期，各种基于 FDM 技术的增材制造公司开始大量出现，相关设备的成本和售价也大幅降低。FDM 工艺由于不用激光、使用方便、维护简单、成本较低，近年来迎来快速发展期。

（2）特点　FDM 的优势是操作环境干净、安全，原材料以卷轴丝的形式提供，易于搬运和快速更换，材料费用低、品种多、颜色多、利用率高，成型的零件内壁可制成网状结构或实体结构。FDM 技术适用于产品设计、测试与评估，可应用于汽车、工艺品、仿古、建筑、医学、动漫和教学等领域，其精度约为 ±0.2mm，表面处理简单，但因打印件的表面质量一般，所以无法直接打印珠宝首饰类精细的、表面质量要求高的模型。

（3）应用范围　近年来，随着增材制造设备和材料技术的快速发展，可用于 FDM 工艺的设备和耗材种类越来越多。FDM 技术已被广泛应用于家电、通信、电子、汽车、医学、建筑、玩具等领域的产品开发与设计过程，如产品外观的评估、方案的选择、装配的检查、功能的测试、用户看样订货、塑料件开模前的检验设计、少量产品的制造等。图 3-2 所示为 FDM 工艺成型零件。

图 3-2　FDM 工艺成型零件

2. FDM 工艺的成型过程

FDM 工艺的成型过程可以归纳为三个步骤：前处理、分层叠加成型和后处理，具体工作内容如下。

（1）前处理　前处理是为 FDM 工艺的原型制作准备生产数据的，包括工件的三维模型的构造、CAD 模型的数据转换、模型成型方向的选择、支撑的施加和三维模型的切片处理。切片完成的数据通常保存为扩展名为 gcode 的文件，文件中的 G 代码是一种数控编程语言，它控制着 3D 打印机的每一个打印运动。

（2）分层叠加成型　FDM 工艺的分层叠加成型是通过加热装置将丝材加热熔化，在 gcode 文件的控制下如春蚕吐丝般由喷嘴挤出，逐层堆积完成模型外轮廓和内部填充的制作。

（3）后处理　对于 FDM 工艺制作的模型，后处理工作主要是剥离模型的支撑和进行表面处理。首先要去除实体模型的支撑部分，然后修整、打磨、抛光实体模型的外表层，必要时进行表面喷涂处理，使最终模型的精度、表面粗糙度等达到规定要求。

分组讨论

1）FDM 工艺制造产品的成本大概是多少？如何衡量？
2）FDM 工艺对丝材有什么要求？

任务 2　选用 FDM 耗材

任务描述

学习并认识 FDM 常用耗材的种类和特性，总结 FDM 耗材的选用原则，能够针对产品需求合理选择耗材。

FDM增材制造工艺经常会用到的材料主要包括工程塑料（PLA、ABS）、柔性材料（TPE/TPU）、木质感材料、金属质感材料（metal PLA、metal ABS）、碳纤维材料（carbon fiber）、夜光材料、尼龙等。不同的材料有其独特属性，包括透明性、生物相容性、成型温度、硬度、熔融指数、耐化学腐蚀性、耐热性和强度等，这些属性使得材料选择任务变得有据可依。FDM常用耗材的特性如下。

1. PLA

PLA（Poly Lactic Acid），即聚乳酸，是一种新型的生物基及可再生生物降解材料，使用由可再生的植物资源（如玉米、木薯等）中提取的淀粉原料制成，具有较好的可打印性和力学性能，使用后能被自然界中的微生物在特定条件下完全降解，最终生成二氧化碳和水，不污染环境，这对保护环境非常有利，是公认的环境友好型材料，也是目前应用最为广泛的FDM增材制造耗材。

PLA的挤出温度应设置在200℃左右。过高的温度会使它炭化、堵塞喷嘴，导致打印失败。加热PLA时，它会直接从固体变为液体，因为有相变过程，它会吸收较多喷嘴的热能，喷嘴堵塞的可能性大。PLA具有较低的收缩率，即使成型较大的模型，也不容易开裂，成功率高。

PLA用于FDM增材制造时主要有以下特性。
1）优点：便宜，收缩率小、精度高。
2）缺点：耐热性低，抗压性弱，比较脆。
3）热床：打印过程需要热床。
4）平台表面：PEI，PC膜，美纹纸，玻璃，固体胶。
5）成型温度：190~220℃。
6）应用范围：各类DIY装饰品、玩具、摆件、新产品样件等。

2. ABS

ABS（丙烯腈、丁二烯、苯乙烯共聚物）在增材制造领域具有悠久的历史。这种材料是最早与工业增材制造设备一起使用的塑料之一。多年以后，由于其低成本和良好的力学性能，ABS仍然是一种非常受欢迎的材料。ABS以其韧性和抗冲击性而闻名，可以打印耐用的部件，以满足额外的使用和磨损需求。ABS还具有更高的玻璃化转变温度，这意味着材料在开始变形之前可以承受更高的温度。这使得ABS成为户外或高温应用场景的绝佳选择。使用ABS打印时，请务必在通风良好的开放空间进行，因为会有轻微的气味。

ABS的化学性能表现为不受水、无机盐、碱醇类和烃类溶剂及多种酸的影响，可溶于酮类、醛类及氯代烃溶剂。作为FDM工艺的打印材料，ABS成型所得成型件的表面光滑程度要好于PLA，成型件强度和韧度也较高。但由于它的收缩率较高，成型时要求成型室要保持70℃左右的恒温，否则打印大型物体时易发生变形起翘及开裂；另外，它的打印温度应在220℃以上，否则无法顺利挤出。在加热时，ABS会先转化为凝胶状再转化为液体，由于没有发生相变，ABS不吸收喷嘴的热能，所以不容易造成喷嘴堵塞。

ABS 用于 FDM 增材制造时有以下特性。

1）优点：便宜，坚固，耐热性好。

2）缺点：收缩率大，容易翘边，适合封闭打印，打印时有刺激性气味，打印精度不够。

3）热床：需要用到热床（热床温度超过 100℃）。

4）平台表面：PEI，PC 膜，美纹纸，玻璃，固体胶。

5）成型温度：220~250℃。

6）应用范围：玩具、小型工具、模型外壳、工业零件等。

3. TPU（热塑性聚氨酯弹性体）

TPU 柔性材料由热塑性弹性体（TPE）制成，是硬塑料和橡胶的混合物。顾名思义，这种材料本质上是弹性的，可以很容易地拉伸和弯曲。TPE 中的 TPU 是 3D 打印细丝中最常用的。例如，一些细丝可以像汽车轮胎一样是部分柔性的，但是其他细丝可以是弹性的并且像橡皮筋一样完全柔韧。

TPU 用于 FDM 增材制造时有以下特性。

1）优点：柔软，保质期久。

2）缺点：难以打印，桥接性能差。

3）热床：需要用到热床。

4）平台表面：PEI，PC 膜，美纹纸。

5）成型温度：220~245℃。

6）应用范围：RC 遥控车轮胎，手机壳。

4. PETG（聚对苯二甲酸乙二醇酯-1,4-环己烷二甲醇酯）

PETG 是聚对苯二甲酸乙二醇酯（PET）的乙二醇改性版，通常用于制造水瓶。它是一种具有良好抗冲击性的半刚性材料，具有比较柔软的表面，容易磨损。该材料还具有良好的热特性，冷却速度快，还有几乎可以忽略不计的翘曲。

PETG 用于 FDM 增材制造时有以下特性。

1）优点：表面光滑，附着能力强。

2）缺点：桥接性能差，常见拉丝。

3）热床：需要用到热床。

4）平台表面：PEI，PC 膜，美纹纸。

5）成型温度：230~245℃。

6）应用范围：花瓶，杯子。

5. PVA

PVA（Poly Vinyl Alcohol），即聚乙烯醇，是一种柔软且可生物降解的聚合物，对水非常敏感，这使其成为 FDM 增材制造非常有用的支撑结构材料。制造完成后将 PVA 支撑结构连同模型本体一起投入热水中，PVA 支撑结构将立即溶解（复杂及细小孔洞的支撑结构均可完全溶解），然后将模型本体取出。这样所得模型表面效果比手工清除支撑的效果要好，且操作更方便、快捷。

PVA 用于 FDM 增材制造时有以下特性。

1）优点：遇水溶解，为支撑材料首选。

2）缺点：成本高，容易堵塞喷嘴。

3）热床：可选。

4）平台表面：PEI，PC 膜，美纹纸。

5）成型温度：180~200℃。

6）应用范围：大部分材料的支撑部分，小装饰品。

分组讨论

1）FDM 耗材的选用主要考虑哪些因素？如何正确排序？

2）各种 FDM 耗材的价格如何？

3）PLA 作为应用最广泛的 FDM 丝材有什么缺点？如何改善？

4）ABS 是性能优良的工程塑料，作为 FDM 丝材有什么缺点？

任务 3　认识 FDM 成型设备

任务描述

学习并认识 FDM 成型设备的结构种类和特点，总结 FDM 成型设备的选用原则，学会从 FDM 成型设备参数表中获取关键信息，能够针对产品需求合理选择设备。

FDM 工艺由于技术成熟、应用广泛、成本低廉，所以设备种类较多，不同类型的 FDM 成型设备如图 3-3 所示。虽然市场上的 FDM 成型设备机型和品牌众多，但万变不离其宗，按照结构不同可分为：并联臂结构、XYZ 结构、I3 结构、UM2 十字轴结构和 CoreXY 结构。不同结构类型的设备，其成型尺寸、精度和打印速度各不相同。正确了解各种结构机型的特点是正确选用 FDM 成型设备的基础。

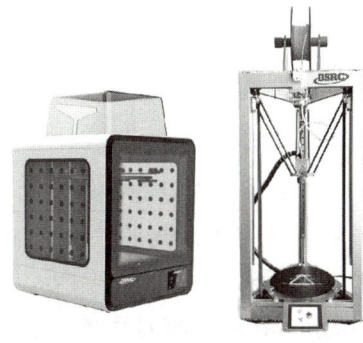
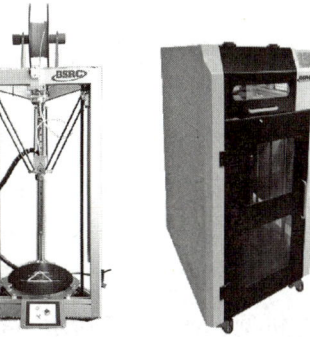

图 3-3　不同类型的 FDM 成型设备

1. 三角洲（并联臂）结构

三角洲结构又称为 Delta 结构、并联臂结构。这种结构最早是由瑞士洛桑理工学院（EPFL）的 Reymond Clavel 教授在 20 世纪 80 年代发明的。最早的 Delta 式并联机械臂主要用来设计一种能以很快速度操作轻小物体的机器人。Delta 式并联机械臂是一种通过一系列互相连接的平行四边形来控制目标在 X、Y、Z 轴上的运动的机械结构。三角洲 FDM 设备结构如图 3-4 所示。近年来这种机械结构的应用日益广泛，特别是它具有适应狭小空间，并能在其中进行有效工作的能力。1987 年，瑞士 Demaurex 公司首先购买了 Delta 式并联机械臂的知识产权并将其产业化，主要用于巧克力、饼干、面包等食品包装，后来由于硬件和软件工程的发展带来的技术和制造成本下降，很多创客在设计自己的 3D 打印机时借鉴了这种 Delta 式并联机械臂的特点，于是就出现了如今的外形接近三角形柱体的 Delta 式 3D 打印机，即三角洲打印机。三角洲打印机的结构相对简单，打印曲面效果不错，打印速度快，但打印矩形容易出现问题，空间利用率比较低。

图 3-4　三角洲 FDM 设备结构

在同样的成本下，采用三角洲结构能设计出打印尺寸更高的 3D 打印机。三轴联动的结构，使传动效率更高，速度更快。但是由于三角洲结构的坐标换算采用的是插值法，弧线是用很多条小直线进行插值模拟逼近的，小线段的数量直接影响打印的效果，对三角洲结构的分辨率和打印精度有所影响，对装配和调试精度要求高。

并联臂结构的 FDM 成型设备的优、缺点如下。

优点：

1）占地面积小。

2）并联臂结构的框架简单，使用铝型材 DIY 时，框架大小方便定制。

3）喷嘴移动灵活，打印时设置回抽抬升喷嘴可有效减少拉丝，而其他结构无法做到灵活地抬升喷嘴。

4）常为远程送丝，喷嘴重量轻，打印速度比较快。

缺点：

1）打印机内部空间利用率低，且机器越高，空间利用率越低。

2）并联臂结构最大的缺点为调平困难，由于它的平台是固定的，如果没有自动调平，那么只能通过软件或者手动调整 X、Y、Z 三个方向的偏置参数来调平。

2. XYZ 结构

XYZ 结构是一种比较稳定的机型，如图 3-5 所示。其调试相对简单，适合做大机器。XYZ 结构最明显的特征是：X 轴电动机固定在 X 轴上，Y 轴移动要连着 X 轴电动机一起移动，Y 轴运动惯性较大，速度不快，打印速度过快时，容易丢步。

XYZ 结构的 FDM 成型设备的优、缺点如下。

优点：

1）其四四方方的结构，外框架稳定。

2）Z 轴由两根光轴固定，平台运动时稳定性好，振动小，使打印精度能得到保证。

3）常为近程送丝，可以打印柔体耗材，如 TPU。

缺点：

1）由于挤出头的原因，导致机器内部空间利用率较低，仅比并联臂结构好一些。

2）由于挤出头设计的问题，导致无法快速散热，散热效率不高，所以比较容易堵塞喷嘴。

3）喷嘴笨重，打印惯性大（尤其是 Y 轴），无法高速打印。

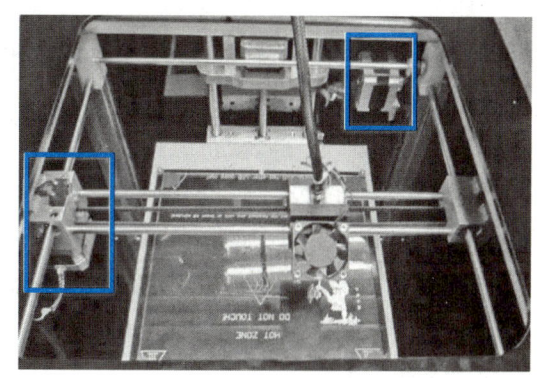

图 3-5　XYZ 结构

3. I3 结构

I3 结构（也称为门架体系结构）是最经典的 3D 打印结构，其结构简单、容易上手、开放的升级硬件和维修能力，是用户的首选模式。I3 结构的 Z 轴及 X 轴的移动是通过电动机引导喷嘴进行平行运动的，Y 轴的移动是通过平台的前后运动完成。I3 结构如图 3-6 所示。

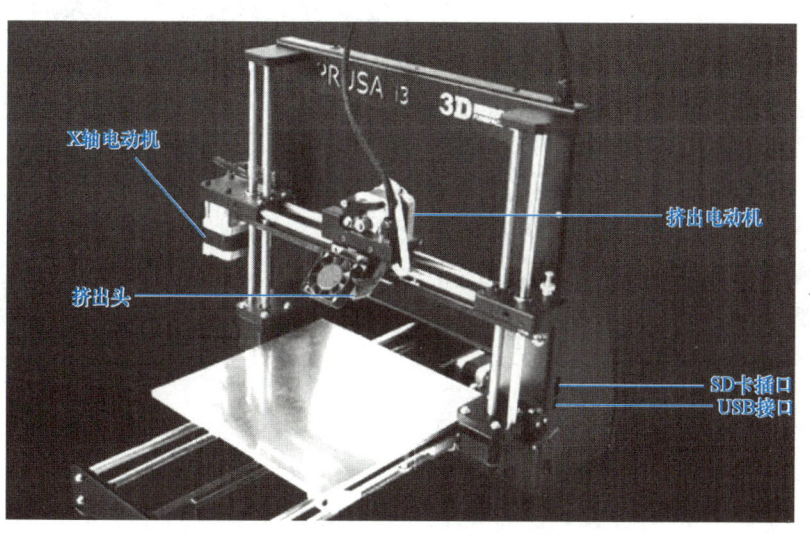

图 3-6　I3 结构

I3 结构的 FDM 成型设备的优、缺点如下。

优点：

1）框架相对比较简单，为门架结构，比较节省材料，所以相对而言价格也比较便宜，适合初级入门。

2)可近程送丝,可以打印柔体耗材,如 TPU。

缺点:

1)Y 方向为平台移动,由于平台质量比较大,打印时惯性自然就大,增加了步进电动机和同步带的负荷,会加快同步带磨损;打印较快时,无法保证打印精度。

2)Z 方向双丝杠带动挤出头上下移动,由于丝杠的精度无法做到完全一致,长时间打印后,就会出现两边不平齐的情况,影响打印效果。解决办法是用游标卡尺测量两边距离步进电动机是否一致,如果不一致可手动调整丝杠。

3)机器占地面积大。由于平台是沿 Y 轴方向移动,所以需要的面积比较大。

4)为了压缩成本,I3 结构的机器一般都做得比较简单,开关电源外置,这样可能会带来安全隐患。

5)I3 结构由于是平台移动,只能做小型机器。当机器做大了、高了以后,模型会晃动,容易打印失败。

4. UM2 十字轴结构

UM 全称为 Ultimaker,也是结构名称,UM2 是第二代,又称十字轴。UM2 十字轴结构的 X、Y 电动机都是固定在机箱上的,如图 3-7 所示。其结构比较复杂,对零件、安装要求比较高。由于电动机都是安装在机箱上的,所以打印速度快,打印精度也相对高。

图 3-7　UM2 十字轴结构

UM2 十字轴结构的 FDM 成型设备的优、缺点如下。

优点:

1)机器内部空间利用率高,在 I3、并联臂、UM2 三种结构中,UM 结构的内部空间利用率是最高的。

2)远程送丝,喷嘴重量轻,打印速度快。考虑精度原因,一般打印速度设置为 60mm/s。

3)喷嘴由两根光轴固定,呈十字状,打印时稳定,打印精度相对高。

4)Z 轴由两根光轴固定,平台运动时稳定性好、振动小,打印精度能得到保证。

缺点：

1）UM2 的挤出机没有压片，换料时只能用内六角扳手调节弹簧的压缩力度，导致换料比较麻烦，而且进料时如果对不准铁氟龙的孔，容易被铁氟龙管挡住。

2）控制喷嘴移动的 X、Y 轴及十字轴装配比较困难。

3）X 轴方向的小闭口同步带磨损严重需要更换时，要拆掉整根光轴，十分麻烦。

5. CoreXY 结构

CoreXY 结构空间利用率高，X 轴相对重量轻，可以快速打印，但只能用传动带传动，不能用丝杠传动。该结构的 X、Y 轴是由两台电动机协同工作实现运动的，为两轴并联结构，如图 3-8 所示。如果单电动机运动，末端 45° 斜向运动，两电动机同向转动时为单 X 轴移动，两电动机反向转动时为单 Y 轴移动。

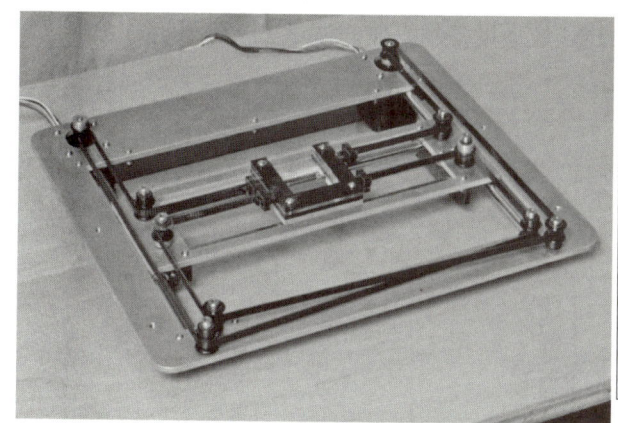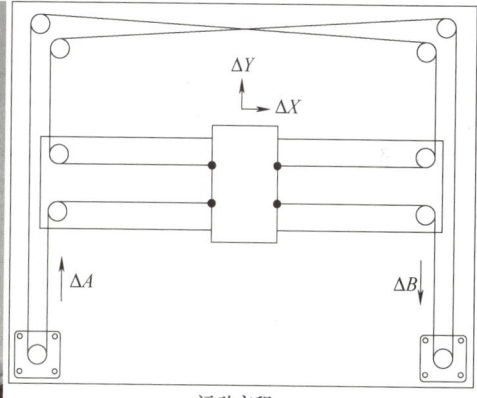

运动方程
$\Delta X = 1/2\ (\Delta A + \Delta B),\ \Delta Y = 1/2\ (\Delta A - \Delta B)$
$\Delta A = \Delta X + \Delta Y,\ \Delta B = \Delta X - \Delta Y$

图 3-8　CoreXY 结构

CoreXY 结构的 FDM 成型设备的优、缺点如下。

优点：

1）由于电动机是固定的，所以运动时不会带入电动机的重量，可减轻负载，实现更快的运动速度。

2）结构紧凑，在同等设备体积下，相比其他结构可以实现更大的打印体积（空间利用率高）。

3）相比于 XYZ 结构，其 X 轴龙门架所受转矩小（只有装配误差带来的转矩）。

4）硬件成本较低，是 3D 打印机的主流结构之一。

5）X、Y 轴运动均由双电动机驱动，可以使打印速度更快。

缺点：

1）两根同步带刚性不同，实际运动难以实现高精度同步。

2）同步带张紧力不便调整，各个位置的张紧力可能有所不同。

3）整机装配较为考验装配人员的经验与熟练程度。

分组讨论

1）FDM 成型设备的选用原则主要有哪些？
2）不同结构 FDM 设备的价格如何？
3）家用 FDM 成型设备如何优选？依据是什么？
4）工业生产用 FDM 成型设备如何优选？依据是什么？

任务 4　FDM 成型设备的操作与调试

任务描述

学习并掌握 BS3DP-223 三角洲机型 FDM 成型设备的操作与调试方法，掌握该类型设备的生产准备内容和操作方法。

1. FDM 成型设备的基本操作

本任务所用 FDM 成型设备为 BS3DP-223 三角洲机型，如图 3-9 所示，其基本操作流程如下。

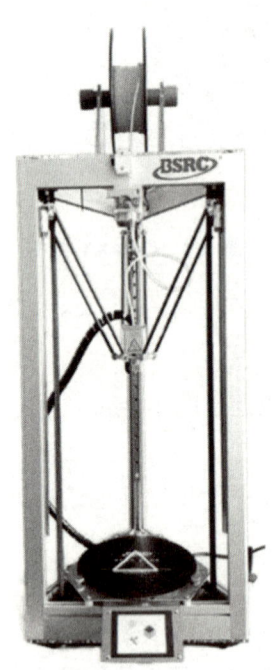

图 3-9　BS3DP-223 三角洲机型

（1）打印机准备

1）清理工作台。打印前要确保工作台清洁，可用铲子轻铲工作台表面，确保工作台表面无异物。必要时可拆下工作台进行清理，清理完成后再将工作台装回原位，拧紧固定螺钉，如图 3-10 所示。

图 3-10　工作台的拆装

2) 开机。

① 连接电源线，将电源线圆孔端插入打印机电源插孔，插头插入 220V 三孔插座中。

② 打开打印机侧面的红色电源开关，此时控制面板点亮，启动打印机控制系统，开机界面如图 3-11 所示。

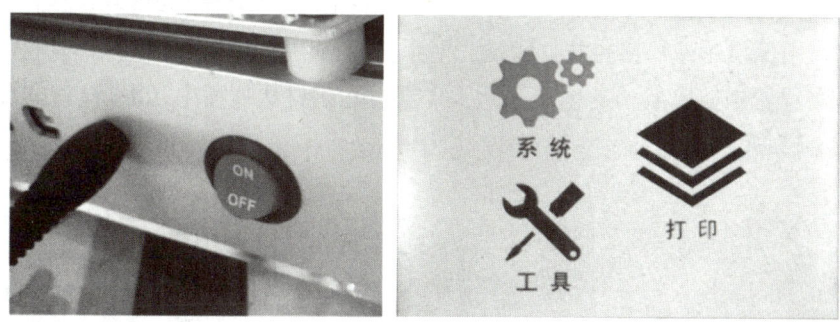

图 3-11　开机界面

③ 操作触控面板上的按钮"工具"→"手动"，在打开的界面中单击回零键，使各运动轴归零，如图 3-12 所示。

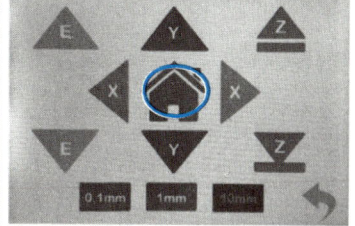

图 3-12　回零操作

3) 显示屏菜单说明。

BS3DP-223 三角洲机型 3D 打印机工具菜单如图 3-13 所示，包含打印机的"手动""预热""装卸耗材""调平""风扇""紧急停止""售后支持"和"返回"等功能。

BS3DP-223三角洲型3D打印机系统菜单如图3-14所示，包含打印机的"状态"、"机器信息""中文"（语言选择）、"出厂设置""屏幕校正""WIFI""Delta"和"返回"等设置。

图3-13　工具菜单　　　　　　　　图3-14　系统菜单

（2）安装耗材　操作触控面板上的"工具"→"装卸耗材"按钮，在打开的界面中单击"E1"的温度图标，开始材料预热。待喷嘴达到预热值时，将打印丝材放置在料盘架上，拽出一段丝材，用偏口钳减掉扭曲的打印丝，左手按压挤出机手柄，使送丝搓轮松开，右手将打印丝插入送丝管中，单击"进丝"图标，直至熔融丝材从喷嘴中光滑挤出，单击"停止"图标，如图3-15所示。

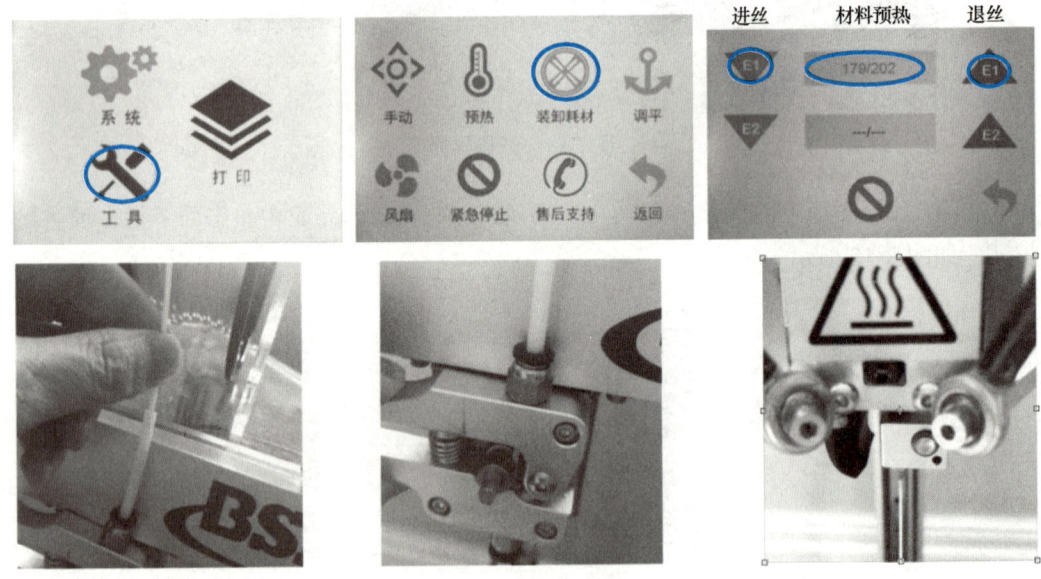

图3-15　安装耗材

（3）准备打印文件和开始打印　将存储卡插入读卡器，将待打印模型的gcode文件拷入SD卡，然后将SD卡插入插槽，准备好打印文件，如图3-16所示。

项目3　FDM工艺的高阶应用

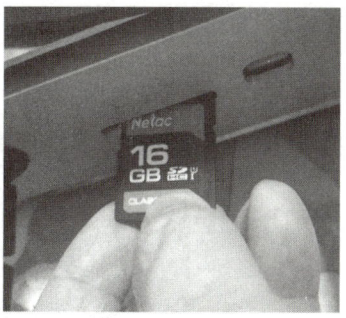

图3-16　准备打印文件

单击触控面板上的"打印"图标，在打开的界面中选择要打印的 gcode 文件可通过上、下箭头键翻页。找到待打印文件后，单击开始打印按钮，待热床和喷嘴温度达到设定值之后，打印机喷嘴移动至打印准备位置，打印机开始工作，如图3-17所示。

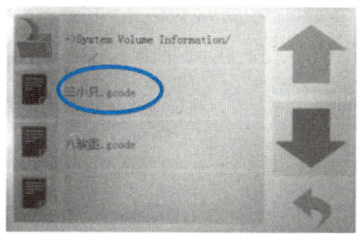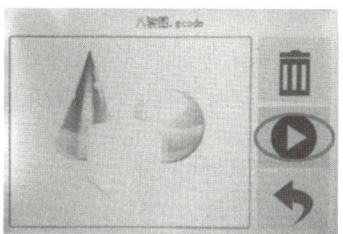

图3-17　开始打印的操作

2. FDM 成型设备的调试

（1）自动调平　对于 FDM 成型设备来说，第一层能否均匀、稳固地附着于工作台决定了打印成功与否，打印头过低会导致挤出困难、第一层凹凸不平甚至喷嘴刮蹭工作台，打印头过高会导致粘接不牢甚至凌空吐丝。一般第一层的层厚为 0.35mm 左右，但若打印平台不平，则很难保证第一层的厚度。因此要解决此问题，机器的调平就显得尤为重要。

自动调平，简单说就是通过调平传感器（开关）来获取打印头与工作台之间的距离、打印平台的平整度信息，然后在打印时将各个位置的 Z 向偏移值补偿进去，实现在略有不平的打印平台上打印。

自动调平工作并非每次打印都需执行，仅当首次使用机器或机器使用一段时间后，发现第一层打印时，不同位置丝材与工作台粘接程度存在明显差异时，才需要执行。

自动调平的步骤如下：

1）调平准备。调平前要确认：①工作台清理干净，无残留物；②确保打印喷嘴已冷却至室温；③准备好随机附件调平传感器，如图3-18所示。

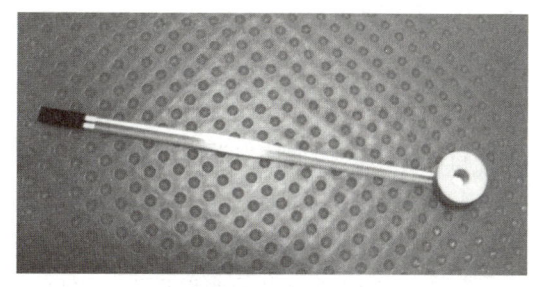

图3-18　调平传感器

2)安装调平传感器。取下打印喷嘴上的调平跳线帽,将调平传感器接线端插入喷嘴的调平传感器跳线端,将调平传感器扣在喷嘴上,如图3-19所示。

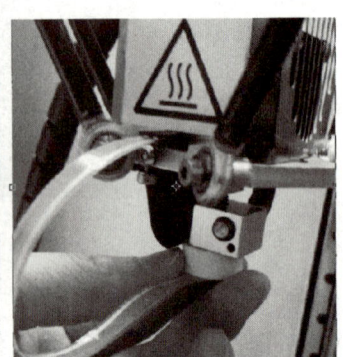

图3-19 安装调平传感器

3)自动调平的操作。单击"工具"→"调平"图标,如图3-20所示,打印机喷嘴开始移动,调平传感器多次轻触工作台后,完成调平。

图3-20 自动调平的操作

(2)零点设置 零点指的是Z方向上的零点,是打印起始的平面,其正确性直接影响第一层的打印质量。一般在第一层打印出现出丝不畅、粘接不牢时或调平完成时,需要进行零点设置操作。

零点设置步骤如下:

1)零点设置准备。零点设置前要确保喷嘴和工作台清洁,无残留物。

2)单击触控面板中的"工具"→"手动"图标,在打开的界面中确认每次触击移动的距离为1mm,轻触Z向下移图标,每触击一次光标下移10mm,当喷嘴接近工作台时,为了防止喷嘴撞击工作台,使用小的移动距离,最后选用0.1mm/次的移动量,同时在喷嘴和工作台之间放一张打印纸,边移动喷嘴边抽拉打印纸,感觉纸能够被拉动,同时又受到喷嘴与工作台的阻力时为最佳位置。

3)不要移动Z轴,单击"返回"图标。单击"系统"→"Delta"图标,单击"设Z为零",同时确认勾选"调平补偿"功能,完成打印机的零点设置。

值得注意的是,自动调平和零点设置一般在打印出现问题时才使用,如果厂家或设备管理人员已经调试好机器,可略过。

📅 分组讨论

1) 如何进行三角洲式 FDM 成型设备自动调平操作?
2) 如何进行三角洲式 FDM 成型设备零点设置操作?
3) 如何进行三角洲式 FDM 成型设备耗材的安装操作?

任务 5 典型工业零件——连杆的 FDM 增材制造

📋 任务描述

图 3-21 所示为一个常见的工业零件——连杆的三维模型,现在需要利用 FDM 对该模型进行 3D 打印加工制作,并进行打磨、抛光、表面处理等后处理工序,用于产品外观、结构和尺寸设计的评估。

1. 工艺分析

不同零件的具体工艺过程和参数相同,应综合考虑零件要求、使用工况等因素后,进行材料和打印设备的选择,确定合理的成型方向和支撑添加方案,选择合理的层厚、曝光时间、打印速度等工艺参数,并正确填写增材制造工艺指示单,见表 3-1。

图 3-21 连杆的三维模型

表 3-1 增材制造工艺指示单

产品名称	连杆	编号		工期	2h
材料	PLA	数量	1 件	数模来源	CAD 建模
设计员		日期		重量	
序号	工艺名称	工艺要求		备注	
1	模型姿态摆放	保证打印成型,优化打印时间,优化支撑数量			
2	添加支撑	选择支撑大小,合理设置支撑的参数			
3	设置切片参数	根据需要设置打印的切片参数			
4	预览切片数据	根据预览详情,判断切片参数设置的合理性			
⋮					

根据当前任务的三维模型的特征、制件应用场景,对需要进行 3D 打印的零件进行工艺

分析,确定加工制作的思路,具体内容如下:

1) 获取制件三维模型数据。
2) 导入切片软件,调整模型摆放姿态,确定模型成型方向,一般考虑倾斜摆放。
3) 综合考虑模型的大小、复杂程度、应用场景等因素,确定采用实心打印还是内部镂空打印。
4) 设置支撑的数量和大小。
5) 设置合理的切片参数。
6) 进行切片运算,导出打印文件。
7) 操作 BS3DP-223 三角洲式 3D 打印机进行打印制作。
8) 观察三角洲式 3D 打印机的加工情况,判断继续打印还是中止打印。
9) 如果打印失败,应清理打印平台,然后调整打印参数并重新打印。
10) 打印成功后,清理打印平台,进行后处理操作。
11) 完成后处理操作后,制件制作完成。

2. 切片处理

切片处理的主要流程如下:

1) 获取三维模型文件,一般为 STL、OBJ 格式。
2) 将三维模型导入切片软件,并正确摆放,如图 3-22 所示。

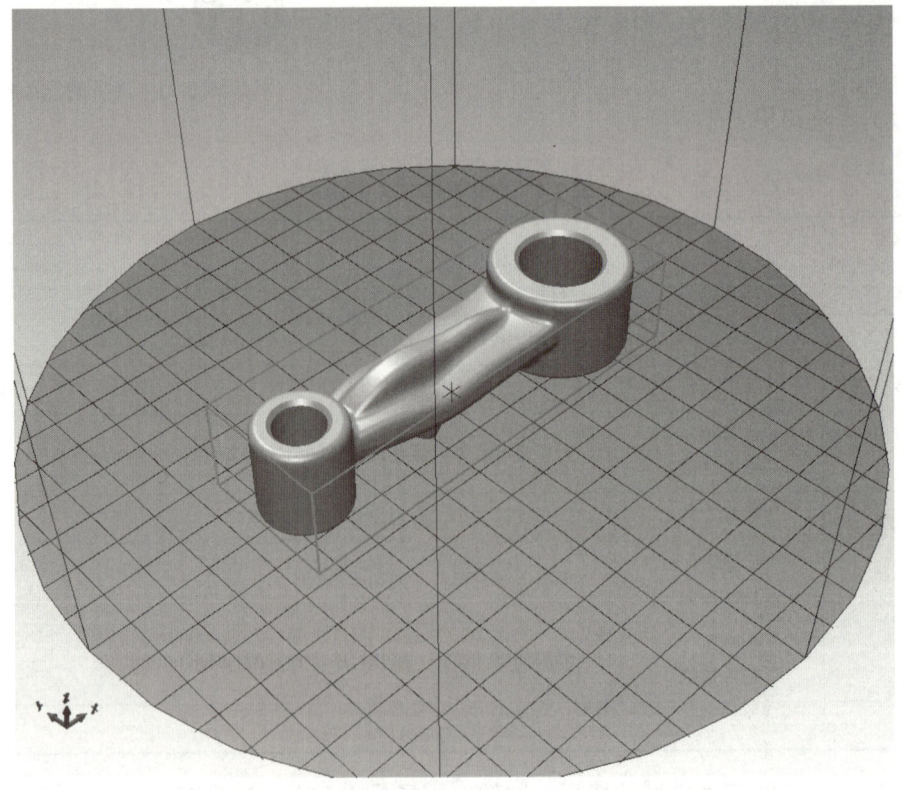

图 3-22　导入三维模型

模型摆放方向对 3D 打印零件最终成型质量至关重要，摆放时主要考虑的因素有零件精度、成型时间、零件强度、支撑结构及表面粗糙度。

3）在切片软件中进行相应的参数设置，如图 3-23 所示。

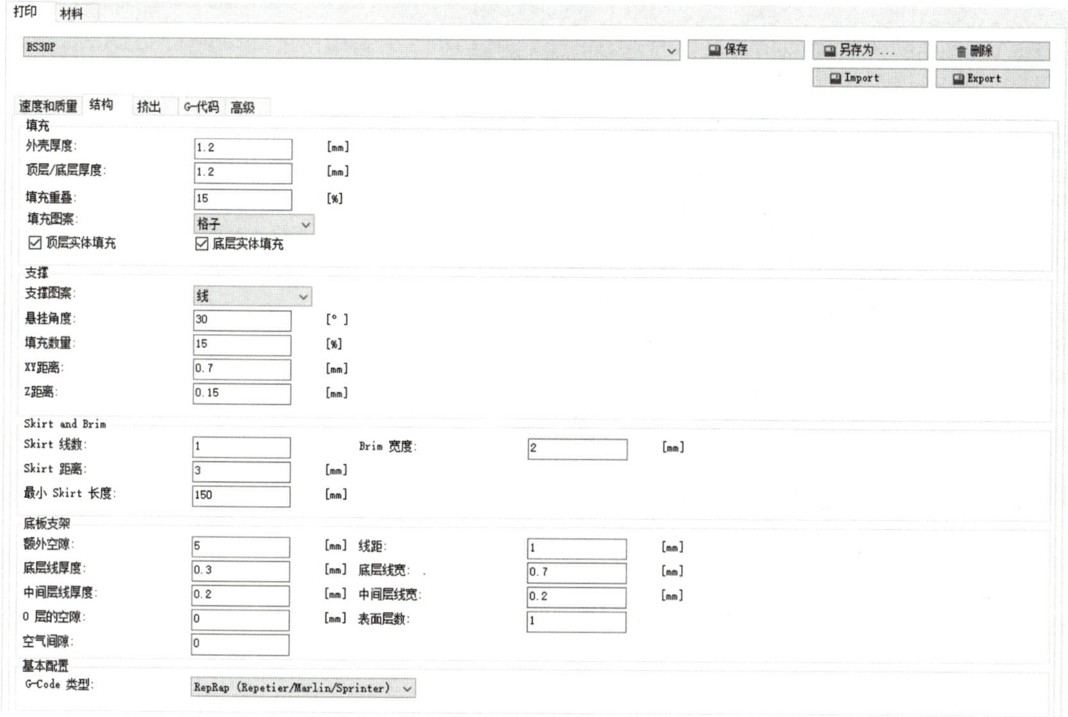

图 3-23 参数设置

根据需要设置 FDM 3D 打印的切片参数，主要考虑的因素有层高、壁厚、顶层厚度和底层厚度、填充类型和密度、打印速度、喷嘴温度、热床温度、支撑类型、平台附着类型、回抽速度及回抽长度。

4）进行切片运算并检查打印轨迹，如图 3-24 所示。

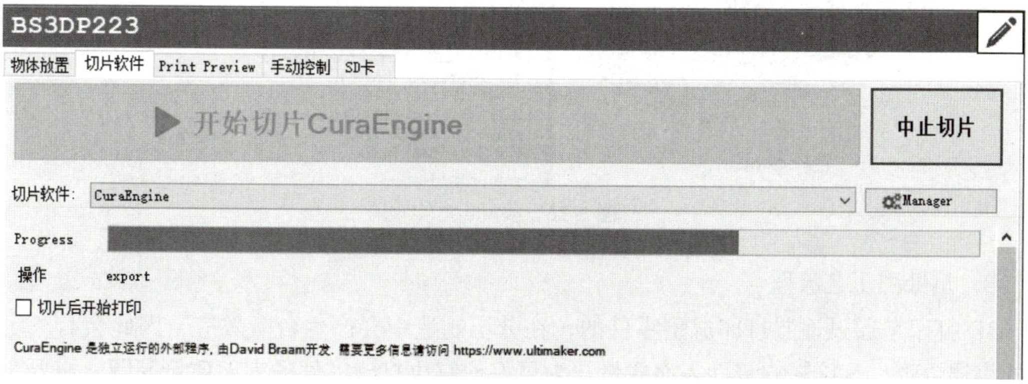

图 3-24 切片运算

5）预览切片数据，如图 3-25 所示。根据预览详情判断切片参数设置的合理性。如果参数设置不合理，可以返回上一步重新设置切片参数。

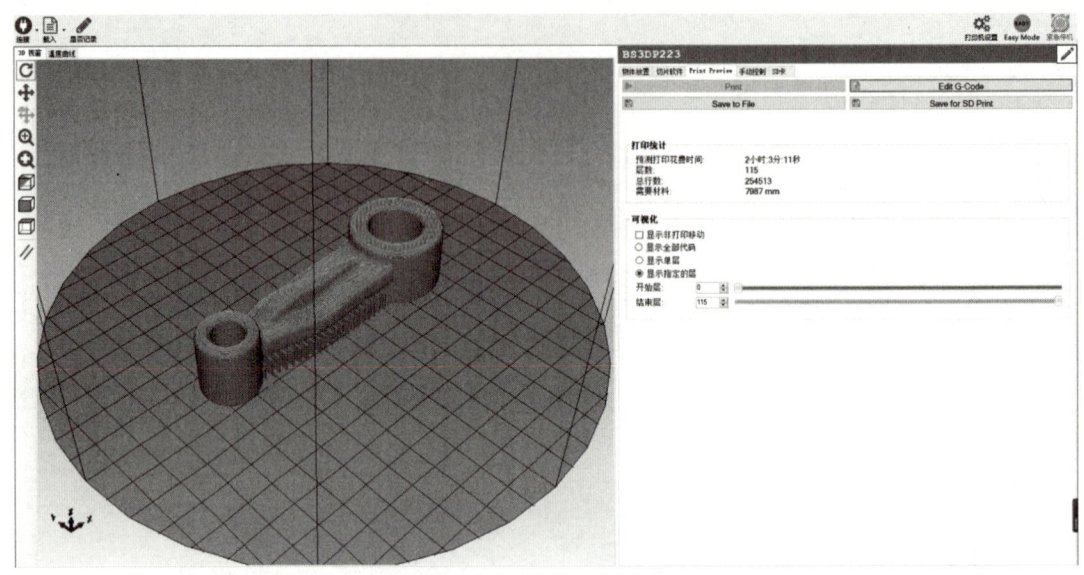

图 3-25　预览切片数据

6）导出数据并保存为 gcode 格式文件，如图 3-26 所示。

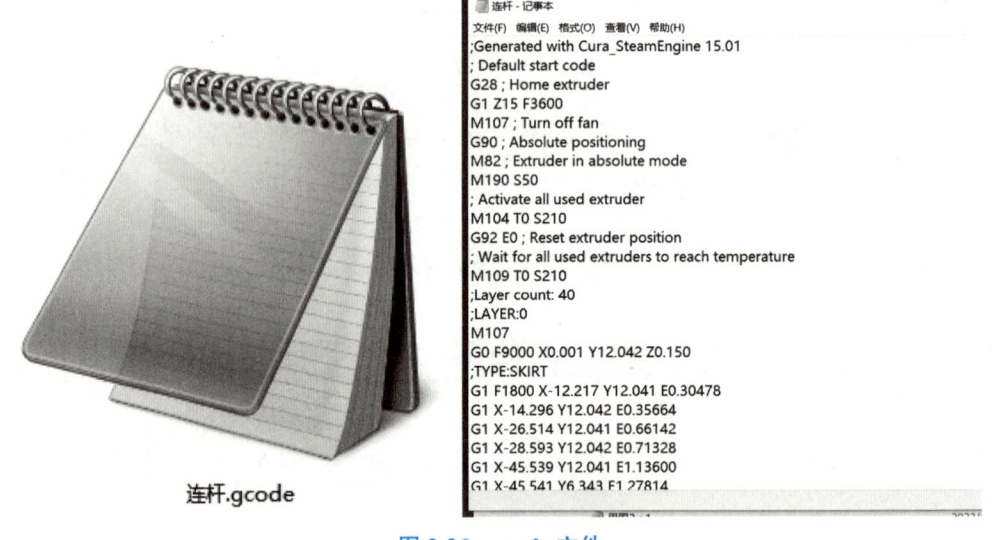

图 3-26　gcode 文件

3. 后处理工艺流程

3D 打印是通过逐层打印成型零件的，在分层制造中会产生台阶效应，因此会有一定厚度的多层台阶，直接影响零件表面质量。为更好地解决打印零件的表面质量问题，需要对其进行后处理操作，图 3-27 所示为 FDM 后处理工艺流程图。

项目3 FDM工艺的高阶应用

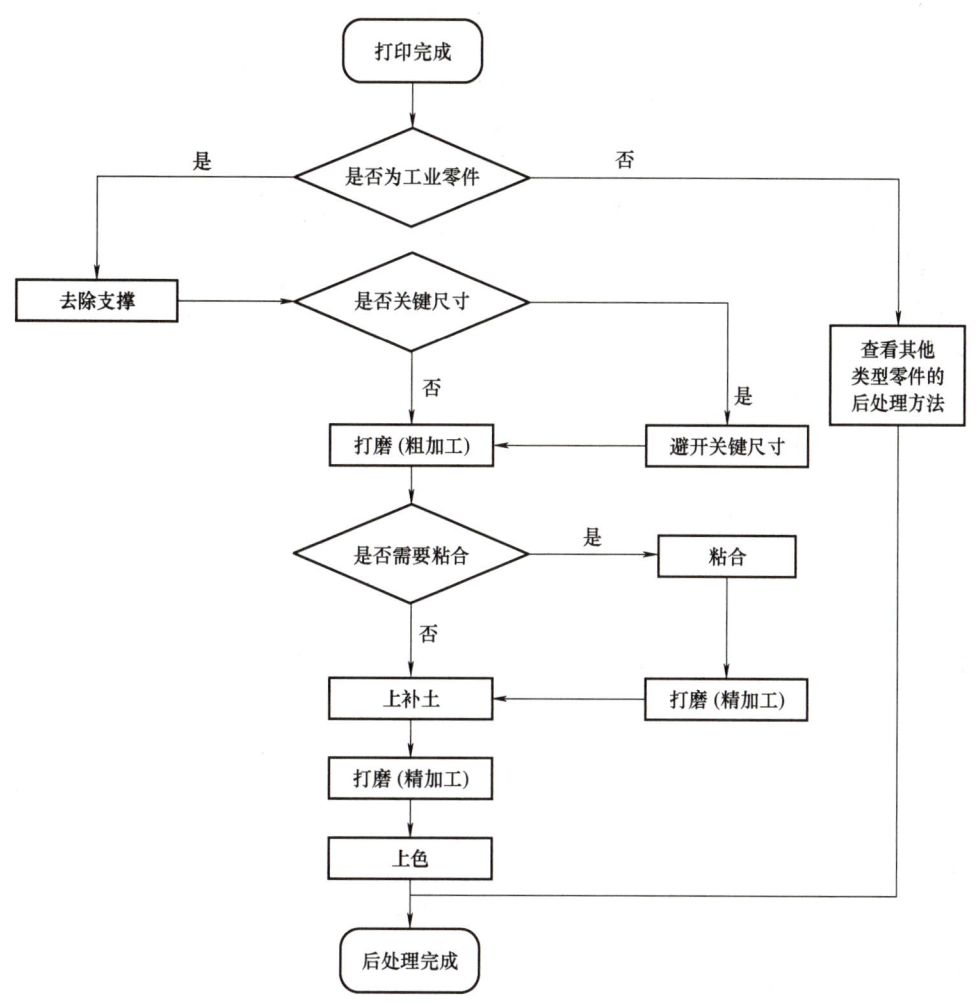

图3-27 FDM后处理工艺流程图

任务评价

任务完成后,各任务小组按综合评分表进行打分,见表3-2,得分计入平时成绩,作为期末成绩的一个重要加权项。

表3-2 综合评分表

评价模块	序号	评价标准	配分	评分			得分
				自评	小组评价	教师评价	
理论知识（30分）	1	了解3D打印的概念、分类、应用领域及工作流程	9分				
	2	熟悉切片软件基本应用	16分				
	3	初步认识BS3DP-223打印机的工作原理与结构组成	5分				

(续)

评价模块	序号	评价标准	配分	评分			得分
				自评	小组评价	教师评价	
实操技能（50分）	4	学会使用建模软件的图元工具创建三维模型	10分				
	5	能够使用文字工具创建标签	10分				
	6	掌握切片软件中基本参数的设置	15分				
	7	后处理方法正确、工具使用合理、工作环境整洁	15分				
职业素养（20分）	8	遵守课堂纪律，服从指导教师和小组组长的安排	5分				
	9	不迟到、不早退、不旷课	10分				
	10	课堂讨论阶段能主动积极，与同学相互配合	5分				

任务6　复杂工艺品的FDM增材制造

任务描述

图3-28所示为一全新设计的安全锤的三维模型，现需要制作0.9倍、1倍、1.1倍三个尺寸的快速原型，并进行打磨抛光和表面喷涂处理，用于产品外观、结构和尺寸设计评估，为该安全锤的最终量化生产提供优化依据。

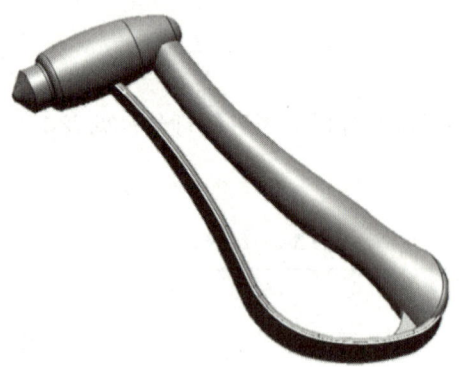

图3-28　安全锤的三维模型

1. 工艺分析

FDM增材制造的工艺分析流程前面已经介绍过，这里不再赘述。根据工艺分析结果正确填写增材制造工艺指示单，见表3-3。

表 3-3　增材制造工艺指示单

产品名称	安全锤	编号		工期	3h
材料	PLA	数量	1 件	数模来源	CAD 建模
设计员		日期		重量	
序号	工艺名称	工艺要求			备注
1	模型姿态摆放	保证打印成型，优化打印时间，优化支撑数量			
2	添加支撑	选择支撑大小，合理设置支撑的参数			
3	设置切片参数	根据需要设置打印的切片参数			
4	预览切片数据	根据预览详情，判断切片参数设置的合理性			
⋮					

2. 切片处理

切片处理是将 3D 模型进行分层处理并将其转换成机器可识别的 gcode 文件的一个过程，切片处理的主要流程如下：

1）获取 3D 模型文件（可自行建模），一般为 STL、OBJ 格式。

2）将模型导入切片软件中，并正确摆放。

3）在切片软件中进行相应的参数设置。

4）进行切片运算，并检查打印轨迹。通过打印机切片软件（Bosheng-Slicer）对 STL 格式的文件进行分层，生成打印路径，转化为打印机可以识别的 gcode 文件。切片完成后打印统计栏会显示打印需要的时间和耗费的材料长度，在可视化一栏中可以选中"显示全部代码"选项，然后拖动结束层的滑块来查看每一层的路径，判断切片的好坏，如图 3-29 所示。

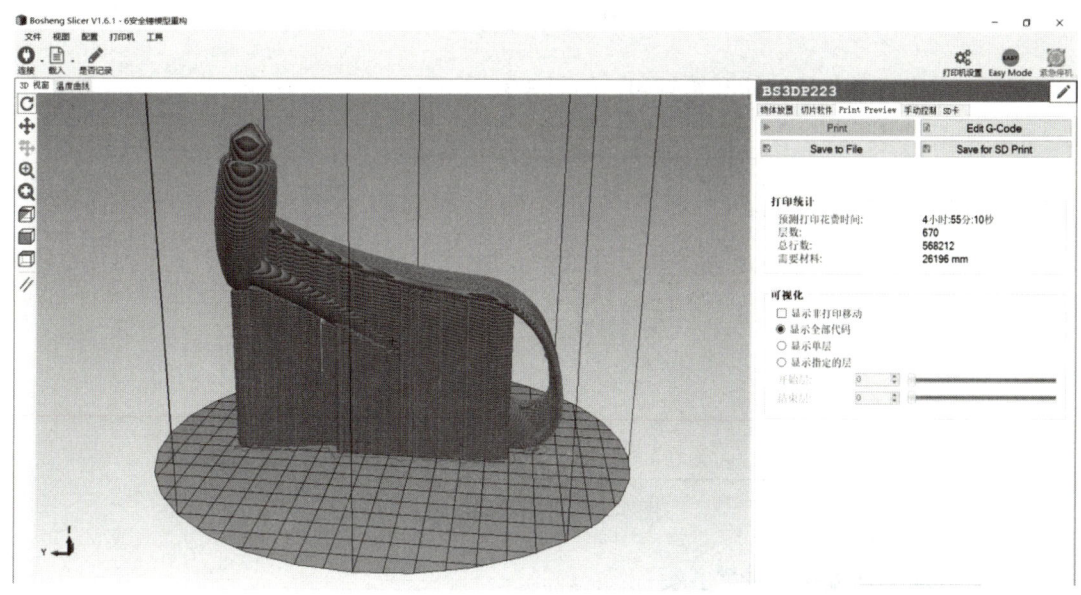

图 3-29　查看每一层的路径

5）输出 gcode 文件并开始打印。确认切片数据无误后，导出数据并保存为 gcode 格式文件，然后把文件导入至 SD 卡中进行脱机打印，单击 3D 打印机主菜单（见图 3-30）中的"打印"按钮，在 gcode 文件列表中选择要打印的文件，如图 3-31 所示。

图 3-30　FDM 设备主菜单

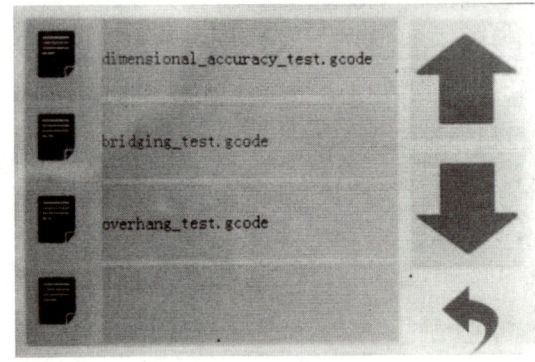

图 3-31　gcode 文件列表

最后，单击开始打印按钮开始打印，如图 3-32 所示。

图 3-32　开始打印按钮

3. 后处理工艺流程及注意事项

打印件后处理工艺流程图如图 3-33 所示。

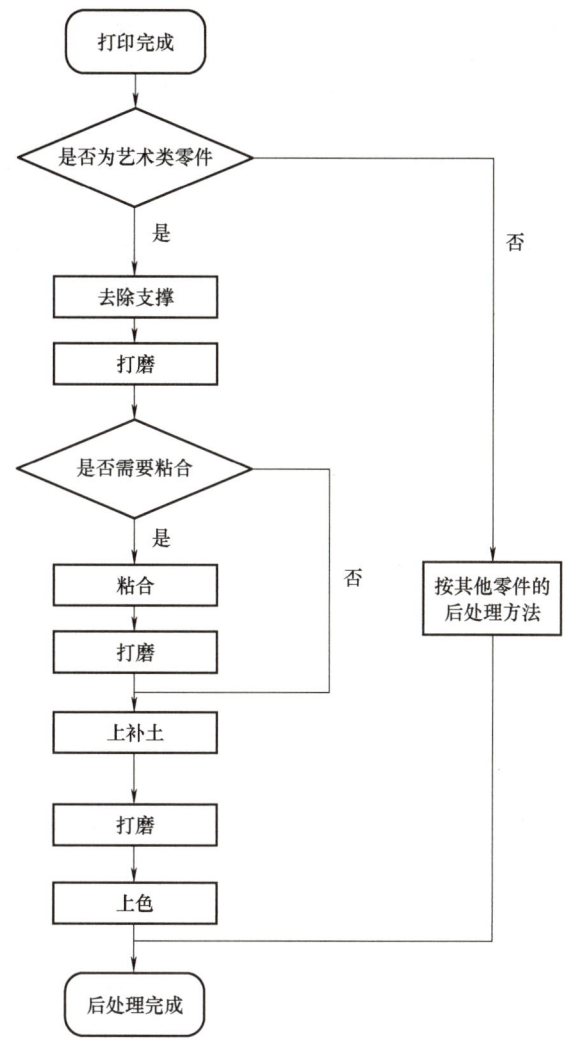

图 3-33　打印件后处理工艺流程图

后处理的详细操作步骤及注意事项如下：

1）戴上护目镜、一次性口罩和一次性手套，做好防护准备，防止在进行后处理的过程中吸入粉尘或受到伤害。

2）根据零件的特征，选用尖嘴钳或偏口钳，尽可能多地去除打印件上的打印支撑。用偏口钳去除支撑如图 3-34 所示。

3）对于残留支撑或者钳子无法去除的支撑，可以使用刻刀去除，如图 3-35 所示。（注意：规范使用刻刀，应用巧劲缓慢去除，切勿心急或使用蛮力，以免在去除支撑的过程中划伤工件或者对自身造成伤害。）

4）用锉刀打磨与支撑接触的表面或局部溢料。当细节过小时，如直径为 6mm 的盲孔，可以使用电磨工具打磨

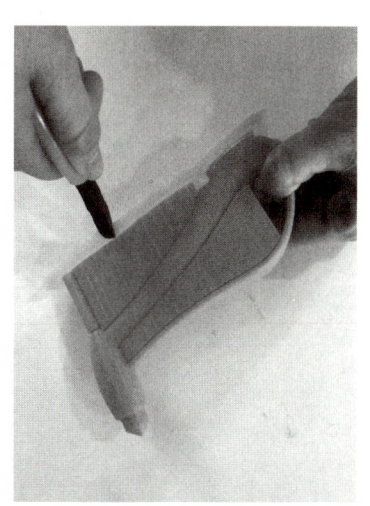

图 3-34　用偏口钳去除支撑

(需要换上合适的电磨头,且在使用电磨工具时不能戴手套,以防手套被卷入高速旋转的电磨头),如图 3-36 所示。打磨时可以沾水,沾水打磨可减少热量的产生,打磨效果更佳。

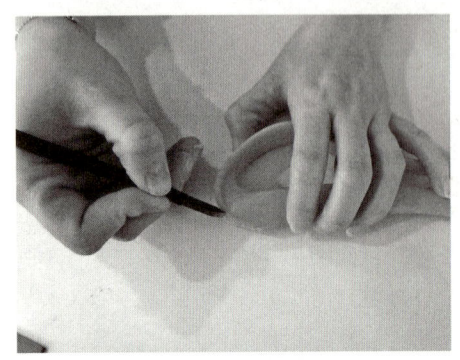

图 3-35 用刻刀去除残余支撑

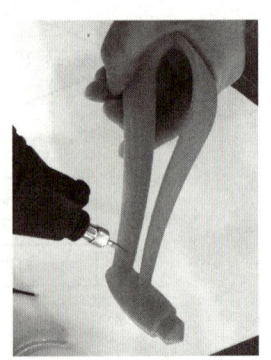

图 3-36 使用电磨工具打磨

值得注意的是,应规范使用电磨头,优先采用中低速打磨。同一个地方不要打磨太久,防止摩擦生热造成打印件表面局部凹陷,或者使打磨表面硬化造成电磨头与打印件粘接,容易对自身造成伤害或磨损电磨头。

5)如果打印件后续需要粘合,接缝处不宜打磨太多,粘合时接缝处应保持紧密接触,可以采用橡皮筋绑定或一些特殊工具加固。黏结剂主要采用 AB 胶,使用时按照 1∶1 的比例均匀调和,涂抹 AB 胶后定形 15min 即可进行下一步,使用期间注意保持通风。

6)如果打印件表面有缺陷或漏洞,可以使用 AB 补土进行修补。AB 补土的使用方法与 AB 胶类似,使用时应注意保持通风,使用 AB 补土前建议采用无水乙醇擦拭双手。

7)处理完支撑和溢料(或者粘合完成)之后,就可以使用砂纸进行打磨,如图 3-37 所示。用砂纸打磨应遵循"先粗后细"的打磨顺序,先采用目数较小的粗砂纸对打印件待磨表面进行粗磨,然后依次更换到目数较大的砂纸,直至打磨到用手触摸明显感觉到"光滑"为止。打磨时建议沾水打磨,可减少热量的产生、缩短打磨的时间。

8)打磨完的安全锤如图 3-38 所示。如果需要上色,可以根据自己的喜好选择合适的漆料或涂料进行上色处理。

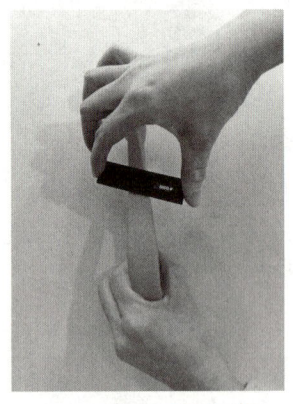

图 3-37 用砂纸打磨

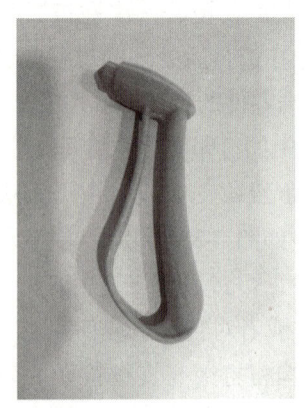

图 3-38 打磨完的安全锤

3D打印常用的后处理工具有偏口钳、内六角扳手、铲子、针灸针、锉刀、镊子、刻刀等，见表3-4。

表3-4 常用的后处理工具

序号	名称	图片	功能
1	偏口钳		剪断丝材，去除支撑等
2	内六角扳手		进行喷嘴、温度传感器、加热棒更换和料架安装时拆装内六角螺钉
3	铲子		剥离工作台上的制件、清理工作台
4	针灸针		喷嘴堵塞时疏通喷嘴
5	锉刀		清除打印件上的锐边、毛刺，打磨去除支撑后的制件表面等
6	镊子		设备维护、维修时细小物件的夹取
7	刻刀		去除支撑，制件表面处理

若对制件有较高的后处理要求，可以选用专业的后处理工具箱，工具箱中除了上述工具外，还有专门的打磨工具（配有多种磨头）、喷漆工具、上色工具等，如图 3-39 所示。

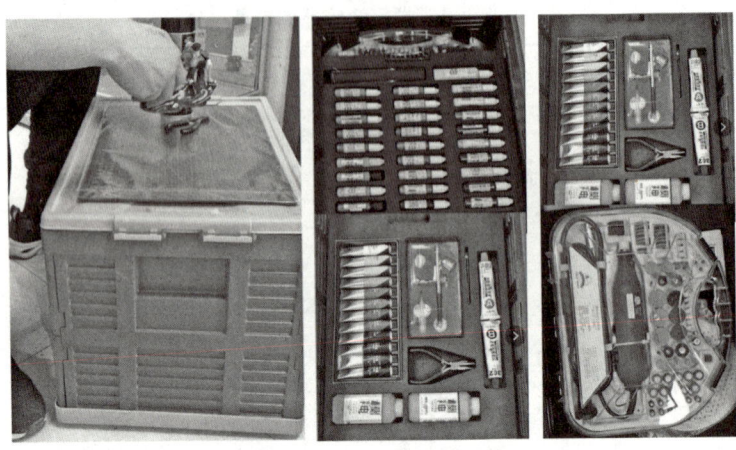

图 3-39　专业的后处理工具箱

任务评价

任务完成后，各任务小组按综合评分表进行打分，见表 3-5，得分计入平时成绩，作为期末成绩的一个重要加权项。

表 3-5　综合评分表

评价模块	序号	评价标准	配分	评分			得分
				自评	小组评价	教师评价	
理论知识（30 分）	1	了解 3D 打印的概念、分类、应用领域及工作流程	5 分				
	2	熟悉建模软件的基本知识	10 分				
	3	熟悉切片软件的基本应用	10 分				
	4	初步认识 BS3DP-223 打印机的工作原理与结构组成	5 分				
实操技能（50 分）	5	学会使用 NX 软件的图元工具创建三维模型	10 分				
	6	能够使用文字工具创建标签	10 分				
	7	会进行切片软件基本参数的设置	15 分				
	8	后处理方法正确、工具使用合理、工作环境整洁	15 分				
职业素养（20 分）	9	遵守课堂纪律，服从指导教师和小组组长的安排	5 分				
	10	不迟到、不早退、不旷课	10 分				
	11	课堂讨论阶段能主动积极，与同学相互配合	5 分				

项目 4　SLA 工艺的高阶应用

项目引入

光固化成型技术可以在无需准备任何模具、刀具和工装夹具的情况下生产出任意复杂形状的三维物理实体。这项技术的应用大大缩短了新产品开发周期、降低了开发成本、提高了开发质量，目前已被广泛应用于航天航空、机械制造、建筑设计、工业设计、医疗、动漫、影视制作等行业。本项目将全面介绍光固化成型工艺的详细制作流程。

学习目标

◆ 知识目标

1. 理解光固化成型工艺的基本原理。
2. 掌握光固化成型工艺的基本流程。
3. 能正确描述光固化成型工艺不同耗材的优缺点及应用场合。
4. 能正确描述不同光固化成型设备的结构和特点。
5. 能根据光固化成型工艺的特点进行产品结构优化设计。
6. 能合理选择零件的成型方向并合理添加支撑。

◆ 技能目标

1. 能正确进行光固化成型设备的操作和调试。
2. 能根据零件的实际使用工况合理选择耗材种类。
3. 能正确完成光固化成型工艺的前处理、打印成型和后处理。

◆ 素养目标

1. 培养技术敏感性与创新意识，能主动关注光固化成型技术前沿动态，具备探索工艺优化的创新思维。
2. 能在产品全生命周期（设计→制造→后处理）中统筹分析工艺限制与解决方案，如平衡打印效率、成本与精度需求。
3. 养成严格遵循工艺规范的习惯，对打印成品质量负责，主动识别并规避操作中的安全隐患。

任务 1　认识 SLA 工艺

任务描述

通过教师讲解、查阅资料等熟悉光固化成型的工艺原理，熟悉其与传统加工制造技术的区别，了解光固化成型工艺的分类及技术特点，熟悉光固化成型工艺常见的成型材料，通过分组讨论，总结本任务的学习内容。

1. 认识光固化成型工艺的工作原理和工艺特点

（1）工作原理　利用特定波长与强度的光聚焦在液态树脂材料表面，控制光的形状逐层固化树脂，从而堆积形成所需的三维实体零件。利用这种光能固化液态树脂材料的方法通常称为光固化成型。传统的光固化成型工艺是主要以激光作为光源的点扫描式，随着光固化成型工艺的发展，又产生了以 DLP、LCD 投影灯作为光源的面扫描式成型工艺，以此形成三大主流成型工艺。

光固化成型工艺原理示意如图 4-1 所示，通过一组振镜扫描系统将紫外激光束照射到液态光敏树脂表面，使其固化成所需形状。

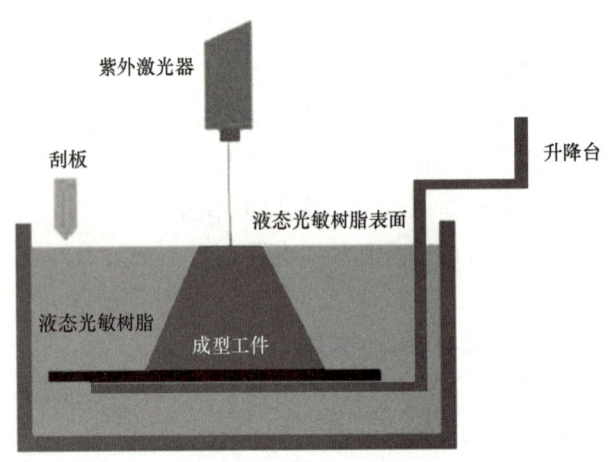

图 4-1　光固化成型工艺原理示意图

首先在计算机上用 CAD 软件设计产品的三维实体模型，然后生成并输出 STL 格式的模型。再利用切片软件沿高度方向对该模型进行分层切片，得到模型的各层断面的二维数据群 S_n（$n=1, 2, \cdots$）。依据这些数据，计算机从下层 S_1 开始按顺序将数据取出，通过一个扫描头控制紫外激光束，在液态光敏树脂表面扫描出第一层模型的断面形状。被紫外激光束扫描辐照过的部分，由于光引发剂的作用，引发预聚体和活性单体发生聚合、固化，产生一薄层固化层。形成了第一层断面的固化层后，将基座下降一个设定的高度 d，在该固化层表面再涂覆上一层液态光敏树脂，接着依上所述，用第二层 S_2 断面的数据进行扫描、固化，然后第三层 S_3、第四层 S_4……这样一层层地固化、粘接，逐步按顺序叠加，直到 S_n 层为止，最终形成一个立体的实体原型,如图 4-2 所示。

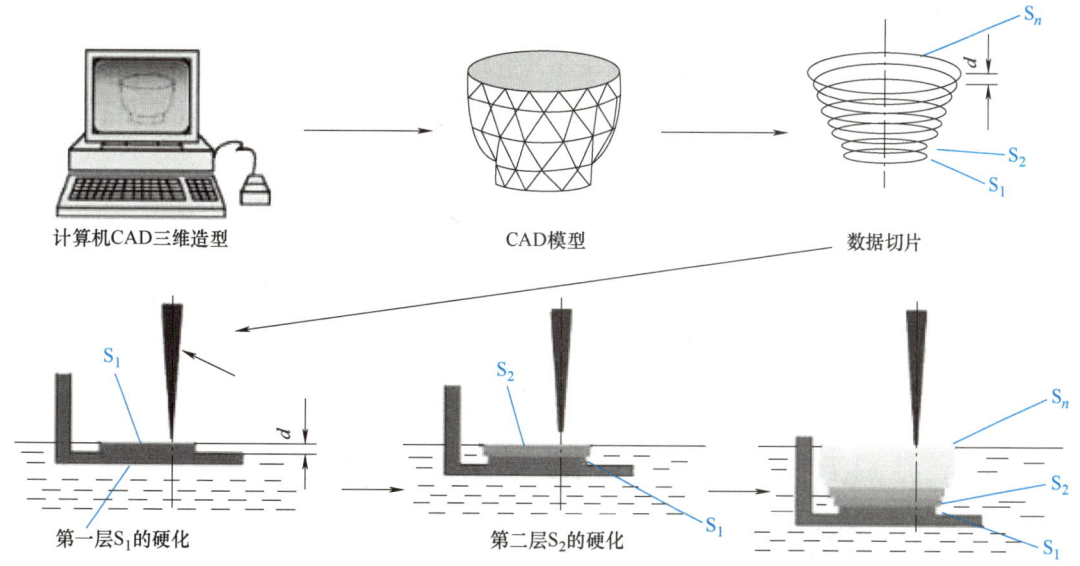

图 4-2 光固化成型工艺过程示意图

光固化成型中每层都是在前一层上堆积而成的,前一层对当前层起支撑作用。随着打印高度的增加,若当前层轮廓的面积和形状发生较大变化,前一层轮廓可能无法很好地起到支撑作用,这就需要设置一些辅助结构——支撑部分,以保证制件顺利成型。支撑部分材料与成型部分的材料相同,打印完成后需要去除多余的支撑部分。

> **知识拓展**
>
> **光固化成型技术的发展历史**
>
> 1981 年,名古屋市工业研究所的小玉秀男发明了两种利用紫外光硬化聚合物的增材制造三维塑料模型的方法,其紫外线照射面积由掩模图形或扫描光纤发射机控制。
>
> 1984 年,美国 UVP 公司的查尔斯·胡尔开发了紫外激光固化高分子光聚合物树脂的光固化成型技术,并于 1986 年获得专利。随后,他基于该技术创立世界上第一家增材制造公司(3D Systems),并于 1988 年推出了第一台商品化增材制造设备(SLA250)。
>
> 同时期,日本的 CMET 和 SONY/D-MEC 公司也分别在 1988 年和 1989 年推出了各自的 SLA 设备。
>
> 1990 年,德国 EOS 公司出售了他们的第一套 SLA 设备,并于 1997 年将该业务出售给 3D Systems 公司,但其仍然是欧洲最大的 SLA 设备生产商。
>
> 2001 年,日本德岛大学研发出了基于飞秒激光的 SLA 技术,实现了 μm 级复杂三维结构的增材制造。

（2）工艺特点　光固化成型工艺的特点是过程自动化程度高、模型表面质量较好，适合制作结构十分复杂的模型，但是模型容易变形且需要固化环节。

光固化成型工艺的具体优点如下：

1）成型尺寸精度高，可以达到 ±0.1mm，近几年出现的 8K 的面扫描式成型工艺更是将尺寸精度提到了 ±0.03mm。DLP、LCD 工艺在保证尺寸精度的同时，还大幅度提高了成型速度。

2）成型过程自动化程度高。光固化成型技术的系统非常稳定，加工开始后，成型过程可以完全自动化，直至模型制作完成。

3）模型表面质量较好。虽然在每层固化时侧面及曲面可能出现台阶，但上表面仍可得到玻璃状的效果。在优化参数设置之后，还可以做到让肉眼可见的层纹"消失"。熔融沉积成型与光固化成型的模型对比如图 4-3 所示。

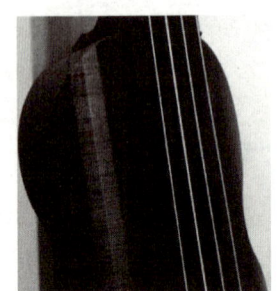
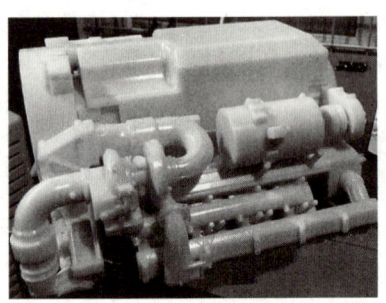

a) 熔融沉积成型模型　　　　b) 光固化成型模型

图 4-3　熔融沉积成型与光固化成型的模型对比

4）可以制作结构十分复杂的模型。得益于液态树脂材料和非常高的成型精度，光固化成型工艺可以加工出极其复杂的结构零件及具有超多细节的物件。

光固化成型工艺的缺点如下：

1）制件容易变形，可以通过更换性能更好的树脂材料进行改善。

2）需要合理设计工件的支撑结构，否则会引起成型件变形。

3）可使用的材料种类较少，目前可用的材料主要为感光性的液态树脂材料。

4）液态树脂材料有气味和微毒性，并且需要避光保护。

5）成型后的原型树脂一般并未完全固化，为提高模型的使用性能和尺寸稳定性，通常需要二次固化。

2. 光固化成型工艺的成型过程

光固化成型工艺的全过程可以归纳为以下三个步骤：前处理、分层叠加成型和后处理，具体工作内容如下：

（1）前处理　前处理是为光固化成型工艺的原型制作准备生产数据，包括：工件的三维模型的构造、CAD 模型的数据转换、模型成型方向的选择、支撑的添加和三维模型的切片处理。

首先必须在计算机上利用三维设计软件，根据产品的要求设计三维模型，或者用三维扫描系统对已有的实体进行扫描，并通过逆向工程技术得到三维模型。

得到三维模型后，根据形状和成型工艺的要求选定成型方向，调整模型姿态，然后使用专用软件生成工艺支撑，使模型和工艺支撑构成一个整体，并转换成 STL 格式的文件；或者将三维模型转换成 STL 格式文件之后导入专用的切片软件，生成工艺支撑。

生成 STL 格式文件的三维模型要进行切片处理。由于光固化成型工艺是用一层层断面形状来进行叠加成型的，因此加工前必须用切片软件将三维模型沿高度方向进行切片处理，提取断面轮廓的数据。切片间隔越小，精度越高。切片间隔的取值范围一般为 0.01~0.3mm。

（2）分层叠加成型　光固化成型系统根据切片软件处理得到的断面形状，在计算机的控制下，使光源系统在 X-Y 平面内按断面形状进行扫描，扫描过的液态树脂发生聚合固化，形成第一层固态断面形状之后，工作台下降一层高度，使液槽中的液态光敏树脂流入并覆盖已固化的断面层。然后再用光源系统对该层液态树脂进行扫描固化，形成第二层固态断面层。新固化的这一层粘接在前一层上，如此重复，直到完成整个制件。

（3）后处理　液态光敏树脂固化成型为完整制件后，从光固化设备上取下制品，并去除支撑结构、清洗制件表面残余光敏树脂材料，然后进行表面烘干并将制件置于大功率紫外灯箱中做进一步的内腔固化。最后修整、打磨、抛光实体模型的外表层，必要时应进行表面喷涂处理，使最终模型的精度、表面粗糙度等达到规定要求。

知识拓展

生物增材制造技术

组织、器官的损伤或功能衰竭是人类医学面临的一大难题。"人造器官"一直以来是人类的梦想，生物增材制造技术便是实现这一梦想的有效途径。

从广义上讲，与生物医学领域相关的增材制造技术均可视为生物增材制造技术。清华大学的一些学者根据原材料及打印成品的不同，将这一技术分成五个层次。第一层次不涉及生物相容性，如打印精确的组织器官模型，以便于外科手术的路径规划；第二层次要求生物相容性但无需降解，如打印钛合金关节和硅胶假体；第三层次是制造具有生物相容性且可降解的产品，如打印骨支架和血管支架；第四层次是操纵活细胞直接构建生物组织或器官，如打印皮肤、血管，这也是狭义上对生物增材制造技术的定义；第五层次是以类器官（organoid）或微器官为基本单元，制造复杂的生命系统。

生物增材制造技术的特点，在于其使用的是生物材料或生物单元（统称为生物墨水），技术原理和过程则与普通的增材制造技术大同小异，主要分为挤出型、液滴型和光固化三类。挤出型增材制造最为常见，它采用压力驱动的方式挤出连续的细丝（其成分通常为细胞和水凝胶），可用于打印各种黏度的生物材料和不同浓度的细胞，得到的组织结构具有足够的力学性能。液滴型增材制造以含有细胞的独立的液滴作为基本单元，其精度更高，能够打印高细胞密度的结构。光固化增材制造利用的是光敏树脂的光聚合特性，相比于零维的液滴和一维的细丝，光固化方法打印的是二维的平面，因此具有更高的打印速度。

目前，国内外医疗机构已经成功借助生物增材制造技术人工制造出骨骼、皮肤、血管、肾脏等组织和器官。人们在惊叹这一技术如此神奇的同时，也希望它给人类生物医疗的发展带来更加光明的前景。

分组讨论

1）分析光固化成型工艺的优缺点。
2）光固化成型工艺对所用材料有什么要求？

任务 2　选用 SLA 耗材

任务描述

学习并认识光固化成型工艺常用耗材的种类和特性，总结光固化成型耗材的选用原则，能够针对产品需求合理选择耗材。

光固化成型工艺所用耗材是液态光敏树脂，主要是紫外光固化性树脂。紫外光敏树脂在紫外光作用下产生物理或化学变化，其中能从液体转变为固体的树脂称为紫外光固化性树脂。紫外光固化性树脂是一种以光聚合性预聚合物（prepolymer）或低聚物（oligomer）、光聚合性单体（monomer）及光聚合引发剂等为主要成分组成的混合液体。低聚物决定了光固化成型产物的物理特性。低聚物的黏度一般很大，所以要将光聚合性单体作为光聚合性稀释剂加入其中，以改善树脂的整体流动性。在固化反应时光聚合性单体也与低聚物的分子链反应并硬化。光聚合引发剂能在光能照射下分解，促使全体树脂发生聚合反应。

光固化成型增材制造工艺经常用到的材料主要包括：按照树脂类型有类ABS树脂、类尼龙树脂、类硅胶树脂、类陶瓷树脂、铸造树脂等；按照性能有高强度树脂、高透明树脂、高韧性树脂、耐高温树脂、水洗树脂等。不同的材料有其独特属性，包括强度、硬度、韧性、透明性、生物相容性、成型温度、熔融指数、耐化学腐蚀性、耐热性。光固化成型常用材料的特性如下。

1. 类 ABS 树脂

类ABS树脂的物理性能和化学性能趋近于综合性能良好的ABS工程塑料，因为性价比极高被广泛应用，用于光固化成型增材制造时主要有以下特点。

1）优点：容易打印成型，制件表面效果好，精度高，价格便宜。

2)缺点：制件较脆，容易断裂。

3)邵氏硬度：80D。

4)热变形温度：75℃。

5)应用范围：各类 DIY 装饰品、玩具、手板件、新产品样件等。

2. 类尼龙树脂

类尼龙树脂的物理性能和化学性能趋近于耐热性、耐磨性、耐化学药品性良好的尼龙工程塑料，用于光固化成型增材制造时主要有以下特点。

1)优点：韧性高，耐磨性好。

2)缺点：支撑需要加粗，打印速度较慢，精度一般。

3)邵氏硬度：85D。

4)热变形温度：60℃。

5)应用范围：工业零件、齿轮、玩具、摆件、手办模型等。

3. 类硅胶树脂

类硅胶树脂的物理性能和化学性能趋近于硅胶材料，用于光固化成型增材制造时主要有以下特点。

1)优点：高弹性，回弹快，耐一定强度的撕裂。

2)缺点：打印难度高，不容易清洗。

3)邵氏硬度：75A。

4)热变形温度：60℃。

5)应用范围：各类柔韧性物件、牙龈等。

4. 类陶瓷树脂

类陶瓷树脂的物理性能和化学性能趋近于陶瓷材料，用于光固化成型增材制造时主要有以下特点。

1)优点：硬度高，韧性小，容易成型。

2)缺点：相对较脆，容易沉淀。

3)邵氏硬度：88D。

4)热变形温度：130℃。

5)应用范围：各类装饰品、摆件等。

5. 铸造树脂

铸造树脂可以代替铸造用石蜡材料，其中含有助燃蜡，容易燃烧，且几乎没有灰烬，用于光固化成型增材制造时主要有以下特点。

1)优点：容易铸造，铸造件表面光滑。

2)缺点：硬度低，不容易成型。

3)邵氏硬度：60D。

4)热变形温度：60℃。

5)应用范围：珠宝首饰、摆件等。

6. 耐高温树脂

耐高温树脂可以应用于高温环境，在非受力高温环境下，可以耐170℃高温，1h内不变形、不开裂，用于光固化成型增材制造时主要有以下特点。

1）优点：容易成型，耐高温。
2）缺点：相对较脆。
3）邵氏硬度：85D。
4）热变形温度：200℃。
5）应用范围：珠宝压模、牙科压模等。

7. 水洗树脂

水洗树脂可以使用清水直接清洗，物理性能和化学性能趋近于ABS工程塑料，用于光固化成型增材制造时主要有以下特点。

1）优点：容易成型，硬度较高，精度较好。
2）缺点：相对较脆，长期放置相对容易吸潮。
3）邵氏硬度：85D。
4）热变形温度：80℃。
5）应用范围：摆件、手办模型等。

分组讨论

1）选用光固化成型耗材时主要考虑哪些因素？
2）各种光固化成型耗材的价格如何？
3）类ABS树脂作为应用最广泛的光固化成型耗材，有什么缺点？如何改善？
4）尼龙是性能优良的工程塑料，作为光固化成型耗材有什么缺点？

榜样力量

"小人物"一样能筑梦未来

中国工程院院士、西安交通大学教授卢秉恒是我国3D打印领域最早的研究者之一，也是我国3D打印领域的领军人物。

1992年，卢秉恒作为高级访问学者赴美。在一次参观汽车模具企业时，他首次看到快速成型技术在汽车制造业中的应用，他敏锐地意识到这一技术的先进性。他响亮地提出，中国完全有能力自主开发这种机器。当时，美国也只在6年前才做出第一台样机。

1993年归国，已年近半百的他，立刻转换自己多年的研究方向，带着博士生们在简陋的实验室开始了对快速成型制造这一陌生技术的艰苦研发。经调研后，他把团队的研究重点调整到了光固化成型上。面对技术壁垒和资金缺乏的困难，他另辟蹊径，开发出国际首创的紫外光快速成型机及具有国际先进水平的机、光、电一体化快速制造设备和专用材料，形成了一套国内领先的产品快速开发系统，把快速成型机的国产率提升到了

80%~90%，极大地推动了我国制造业的发展。

　　卢秉恒院士认为，3D打印正在走向材料的形状和结构随时间变化、智能材料与结构的主动调控技术，未来可能是向高性能合金构建的增材制造，复合材料与复合结构3D打印，智能材料主动调控、具有生长性和生物活性的生物增材制造技术方面发展；在材料方面，从树脂到金属材料、陶瓷材料、再到生物活性材料；在产业方面，从重要装备到各领域的应用以及尖端科技带来的颠覆性的变化。从寂寂无闻到名声大噪，3D打印在我国的发展令熟悉的人不由得向卢秉恒竖起大拇指：有远见、看得准！

　　在平凡的岗位上做平凡的事情，要耐得住寂寞，要执着，要有韧劲，才能成为平凡岗位上的不平凡者。在开启伟大征程的新时代，广大青年学子要不忘初心、牢记使命，立足国家重大战略需求，勇于担当、敢于作为，用汗水和激情谱写奋斗的青春。

任务3　认识SLA成型设备

任务描述

　　学习并认识光固化成型设备的结构种类和特点，总结光固化成型设备的选用原则，学会从光固化成型设备参数表中获取关键信息，能够针对产品需求合理选择设备。

　　光固化成型工艺经过近几十年的发展，技术逐渐成熟。由最早的立体印刷成型技术发展到DLP（数字化光照加工）技术，再到近年来的LCD（Laser Cladding Deposition，激光熔覆沉积）技术以及CLIP（Continuous Liquid Interface Production，连续液体界面制造）技术、VLC（Visible Light Cure，可见光固化）技术，其设备种类繁多，如图4-4所示。虽然市场上的光固化成型设备机型和品牌众多，但是从成型工艺上来看，SLA技术、DLP技术和LCD技术依旧是三大主流工艺技术。不同成型工艺的设备，其精度、成型尺寸和速度各不相同，正确了解各种成型工艺的特点是正确选用光固化设备的基础。

图4-4　不同类型的光固化成型设备

1. 立体印刷成型设备

立体印刷成型技术是第一代光固化成型技术，它利用紫外激光（355nm 或 405nm）作为光源，用振镜系统来控制激光光斑扫描，扫过之处的液体树脂会选择性固化。立体印刷成型设备结构如图 4-5 所示。该设备的工作原理及优缺点如下。

（1）工作原理　首先在液槽中装填适量液态光敏树脂，成型开始时，可升降工作台，使其处于液态光敏树脂液面以下刚好一个截面厚度的高度。通过透镜聚焦后的激光束按照设备指令将截面轮廓沿着液态光敏树脂液面进行扫描，扫描区域的液态光敏树脂快速固化，从而完成一个截面的加工，得到一层塑料薄片。然后工作台再下降一层截面厚度的高度，再固化另一层截面。这样层层叠加，构成一个三维实体。

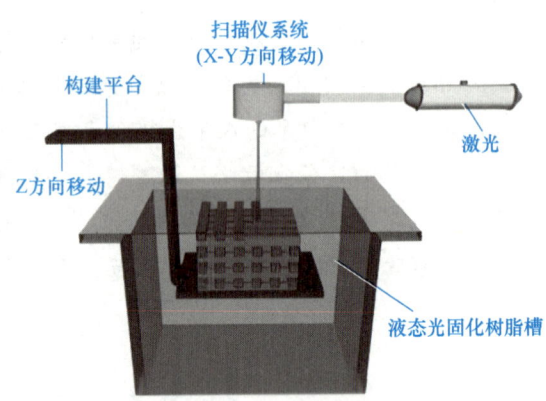

图 4-5　立体印刷成型设备结构

（2）优点

1）可以生产尺寸精度要求很高且细节复杂的零件。

2）打印件具有非常光滑的表面，使其成为视觉原型的理想选择。

3）可以使用特殊材料，如透明、柔性和可浇注的树脂。

（3）缺点

1）打印件通常很脆，不适合做功能原型。

2）当暴露在阳光下时，打印件的力学性能和视觉外观会随着时间的流逝而降低。

3）始终需要支撑结构，并且必须进行后处理才能去除视觉标记。

2. DLP 技术设备

DLP 技术是公认的第二代光固化成型技术，该技术利用 405nm 的光源，通过德州仪器的数字微镜技术，选择性地将面光源投向液态树脂，使之固化。其设备结构如图 4-6 所示。该设备的工作原理及优缺点如下。

（1）工作原理　DLP 技术首先利用切片软件把模型切成薄片图像，投影机以播放幻灯片的形式投放图像信号，每一层图像在树脂层很薄的区域产生光聚合反应后固化，形成零件的一个薄层，然后成型台移动一层，投影机继续投放下一个图像信号，继续加工下一层，如此循环，直至打印结束。此设备不但成型精度高，而且打印速度也非常快。

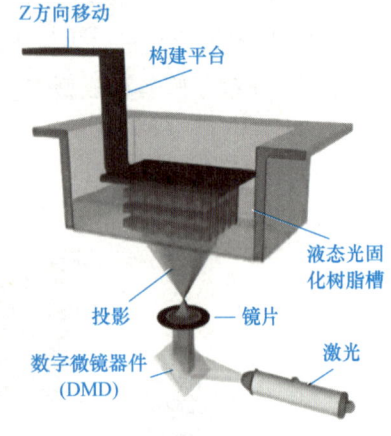

图 4-6　DLP 技术设备结构

（2）优点

1）没有移动光束，振动偏差小。

2）没有活动喷嘴，完全没有材料堵塞问题。

3）没有加热部件，提高了电气安全性。

4）打印准备时间短，节约能源。

5）首次耗材添加量少，节约成本。

（3）缺点

1）发光器件工作时发热较为严重。

2）精度高的 DLP 技术设备价格高。

3）DLP 所用的树脂材料比较昂贵。

4）容易造成原材料的浪费，原材料必须闭光存储。

> **知识拓展**
>
> ### DLP 与 SLA 技术对比
>
> DLP 与 SLA 同属一类技术，工艺过程也比较接近，在产品特性、应用类别等方面基本无差别，但是两者在光源上有一定的区别。DLP 是采用高分辨率的数码光处理器 DLP 投影仪对液体光聚合物进行逐级照射的，每一层都以滑片的形式固化；而 SLA 加工工艺则是激光束由点到线、由线到面进行扫描固化的，所以 DLP 比同类 SLA 立体平版打印机的打印速度更快。

3. LCD 技术设备

LCD 是继 DLP 技术之后，第三代的光固化成型技术。它利用 LCD 液晶屏成像原理，在计算机及 LCD 显示屏电路的驱动下，由计算机程序提供图像信号，在液晶屏幕上出现选择性的透明区域，紫外光透过透明区域，照射树脂料槽内的光敏树脂耗材，进行曝光固化。LCD 技术设备的结构如图 4-7 所示。该设备的工作原理及优缺点如下。

（1）工作原理　LCD 打印技术可以简单地理解成就是 DLP 技术的光源用 LCD 来代替，通过 LCD 掩膜技术来控制光源逐层固化光敏聚合物液体，从而创建出 3D 打印对象的一种快速成型技术。这种成型技术首先利用切片软件把模型切成薄片图像，控制液晶显示屏播放图像信号，每一层图像在树脂层很薄的区域产生光聚合反应后固化，形成零件的一个薄层，然后成型台移动一层，液晶显示屏继续播放下一个图像信号，继续加工下一层，如此循环，直至打印结束。其成型精度很高且打印速度非常快。

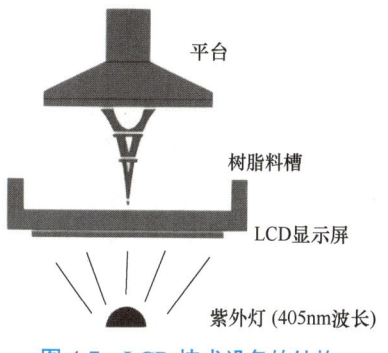

图 4-7　LCD 技术设备的结构

（2）优点

1）精度高。其平面精度很容易达到 100μm，优于第一代 SLA 技术，与目前的桌面级 DLP 技术有可比性。

2）价格便宜。与前代技术对比，其性价比极高。

3）结构简单。其没有激光振镜或者投影模块，结构很简单，组装和维修容易。

4）树脂通用。由于采用405nm背光，所以所有DLP技术能用的树脂及大部分光固化成型树脂，理论上LCD都可以使用。

5）同时打印多个零件不牺牲速度。

（3）缺点

1）对LCD液晶屏要求高，目前可选用的LCD液面屏是消耗品。

2）光效率没有DLP高。

分组讨论

1）光固化成型设备的选用原则主要有哪些？

2）不同结构的光固化成型设备的价格如何？

3）家用光固化成型设备如何优选？依据是什么？

4）工业生产用光固化成型设备如何优选？依据是什么？

任务4　SLA成型设备的生产准备

任务描述

学习并掌握BS3DPL-200光固化成型设备的进阶操作与调试方法，掌握该类型设备的生产准备内容和操作方法。

1. 光固化成型设备的基本操作

本任务所用光固化成型设备为BS3DPL-200光固化3D打印机，如图4-8所示，其基本操作流程如下。

图4-8　BS3DPL-200光固化3D打印机

（1）打印机准备

1）清理工作。进行清理工作前，请佩戴好护目镜、口罩、医用橡胶手套等防护用具，以确保清理工作安全、顺利地进行。使用沾有干净酒精的无纺布或者纸巾擦拭打印平台、料槽及成像屏幕，确保其表面没有残余树脂和尘土，如图4-9所示。

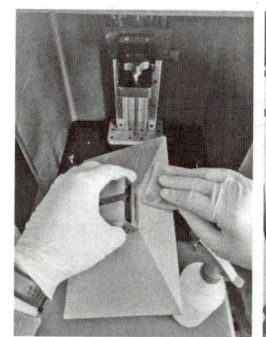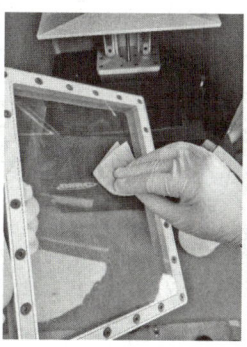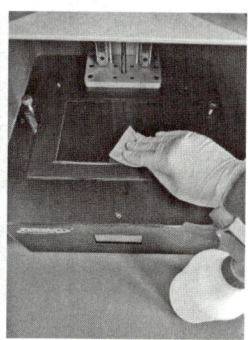

图4-9　清理打印平台、料槽及成像屏幕

2）开机。

① 连接电源线。将电源线圆孔端插入打印机电源插孔，电源线插头插入220V三孔插座中。

② 打开光固化打印机侧面的电源开关，此时控制面板点亮，启动打印机控制系统，开机界面如图4-10所示。

图4-10　开机界面

③ 操作触控面板上的按钮"工具"→"手动"，在打开的界面中单击回零键，使运动轴回零，如图4-11所示。

图4-11　回零操作

3）显示屏菜单说明。BS3DPL-200 光固化 3D 打印机工具菜单如图 4-12 所示，包含打印机的"手动""校正""设 Z 为零""紧急停止"和"返回"等功能。

BS3DPL-200 光固化 3D 打印机系统菜单如图 4-13 所示，包含打印机的"系统信息""网络""售后服务""语言"和"返回"等功能。

图 4-12　工具菜单

图 4-13　系统菜单

（2）装填耗材　根据打印制件的要求合理选择光固化成型树脂材料，在倒入料槽之前，一般需要对树脂材料进行手动摇晃，避免部分树脂材料因长时间存放而导致着色剂沉淀。装填树脂材料时需谨慎操作，避免液态树脂材料四处飞溅。单次装填树脂材料的量一般不少于料槽容积的 1/3，且不超过料槽容积的 1/2，如图 4-14 所示。

（3）准备打印　将 U 盘插入计算机，将待打印的 CTB 格式文件从计算机上拷入 U 盘中，然后将 U 盘插入 BS3DPL-200 光固化 3D 打印机的 USB 卡槽，如图 4-15 所示。

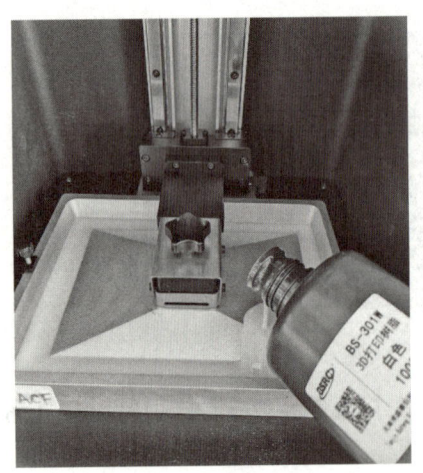

图 4-14　装填耗材

图 4-15　准备打印文件

单击触控面板上的"打印"图标，在打开的界面中选择要打印的 CTB 格式文件，单击开始打印按钮，打印机开始工作，如图 4-16 所示。

（4）回收打印耗材　当光固化成型设备完成打印之后，将打印平台上面的制件取下，并连同打印平台一起进行清洗之后，就可以进行材料回收操作了。具体操作步骤如下：

1）佩戴好护目镜、口罩、医用橡胶手套等防护用具。

  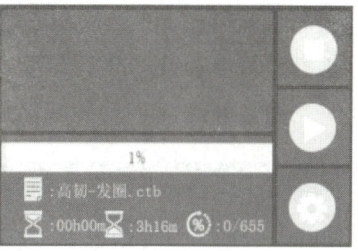

图 4-16 开始打印的操作

2）用过滤网配合漏斗置于树脂材料瓶口，做好材料回收准备。

3）用干净的酒精清洗佩戴在手上的医用橡胶手套，确保手套干净且无树脂材料残留。

4）利用塑料铲刀回收悬挂在料槽上面剩余的树脂材料。

5）对于很难回收的残留树脂材料，可以考虑先使用干净的无纺布或者纸巾擦拭。

6）使用沾有干净酒精的无纺布或者纸巾擦拭、清洁料槽。

2. 光固化成型设备的调试

（1）手动调平　光固化成型设备基本都是出厂免调平的，调平工作并非每次打印都需执行，在正常使用下基本上不需要进行平台调平操作。只有在打印平台发生磕碰或者打印平台有部分区域多次不能粘住制件、完成打印的情况下才需要进行手动调平操作，具体步骤如下：

1）进行调平操作前，需要将打印平台清洗干净，必要时可以使用沾有干净酒精的无纺布或者纸巾擦拭，避免残余的树脂材料和尘土影响调平操作。

2）将料槽清洗干净并撤出设备工作区域。如果料槽中存有树脂材料，应该先正确回收树脂材料，然后用沾有干净酒精的无纺布或者纸巾将料槽擦拭干净，再将料槽撤出设备工作区域。

3）准备好扳手和 A4 纸等调平所需的工具。

4）在打印平台上有四颗锁紧螺钉，如图 4-17 所示，进行调平操作之前，需要将锁紧螺钉松开一点，但不能完全拧下，然后拧紧平台锁紧螺母。

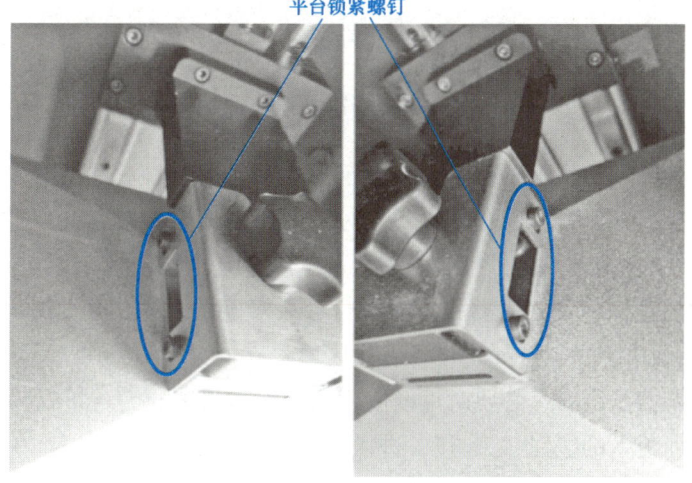

图 4-17 打印平台上的锁紧螺钉

5）将准备好的 A4 纸放在成像屏幕上面，如图 4-18 所示。

6）执行回零操作，等待打印平台回到零点位置。

7）对打印平台均匀地施加适当的压力，使打印平台可以压紧 A4 纸，如图 4-19 所示。

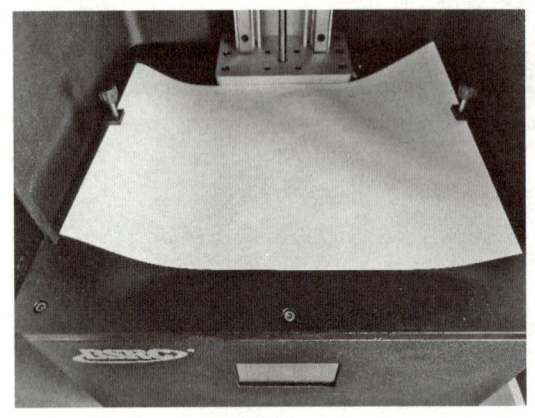
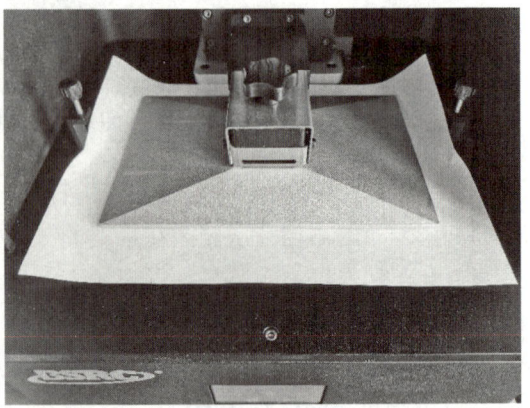

图 4-18　在成像屏幕上面放 A4 纸　　　　图 4-19　使打印平台压紧 A4 纸

8）用对角锁紧的方法，先对四颗锁紧螺钉进行预紧，再进行锁紧，注意在最后锁紧时应保证施加的锁紧力的方向向下，如图 4-20 所示。

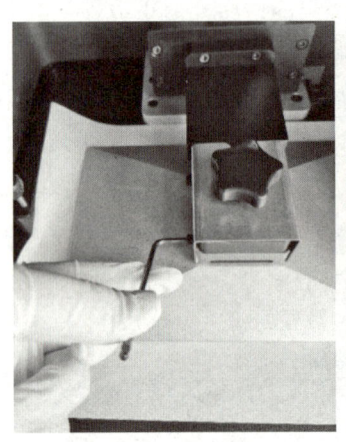
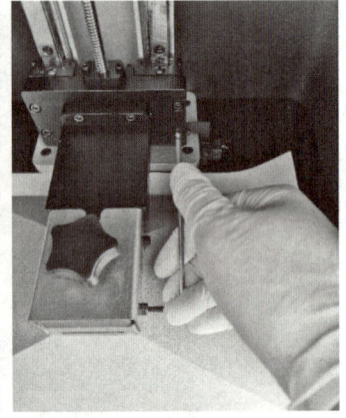

图 4-20　锁紧力的方向

9）抽不动 A4 纸或四面阻力相同，说明受力均匀，即完成调平操作。

（2）光源校正　光固化成型设备如果长时间不使用，需要对其光源进行校正，操作步骤如下：

1）进行光源校正操作前，需要将打印平台、料槽擦拭干净，必要时可以使用沾有干净酒精的无纺布或者纸巾擦拭，并撤出设备工作区域。

2）将成像屏幕擦拭干净，必要时可以使用沾有干净酒精的无纺布或者纸巾擦拭。

3）操作触控面板上的按钮"工具"，进入"工具"菜单。

4）在工具菜单界面单击"校正"，进入光源校正设置。

5）在设置界面中设置曝光时间（默认为15s），然后单击"下一步"，如图4-21所示。

  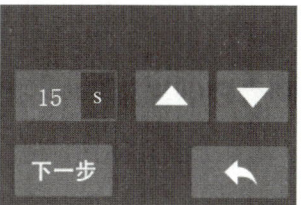

图 4-21 校正设置

6）成像屏幕开始曝光，出现一个矩形框。

7）观察矩形框轮廓是否完整，如图4-22所示，若不完整则需要对光源系统中的成型屏幕进行检修或者更换。

8）观察曝光时成像屏幕的光强较之前是否变暗，注意不可以直视光源。如不便观察，也可借助紫外辐照计测试光强，如图4-23所示。若光强变暗，则需要对光源系统中的成型屏幕进行检修或者更换。

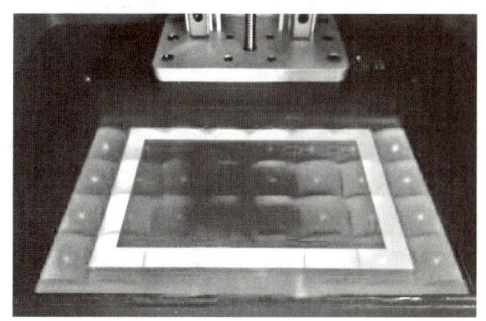 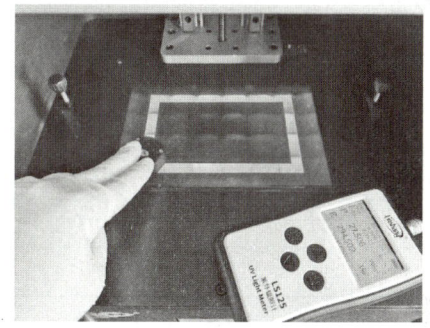

图 4-22 矩形框轮廓 　　　　　　图 4-23 借助紫外辐照计测试光强

9）检查校正效果，完成光源校正操作。

分组考核

1）如何完成光固化成型设备的清洗操作？
2）如何完成光固化成型设备手动调平操作？
3）如何完成光固化成型设备光源校正操作？
4）如何完成光固化成型设备耗材的装填和回收？

任务 5　遥控器的 SLA 工艺制作

任务描述

图4-24所示为遥控器的三维模型。现在需要利用光固化成型工艺对该模型进行3D打

印加工制作，并进行打磨、抛光、表面处理等后处理工序，用于产品外观、结构和尺寸设计评估，为遥控器的最终量化生产提供优化依据。

图 4-24　遥控器的三维模型

1. 工艺分析

不同零件的具体工艺过程和参数各不相同，应综合考虑零件要求、使用工况进行材料和打印设备的选择，确定合理的成型方向和支撑添加方案，选择合理的层厚、曝光时间、打印速度等工艺参数，并正确填写增材制造工艺指示单，见表4-1。

表 4-1　增材制造工艺指示单

产品名称	遥控器	编号		工期	2.5h
材料	树脂	数量	1件	数模来源	CAD 建模
设计员		日期		重量	
序号	工艺名称	工艺要求			备注
1	模型姿态摆放	保证打印成型，优化打印时间，优化支撑数量			
2	镂空设计	根据模型大小、复杂程度、应用场景等因素，确定采用实心打印还是内部镂空打印			
3	镂空制作工艺	进行镂空操作的模型表面添加工艺孔，使模型内部型腔可以与外界连通			
4	添加支撑	选择支撑大小，合理设置支撑的参数			
5	设置切片参数	根据需要设置打印的切片参数			
6	预览切片数据	根据预览详情，判断切片参数设置的合理性			
⋮					

光固化成型工艺分析的一般思路如下：

1）获取制件三维模型数据，一般有三个获取途径：通过网络直接获取；通过正向建模软件根据设计需求获得；通过逆向建模软件扫描现有实物获得。

2）调整模型摆放姿态，确定模型成型方向，一般考虑倾斜摆放，如图4-25所示。首先，模型成型方向应当保证容易成型;其次,在保证可以成型的前提下应当尽量减少支撑数量,通过摆放姿态的调整可以改变支撑的数量,在节省耗材的同时也为后处理操作节省工时;最后,适当减小截面面积,因为截面面积越小,所受离型力越小,也就越容易成型。

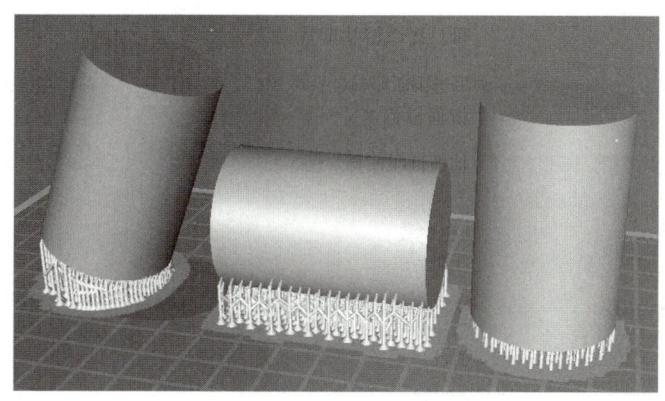

图 4-25　模型姿态摆放

3)根据模型大小、复杂程度、应用场景等因素,确定采用实心打印还是内部镂空打印,镂空处理效果如图 4-26 所示。内部镂空打印的优点为:可以减轻模型自身重量并节约耗材;经过镂空操作的模型的截面面积比实心模型小,可以提高打印成型率。缺点为:经过镂空操作的模型,在没有配做工艺孔的情况下会增加模型表面出现破面的风险;经过镂空操作的模型内型腔,在没有合理添加支撑的情况下,会增加模型表面塌陷、模型表面破面的风险。

4)采用内部镂空打印时应该考虑配合制作工艺孔,即在进行镂空操作的模型表面添加工艺孔,使模型内部型腔可以与外界连通,如图 4-27 所示。添加工艺孔时需要考虑两点:①工艺孔应添加在非关键面,如模型底部;②工艺孔不能太小,以方便后续的清洗操作。

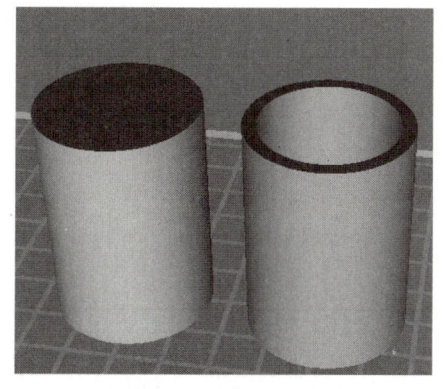

图 4-26　镂空处理效果

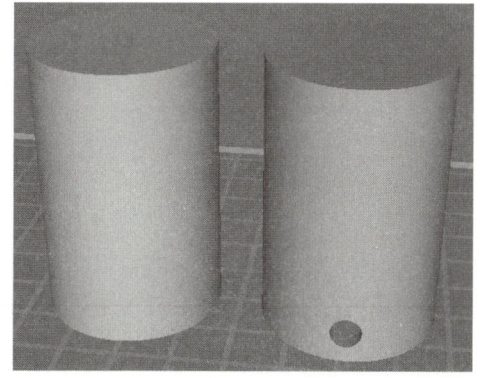

图 4-27　添加工艺孔

5)采用内部镂空打印时应考虑在其内部型腔适当添加支撑。
6)根据模型大小、复杂程度、成型方向等因素,考虑使用细、中、粗不同类型的支撑,如图 4-28 所示，可以选择单一类型，也可搭配使用。不同类型的支撑的特点为：细支撑的支撑点小，后处理方便，对模型的附着力小，容易与模型分离，发生掉落；粗支撑的支撑点大，后处理工时相对较长，对模型的附着力大，容易抓住模型，成型率更高；中支撑的特点介于两者之间。

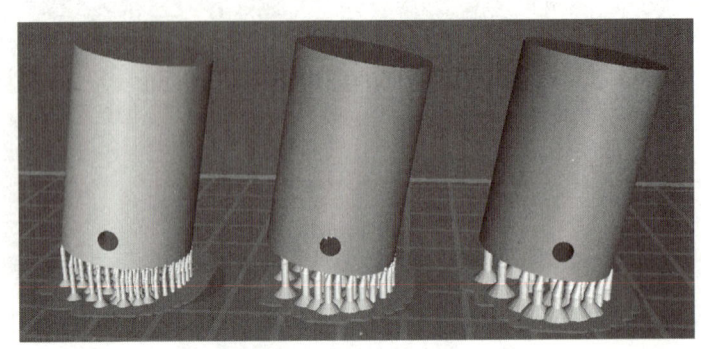

图 4-28　不同类型的支撑

7）设置合理的切片参数，如图 4-29 所示。不同的耗材对应的参数不尽相同，重点关注与打印层厚、曝光时间、打印速度等有关的参数的设置。

图 4-29　切片参数设置

8）通过软件完成切片并导出打印文件。

9）操作 BS3DPL-200 光固化 3D 打印机，开始打印制作。

10）观察打印情况，判断继续打印还是中止打印。打印一段时间后，需要单击设备上的暂停指令，观察打印情况。如果没有出现打印掉板、制件不粘平台、支撑抓不住制件等导致打印失败的情况，则可以继续打印。

11）如果打印失败，首先清理打印平台、回收树脂材料、清理料槽，然后查找失败原因，重新设置参数；最后，重新打印验证。

12）打印成功，清理打印平台，清洗制件。

13）对制件进行拆除支撑等后处理操作，清洗制件，将其低温烘干，进行二次固化。是先拆支撑后二次固化，还是先二次固化后拆支撑，应该根据模型形状而定。对于薄壁类型的制件，采用先二次固化后拆支撑的方式可以有效减轻二次固化造成的形变。

14）对制件进行打磨、抛光、上色等其他后处理。如果不需要，可以忽略此步骤。

15）完成后处理操作后，制件制作完成。

2. 切片处理

光固化成型切片处理是将三维模型导入专业的切片软件进行分层处理并将其转换成机器可识别的文件的一个过程。光固化成型切片处理流程图如图 4-30 所示。

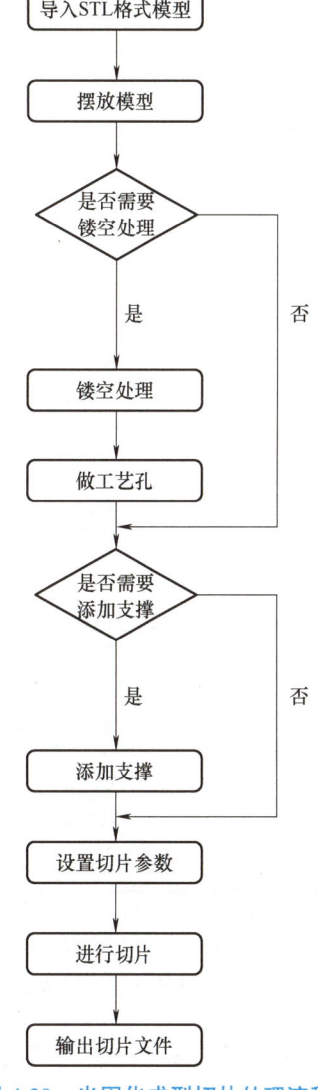

图 4-30　光固化成型切片处理流程图

本任务所需制作的三维模型的切片处理主要流程如下。

1）获取三维模型文件，一般为 STL 或 OBJ 格式，STL 格式文件如图 4-31 所示。

三维模型的获取主要有三种方式：通过网络获取三维模型、通过 CAD 软件正向建模获取三维模型、通过三维扫描和逆向工程获取三维模型。其中 CAD 建模常用建模软件有 SolidWorks、Autodesk、NX、Inventor 或者 Pro/E 等。三维模型文件以 STL 标准格式导出，其他格式包括：WRL 格式、PLY 格式、3DS 格式及 ZPR 格式（这些导出来的文件是网格状的，面是由一系列三角块拼接而成的，网格必须经"填充"处理，才能够成为一个实心模型）。

2）将模型导入切片软件中并正确摆放，如图 4-32 所示。

STL 文件是描述 3D 图像的文件，根据编辑软件的不同有许多不同格式，3D 打印通用格式——STL 格式文件是用三角网格来表现 3D 的 CAD 模型，输出 STL 文件的参数选择会影响打印质量。例如，在 SolidWorks 软件中，当输出 STL 格式文件时，可以在选项中调整 STL 格式的误差范围。

遥控器.stl

图 4-31　STL 格式文件

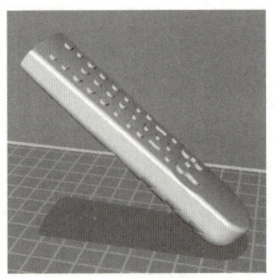

图 4-32　将模型导入切片软件并正确摆放

零件摆放方向对 3D 打印零件最终成型质量至关重要，摆放时主要考虑的因素包括：零件精度、成型时间、零件强度、支撑结构及表面粗糙度。

3）确定模型是否需要镂空处理，若需要则进行支撑设置，如图 4-33 所示。

 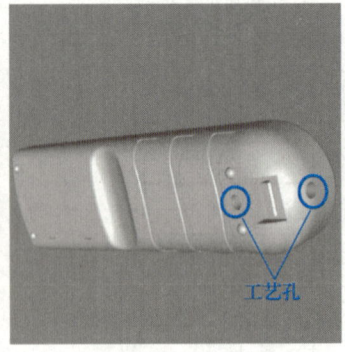 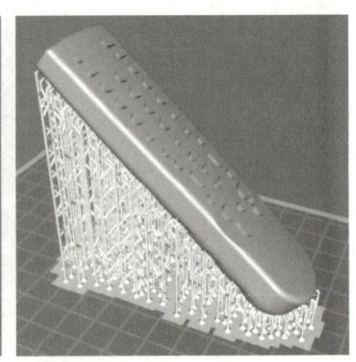

图 4-33　镂空处理和支撑设置

模型进行镂空处理需要考虑的主要因素包括：模型壁厚、镂空精度及填充结构。

模型进行支撑设置需要考虑的主要因素包括：支撑大小、支撑角度、支撑密度及支撑接触形状。

4）在切片软件中进行相应的参数设置，如图 4-34 所示。

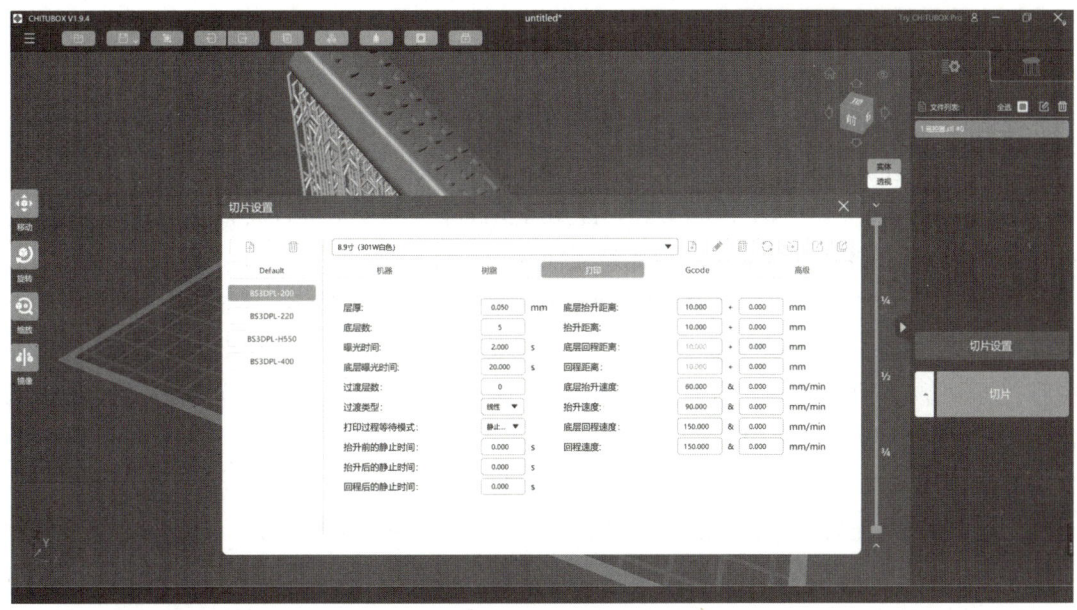

图 4-34　参数设置

根据需要设置打印的切片参数，常用参数包括：层厚、底层数、曝光时间、底层曝光时间、底层抬升距离、抬升距离、底层抬升速度、抬升速度、底层回程速度及回程速度。

5）进行切片运算并检查打印轨迹，如图 4-35 所示。

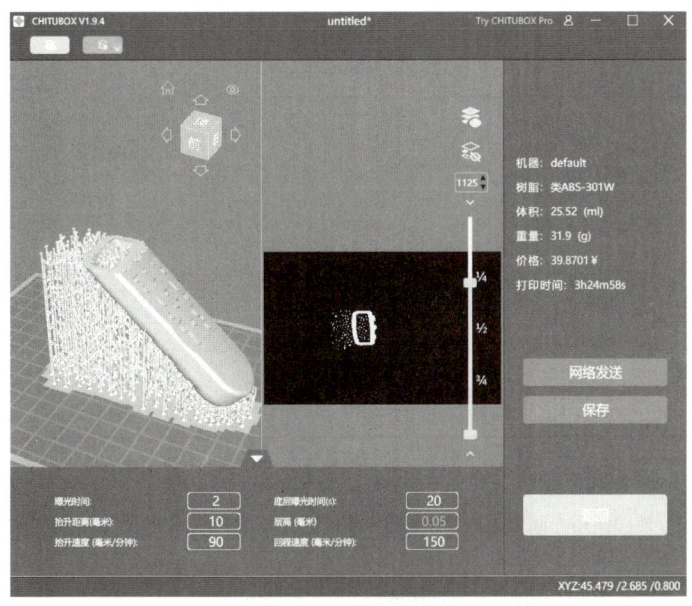

图 4-35　切片运算

通过打印机切片软件对 STL 格式的文件进行分层，生成打印路径，转化为打印机可以识别的文件。切片完成后打印统计栏会显示打印需要的时间和所需耗材的体积和重量。可以在可视化一栏里选中进度条，然后拖动进度条滑块来查看每一层的路径，判断切片的好坏。

6）导出 CTB 格式文件。

3. 后处理及注意事项

光固化成型 3D 打印件后处理的详细操作步骤如下：

1）取件零件。模型打印后，用刀具取下模型，放入托盘。

2）拆除支撑。模型从平台拆下后，首先需要拆除一部分支撑，然后把模型放入酒精里进行清洗。拆掉的支撑建议单独存放到垃圾桶内。

3）清洗。模型取出后，将模型放入储物箱，加酒精浸泡 5min。此时应做好防护工作，穿上工作服，戴上面罩和护目镜，开始用排刷清洗。清洗完后要检查模型界面是否有残留的树脂，再进行超声波清洗，时间大约为 20min。超声波一般具有加热功能。酒精为易燃易爆物品，模型用酒精清洁后应用气泵吹干。

4）后固化。模型吹干后，放入固化箱中烘烤约 15min，然后翻模烘烤约 15min。

5）打磨。先用刮刀将剩余的支撑清除，然后取出切好的砂纸，开始打磨。一般无特殊要求的模型，只要打磨支撑面即可。如需涂布着色、电镀等工艺，则需反复研磨，使用由粗到细的砂纸，逐渐改善造型的表面粗糙度，达到理想的效果。（砂纸需用水磨砂纸，保证磨具洁净度高、效率高。）

任务评价

任务完成后，各任务小组按综合评分表进行打分，见表 4-2，得分计入平时成绩，作为期末成绩的一个重要加权项。

表 4-2 综合评分表

评价模块	序号	评价标准	配分	评分			得分
				自评	小组评价	教师评价	
理论知识（30 分）	1	了解光固化成型技术的发展、分类、应用领域	10 分				
	2	熟悉光固化成型的技术原理	10 分				
	3	熟悉光固化 3D 打印机切片软件的基本应用	10 分				
	4	初步认识 BS3DPL-200 光固化 3D 打印机的工作原理与结构组成	15 分				
实操技能（50 分）	5	会进行软件切片处理中基本参数的设置	10 分				
	6	能够使用光固化 3D 打印机切片软件进行模型切片，掌握添加支撑的方法	10 分				
	7	后处理方法正确、工具使用合理、工作环境整洁	15 分				

(续)

评价模块	序号	评价标准	配分	评分			得分
				自评	小组评价	教师评价	
职业素养（20分）	8	遵守课堂纪律，服从指导教师和小组组长的安排	5分				
	9	不迟到、不早退、不旷课	10分				
	10	课堂讨论阶段能主动积极，与同学相互配合	5分				

知识拓展

FDM 与光固化成型技术的区别

1. 对比打印过程

FDM 与光固化成型技术的对比见表 4-3。

表 4-3 技术对比

设备型号	FDM 3D 打印机	光固化 3D 打印机
打印过程	① 把文件导入软件进行切片 ② 自动生成支撑后打印 ③ 打印完后去除支撑	① 使用软件切片 ② 自动生成支撑后还需手动添加一些支撑才能打印 ③ 打印完后需用酒精清洗 ④ 去支撑，经紫外线照射 ⑤ 将剩余树脂倒回瓶中并用酒精清洗打印平台及料槽
模型效果		
总耗时	23h15min	12h20min
区别	① 模型是由线组成的，打印的时间取决于打印所需材料的多少 ② 打印复杂的模型时，去除支撑会比较困难，不仅需要花费很长的时间，一不小心还可能把模型弄坏	① 一次性就能打印一整个平面，打印的时间只取决于模型的高度 ② 去除支撑相对简单得多，轻轻一掰支撑就掉了

2. 对比精细度

将两种 3D 打印机所打印的模型表面放大后，如图 4-36 所示，可以明显地看出，光固化 3D 打印机所打印的模型在精细度上优于 FDM 3D 打印的模型。

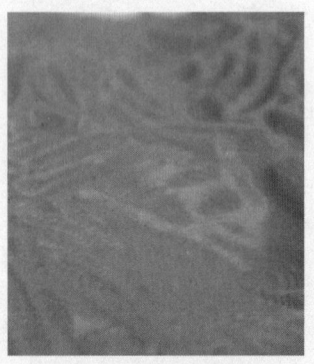 

a) FDM 3D 打印的模型　　　　b) 光固化 3D 打印机打印的模型

图 4-36　模型表面放大图

精细度测试模型如图 4-37 所示，FDM 3D 打印机最薄可以打印到 0.5mm，成型约 0.4mm 的时候，就已经打不出来了。而光固化成型最薄可以成型 0.1mm，但是由于模型局部太薄，清洗的时候就已经脱落了，不过 0.2mm 左右厚度就已经成型了，只是太软，厚度为 0.3mm 时就基本上有一定硬度了。

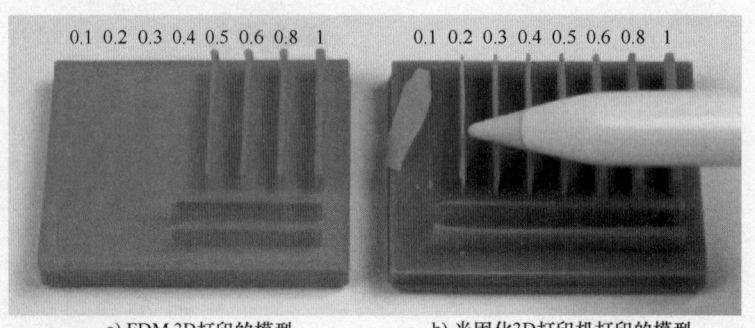

a) FDM 3D 打印的模型　　　　b) 光固化 3D 打印机打印的模型

图 4-37　精细度测试模型

3. 对比打印强度

使用 FDM 3D 打印机和光固化 3D 打印机分别横着和竖着打印模型，来测试模型的强度与打印纹理是否有很大的关系，结果见表 4-4。

4. 两种打印方式的对比总结

FDM 3D 打印机存在的问题：①不能打印复杂模型，勉强打印时，中间的支撑也取不出来。②后期的打磨困难。

光固化 3D 打印机存在的问题：树脂材料气味大，一定要注意通风。

表4-4 打印强度对比

设备名称	FDM 3D 打印机		光固化 3D 打印机	
打印方向	横着打印	竖着打印	横着打印	竖着打印
承受重量	12.4kg	1.41kg	5.23kg	5.39kg
结论	使用FDM 3D打印机所打印的模型强度与打印的纹理有着直接的关系,而使用光固化3D打印机打印的模型纹理对强度的影响不明显。只要选择正确的方向进行打印,FDM 3D打印的模型强度要远高于光固化3D打印			

根据两种3D打印方式的特点,综合得知,如果是珠宝设计、动漫手办、产品、室内建筑等比较偏外观的设计,建议选择光固化3D打印机;而偏工程类、功能实用型的模型,则更适合使用FDM 3D打印机。

任务6 手持风扇的SLA工艺制作

任务描述

图4-38所示为一个设计的手持风扇的3D打印制件。现在需要利用光固化成型工艺对该模型进行3D打印加工制作,并进行打磨、抛光、表面处理等后处理工序,用于产品外观、结构和尺寸设计评估,为该产品的最终量化生产提供优化依据。

1. 工艺分析

综合考虑手持风扇的要求、使用工况进行材料和打印设备的选择,确定合理的成型方向和支撑添加方案,选择合理的层厚、曝光时间、打印速度等工艺参数,并正确填写增材制造工艺指示单,见表4-5。

图4-38 手持风扇的3D打印制件

根据当前任务的三维模型的特征、制件应用场景,对需要3D打印的各个零件进行工艺分析,确定加工制作的思路。

1)调整模型摆放姿态,确定模型成型方向,一般考虑倾斜摆放。针对手持风扇,还要考虑美观,扇叶上尽量少用支撑,以减少后处理痕迹,考虑在扇叶背面使用支撑。

2)采用实心打印。

3)设置合理的切片参数。

4)利用软件进行切片运算,导出打印文件。

5)操作BS3DPL-200光固化3D打印机进行打印制作。

表 4-5 增材制造工艺指示单

产品名称	手持风扇	编号		工期	7h
材料	类 ABS	数量	10 件	数模来源	CAD 建模
设计员		日期		重量	
序号	工艺名称	工艺要求			备注
1	模型姿态摆放	保证打印成型，优化打印时间，优化支撑数量			
2	判断是否需要镂空处理	进行镂空处理，需要添加工艺孔			
3	添加工艺孔	合理放置工艺孔位置，设置其大小			
4	添加支撑	选择支撑大小，合理设置支撑的参数			
5	设置切片参数	根据需要设置打印的切片参数			
⋮					

6）观察光固化 3D 打印机的加工情况，判断继续打印还是中止打印。

7）如果打印失败，则清理打印平台、回收树脂材料、清理料槽，然后调整打印参数并重新打印。若打印成功，则清理打印平台，清洗制件，进行后处理操作。

8）完成后处理操作后，制件制作完成。

2. 切片处理

手持风扇切片处理的主要流程如下：

1）获取三维模型文件。本任务要制作的模型是一套组合件，其三维模型文件如图 4-39 所示。

图 4-39 手持风扇的三维模型文件

2）将手持风扇的三维模型导入切片软件中，并正确摆放。考虑手持风扇三维模型的大小、数量、加工姿态等因素，将所有三维模型分成三次打印，如图 4-40 所示。

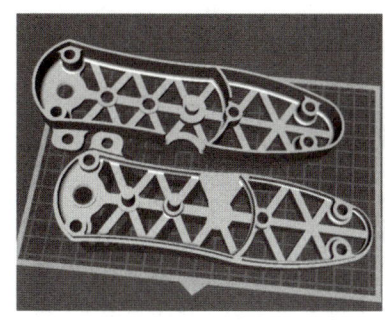  

图 4-40　将手持风扇的三维模型导入切片软件

3）确定手持风扇三维模型是否需要镂空处理，若需要则进行支撑设置。根据手持风扇的结构特征，本任务采用实心打印，如图 4-41 所示。

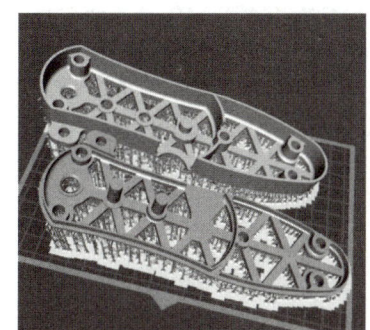 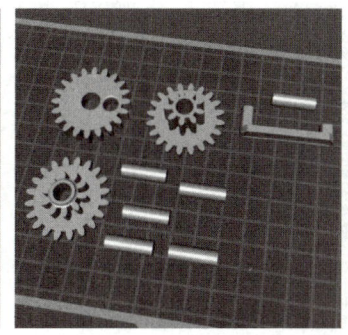 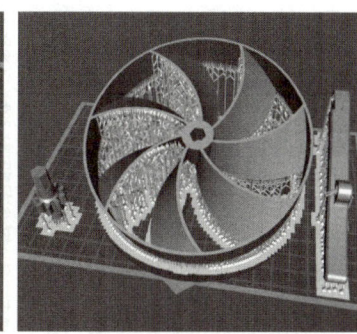

图 4-41　实心打印

4）在切片软件中进行相应的参数设置，如图 4-42 所示。

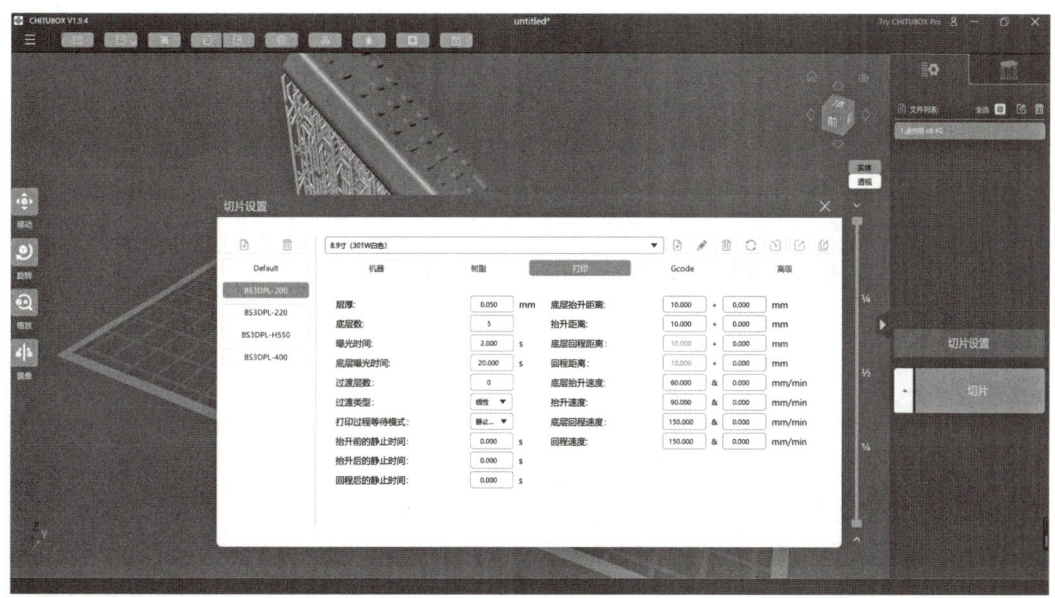

图 4-42　参数设置

5）进行切片运算，并检查打印轨迹，如图4-43所示。

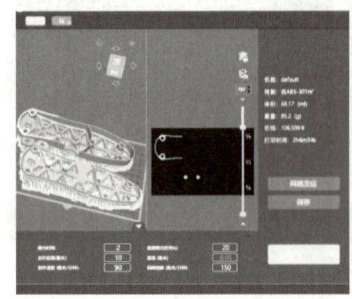 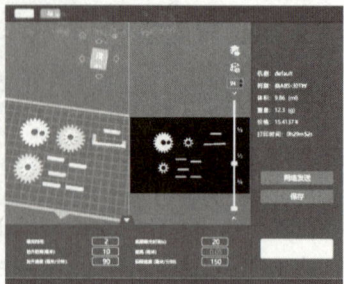 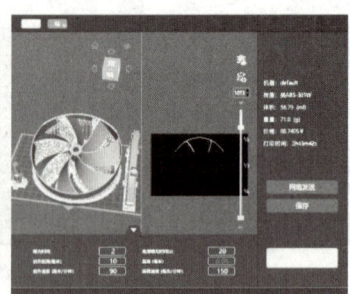

图4-43　切片运算

6）导出CTB格式文件，如图4-44所示。

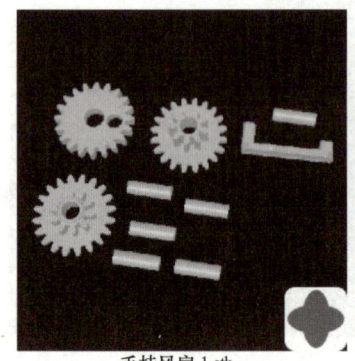 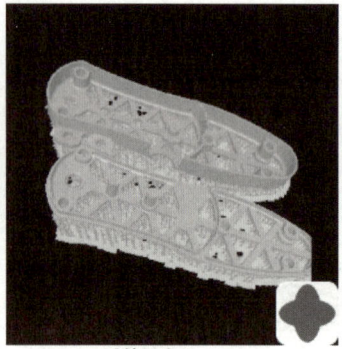 

手持风扇-1.ctb　　　　　　　　手持风扇-2.ctb　　　　　　　　手持风扇-3.ctb

图4-44　导出CTB格式文件

3. 后处理及注意事项

请根据手持风扇光固化成型3D打印件情况，在下面的方框中绘制工艺基本流程图。

任务评价

任务完成后，各任务小组按综合评分表进行打分，见表4-6，得分计入平时成绩，作为期末成绩的一个重要加权项。

表 4-6 综合评分表

评价模块	序号	评价标准	配分	评分			得分
				自评	小组评价	教师评价	
理论知识（30分）	1	了解光固化成型技术的工作原理	5分				
	2	初步认识BS3DPL-200光固化3D打印机的工作原理与结构组成	10分				
	3	掌握光固化成型设备的使用流程	10分				
	4	熟悉光固化成型技术的材料分类及特点	5分				
实操技能（50分）	5	学会使用光固化成型设备对应的切片软件	10分				
	6	能够根据打印模型选择合适的材料	10分				
	7	掌握光固化成型设备的调平方法	15分				
	8	后处理方法正确、工具使用合理、工作环境整洁	15分				
职业素养（20分）	9	遵守课堂纪律，服从指导教师和小组组长的安排	5分				
	10	不迟到、不早退、不旷课	10分				
	11	课堂讨论阶段能主动积极，与同学相互配合	5分				

项目 5　SLM 工艺的高阶应用

项目引入

自面世以来，增材制造技术逐步应用于实际产品的制造，其中，金属材料的增材制造技术发展尤其迅速。在国防领域，世界各国都非常重视金属 3D 打印技术的发展，不惜投入巨资加以研究，而 3D 打印金属零部件一直是研究和应用的重点。增材制造技术不但能打印模具、自行车，还能打印出前所未有的新型武器，甚至能够打印出汽车、飞机等大型设备。作为一种新型智能制造技术，金属 3D 打印已展现出十分广阔的应用前景，而且在装备设计与制造、装备保障、航空航天等更多的领域展现出强劲的发展势头。

本项目介绍的激光选区熔化成型（SLM）工艺，可用于快速原型制作和批量生产，可加工的金属材料范围相当广泛，并能使打印件具有与传统制造工艺相同的性能。

学习目标

◆ 知识目标

1. 理解 SLM 工艺的基本原理。
2. 掌握 SLM 工艺的基本流程。
3. 熟悉 SLM 工艺不同耗材的优缺点及应用场合。
4. 熟悉 SLM 成型设备的结构和特点。

◆ 技能目标

1. 能正确进行 SLM 成型设备的操作和调试。
2. 能根据 SLM 工艺的特点进行产品结构优化设计。
3. 能根据零件的实际使用工况合理选择耗材种类。
4. 能正确完成 SLM 工艺的前处理、打印成型和后处理。

◆ 素养目标

1. 培养严谨、精益求精的工匠精神。
2. 养成安全使用设备和工具的良好职业习惯。

任务 1　认识 SLM 工艺

任务描述

通过教师讲解、查阅资料等熟悉 SLM 工艺的原理，熟悉其与传统加工制造技术的区别，熟悉 SLM 工艺常用的成型材料，通过分组讨论，总结本任务学习内容。

1. 学习 SLM 工艺的工作原理、工艺特点及应用范围

（1）工作原理　金属增材制造技术有激光选区烧结（Selective Laser Sintering，SLS）、直接金属激光烧结（Direct Metal Laser Sintering，DMLS）、电子束熔化成型（Electron Beam Melting，EBM）、SLM 等类型。

激光选区熔化技术的基本成型过程：在基板上用刮刀均匀铺一层金属粉末，然后通过控制激光器及振镜按照一定的路径对金属粉末进行选区扫描，金属粉末吸收激光后熔化，并在室温下凝固，形成冶金熔覆层，然后将基板下降一个熔覆层高度，再铺一层金属粉末进行激光扫描熔融加工。重复此加工过程，直至整个金属零件打印成型。SLM 成型使用的金属粉末的粒径一般为 10~53μm，所以打印件的表面精细、致密度高、力学性能优异。

知识拓展

SLM 的发展历史（1995—2023 年）

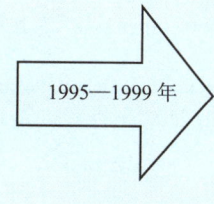
1995—1999 年
- SLM 技术是 20 世纪 90 年代在金属粉末 SLS 技术基础上发展起来的。
- 大功率激光器的使用促进 SLS 技术逐渐发展为 SLM 技术。
- 1999 年，由德国 F&S 及德国 Frauhofer 研究所共同开发了第一台不锈钢 SLM 3D 打印机。同时期，美国得克萨斯大学奥斯汀分校的 C.R.Dechard 也进行了 SLM 技术的研究。

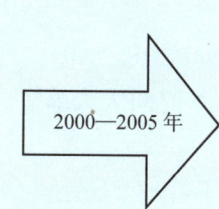
2000—2005 年
- 2002 年，德国 Frauhofer 研究所一次性制造出致密性达 100% 的零件。
- 2002 年，华南理工大学杨永强团队开始研发 SLM 设备。
- 2003 年，德国 EOS 公司发布了 DMLS EO-SINT M270，是目前金属成型最常见的机型。
- 2004 年，华南理工大学杨永强团队自主研发了 Dimetal-240。
- 2004 年，德国 F&S 发布第一台商业化设备 MCP Realizer 250。英国利物浦大学利用 MCPRealizer SLM 设备制作的零件精度可达到 ±0.1mm 且致密度高，力学性能良好。

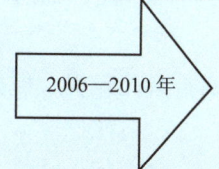
2006—2010 年
- 2007 年，华南理工大学杨永强团队自主研发了 Dimera-280。
- 2008 年，3D Systems 公司开始与 MTT 公司在北美合作销售 SLM 设备。
- 2009 年，中航工业北京航空制造工程研究所自主研发建立激光选区熔化增材制造技术平台。
- 2010 年，日本松浦机械研发激光选区熔化复合机 Avance-25，整合 SLM 技术和复合加工至一台机器。

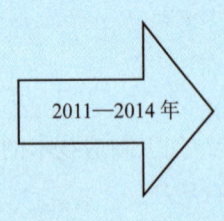

- 2011年，西班牙萨拉曼卡大学利用SLM仪器制造出钛合金胸骨与肋骨，并成功植入胸廓癌的患者体内。
- 2011年，德国EOS公司升级设备至M280，大幅提高了激光扫描的速度，减少了成型时间，其成型零件性能与锻件相当。
- 2012年，华南理工大学杨永强团队自主研发了Dimetal-100。
- 2012年后，国内共有50余所高校和研究所进入该领域研究，包括西安铂力特、华曙高科、华科三维、江苏永年激光、广州雷佳增材等公司。
- 2012年，美国通用电气公司利用SLM设备与工艺技术成功制造出LEAP喷气式发动机燃油喷嘴，并接受了超过4000台LEAP喷气式发动机订单。

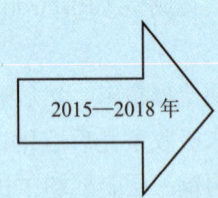

- 2015年，德国EOS升级设备为M290。
- 2015年，欧洲空客集团创新中心用Ti-6AI-4V合金打印舱门托架和发动机舱门铰链。
- 2016年，德国EOS公司发布了M400-4，该机型生产率提升了4倍，可同时制造4个部件。
- 2016年，华南理工大学杨永强团队自主研发了DiMetal-50。
- 国外著名企业罗罗、GE、普惠、MTU、波音、EADS、空客等在航空航天武器装备上已利用SLM技术开发商业化的金属零部件。

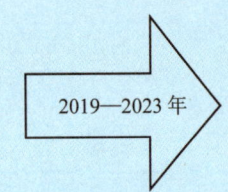

- SLM金属3D打印机主要分为单激光器、双激光器、四激光器、六激光器、八激光器，其中六激光器SLM金属3D打印机为目前主要的SLM金属3D打印机类型。
- 近年来，中国地区成为全球SLM金属3D打印机销量增长最为迅猛的区域之一，带动了亚太乃至全球SLM金属3D打印机的快速增长。
- 全球SLM金属3D打印机生产企业较多，市场较为分散，主要生产企业包含Nikon SLM Solutions、3D Systems、EOS、GE Additive、华曙高科、铂力特、联泰科技、上海汉邦联航激光科技有限公司、中瑞科技、易加三维等。

（2）工艺特点

SLM工艺的优点如下：

1）精度高。目前金属3D打印设备的精度基本都可控制在0.05mm以内。

2）周期短。金属3D打印无须模具的制作过程，使得模型的生产时间大大缩短，一般几小时甚至几十分钟就可以完成一个模型的打印，缩短了交货时间。

3）可实现个性化。金属3D打印对于打印的模型数量无限制，不管一个还是多个模型，都可以以相同的成本制作出来。

4）材料的多样性。一个金属3D打印系统往往可以实现不同材料的打印，而这种材料的多样性可以满足不同领域的需要。

5）成本相对较低。虽然现在金属3D打印系统和3D打印的金属材料比较贵，但如果用来制作个性化产品，其制作成本相对来说就比较低了。

6）能够实现复杂的形状或内部特征（通过传统制造很难实现，或实现成本较高）。

SLM 工艺的缺点如下：

1）价格昂贵，特别是零件未针对流程进行设计和优化的情况。

2）所需的专业设计和制造的技能和知识较多。

3）目前仅限于制作相对较小的零件。

4）打印出的模型表面粗糙。

5）需要大量的后处理工作。

综上，SLM 是传统制造方法的理想替代方式。

（3）应用范围　尽管 SLM 技术具有潜力，但是由于设备和零件的高成本及后处理的高要求，使它仅在少数几个行业中得到使用，具体如下：

1）医学：患者的植入物和其他高价值医疗设备组件。

2）汽车：高速原型和定制零件或小批量高价值零件。

3）航空航天：风管及其他零件。

4）工具：生产工具刀片中的保形冷却通道。

SLM 具有许多潜在的应用程序，技术的成熟以及成本的降低，会使它的应用越来越广泛。

2. SLM 工艺的成型过程

SLM 工艺的成型过程包括：建立三维模型、STL 格式文件转换、模型前处理、打印前准备、逐层打印及零件后处理。

（1）建立三维模型　利用计算机辅助设计软件绘制出模型。目前主流的三维设计软件有 NX、SolidWorks、Pro/E 等，这些设计软件均为正向设计软件。获取三维模型的方式也可以为逆向，通过激光扫描仪扫描获取所需零件的点云数据，再通过逆向建模软件（如 Geomagic Design X）形成零件的实体，得到零件的三维数据。

（2）STL 格式文件转换　STL 格式文件是由 3D Systems 软件公司开发的一种普遍适用于现阶段快速成型设备的文件格式，STL 格式文件格式简单且大多数计算机辅助设计系统能输出，通用性强；扫描仪也可以直接将点云数据保存为 STL 格式文件。

（3）模型前处理　SLM 工艺金属 3D 打印需要数字化三维模型，通过 CAD 建模或者三维数据扫描获取的 STL 格式文件即可用于打印。将 STL 格式文件导入到金属 3D 打印机的工业控制计算机中，进行位置摆放、添加支撑等前处理工作。

在金属 3D 打印的过程中，针对打印件的形状和性能要求添加必要的支撑是非常重要的环节，支撑结构主要起到以下三个方面的作用。

1）为打印下一层提供合适的平台。

2）支撑锚定在打印平台上，防止打印件翘曲。

3）充当散热器，将热量带走，并使模型以更可控的速率冷却。

金属零件的 3D 打印需要控制的因素较多，工艺较复杂，且加工成本较高，所以需要针对每一个零件进行特定工艺设计并优化，加工前进行仿真是十分有必要的，有助于提前了解零件的加工风险及缺陷，通过优化工艺来避免缺陷。

3D 打印的实质是分层制造，把零件按照特定层厚进行分割，按照每层轮廓逐层加工，最终形成完整零件。所以 STL 格式文件需要"切片"处理，及按照特定层厚进行分割。由于 STL 格式文件只是保存了零件表面信息，所以形成的是每层的轮廓，还需要对轮廓进行填充。可按照设备设定的填充方案进行填充，形成每层激光的扫描路径。

（4）逐层打印　将填充好的文件导入到设备中，设定好激光功率、激光速率和预热温度等工艺参数即可开始零件的加工，整个打印过程均由设备控制系统控制，以保证打印过程的稳定，只需准备充足的金属粉末原料即可。

（5）零件后处理　金属打印过程中添加的支撑需要在后处理中去除，金属的支撑较难处理，因此用到的工具较多，可以分为拆除工具、打磨工具和抛光工具。

分组讨论

1）SLM 工艺制造产品的成本大概是多少？如何衡量？
2）SLM 工艺对金属粉末耗材有什么要求？

榜样力量

国产大飞机背后的院士——金属增材制造专家王华明

王华明院士是我国激光增材制造技术的带头人，也是我国金属 3D 打印技术领域的第一位院士。他主持了"钛合金大型复杂整体构件激光立体成型技术"项目，填补了我国该技术领域的空白，打破了西方发达国家的长期封锁，成为我国金属 3D 打印史上的重要里程碑。他利用激光增材制造技术为运 -20、歼 -15 等国产大飞机和新型战斗机的关键受力大型部件提供了技术保障。

任务 2　选用 SLM 耗材

任务描述

学习并认识 SLM 工艺常用耗材的种类和特性，总结 SLM 工艺耗材的选用原则，能够针对产品需求合理选择耗材。

可用于 SLM 增材制造技术的粉末材料主要分为三类，分别是混合粉末、预合金粉末、单质金属粉末。

1）混合粉末。混合粉末由一定比例的不同粉末混合而成。现有的研究表明，利用 SLM 工艺成型的构件的力学性能受致密度、成型均匀度的影响，而目前混合粉末的致密度还有待提高。

2）预合金粉末。根据成分不同，可以将预合金粉末分为镍基粉末、钴基粉末、钛基粉末、铁基粉末、钨基粉末、铜基粉末等。研究表明，预合金粉末材料制造的构件致密度可以超过95%。

3）单质金属粉末。一般单质金属粉末主要为金属钛，其成型性较好，致密度可达98%。

SLM常用耗材的性能及应用领域如下：

（1）316L（相当于我国牌号022Cr17Ni12Mo2）不锈钢　316L不锈钢由细金属粉末制成，该金属粉末主要由铁（质量分数为66%~70%）、铬（质量分数为16%~18%），镍（质量分数为11%~14%）和钼（质量分数为2%~3%）及其他混合粉末组成。其性能和应用领域如下。

1）性能：

① 具有很强的抗腐蚀能力，并且具有高延展性。

② 具有出色的涂层分辨率（30~40μm）。

③ 316L不锈钢的打印精确度高。

2）应用领域：

① 用于手术辅助，如内窥镜手术或骨科医疗领域。

② 在航空航天工业中用于生产机械零件。

③ 在汽车工业中用于生产耐腐蚀零件。

④ 用于制造手表和珠宝。

316L不锈钢是用于以3D方式打印功能零件和备件的良好材料。该材料易于维护，因为它几乎不吸附灰尘，并且铬的存在使它具有永不生锈的附加优点。

（2）304（相当于我国牌号06Cr19Ni10）不锈钢　304不锈钢是一种常见的不锈钢，其密度为7.93g/cm³ 也可称为18/8不锈钢，意思为含有18%（质量分数）以上的铬和8%（质量分数）以上的镍。其中含量严格控制的304不锈钢，也可以称为食品级304不锈钢。其性能及应用领域如下。

1）性能：

① 耐高温（800℃）。

② 具有可加工性好和焊接性好、韧性高的特点。

③ 具有良好的耐蚀性、耐热性、低温强度和机械特性。

④ 冲压、弯曲等热加工性好，无热处理硬化现象（使用温度为 -196~800℃）。

2）应用领域：

① 广泛应用于工业和家具装饰行业和食品医疗行业。

② 适合用于食品的加工、储存和运输。

③ 板式换热器、波纹管、家庭用品（1、2类餐具，橱柜，室内管线，热水器，锅炉，浴缸等）。

④ 汽车配件（风窗刮水器、消声器、模制品等）。

⑤ 医疗器具，建材，化学，食品工业，农业、船舶部件等。

需要注意的是，食品级304不锈钢与普通的304不锈钢相比，其指标更加严格。例如：

国际上基本上对 304 不锈钢的定义是主要含铬 18%~20%（质量分数）镍 8%~10%（质量分数），但食品级 304 不锈钢则是含铬 18%（质量分数）和镍 8%（质量分数），并且限制各种重金属的含量。换句话来说，304 不锈钢不一定是食品级 304 不锈钢。

（3）Ti-6Al-4V（钛六铝四钒） Ti-6Al-4V 的成分（质量分数）：钛（余量）、铝（5.5%~6.75%）、钒（3.5%~4.5%）、氧（小于 2000×10^{-6}）、氮（小于 500×10^{-6}）、碳（小于 800×10^{-6}）、氢（小于 150×10^{-6}）、铁（小于 3000×10^{-6}）。其性能及应用领域如下。

1）性能：

密度小、重量轻，而且具有非常好的力学性能和耐蚀性。

2）应用领域：

① 适用于航空航天和汽车制造领域。

② 工业零件、特殊结构零件、珠宝首饰、医疗用具等。

根据材料的性能，进行它们作为 SLM 工艺耗材得到的制件的性能与传统工艺制件性能的对比，见表 5-1。

表 5-1 SLM 制件性能与传统工艺制件性能对比

材料	SLM 制件的性能				传统工艺制件的性能	
	抗拉强度/MPa	屈服强度/MPa	伸长率（%）	硬度/HV	抗拉强度/MPa	伸长率（%）
316L	600~800	450~550	10~15	250~350	500~550（铸件）	20~40（铸件）
304	400~550	190~230	8~25	200~250	400~500（铸件）	20~40（铸件）
Ti-6Al-4V	1150~1300	1050~1100	10~13	300~400	900~1000（锻件）	8~10（锻件）
Inconel625	800~1000	700~800	7~12	300~400	900~1000（锻件）	30~40（锻件）
YZAlSi10Mg	400~500	180~250	3~5	120~150	300~400（铸件）	2.5~3（铸件）
Al-20Si	500~550	350~400	1.5~2.5	—	100~300（铸件）	0.4~4.6（铸件）

分组讨论

1）选用 SLM 耗材时主要考虑哪些因素？如何正确排序？

2）各种 SLM 耗材的价格如何？

3）316L、304 不锈钢金属粉末作为 SLM 耗材时各有什么优缺点？

任务 3　认识 SLM 成型设备

任务描述

学习并认识 SLM 成型设备的结构。学习 SLM 成型设备的核心组成部分。熟知 SLM 成型设备核心部件的功能与作用。

SLM 是现代金属增材制造技术的典型代表,也是未来增材制造发展的主要方向之一。由于其成型精度优良、成型零件致密度高、可直接成型复杂形状、可成型材料广泛等优点,SLM 已被广泛应用于航空航天、科研教育、医疗、工业模具、汽车等领域。该技术主要通过将激光束聚焦到成型平面上并由扫描振镜控制以一定速率和路径进行运动,将扫描区域的金属粉末快速熔化并凝固而形成实体,通过逐层累积的方式最终实现复杂三维结构的加工。

这里以易博三维 IGAM-I 金属打印机为例讲解 SLM 成型设备的主要结构。IGAM-I 金属打印机的正面和背面如图 5-1、图 5-2 所示。

SLM 成型设备由光路系统、粉末管理系统、气氛管理系统、电气控制及监测系统组成。

1. 光路系统

光路系统由高性能的激光器主机、光纤、准直器、扫描振镜、F-θ 场镜及振镜固定架组成(见图 5-3)。激光器主机进

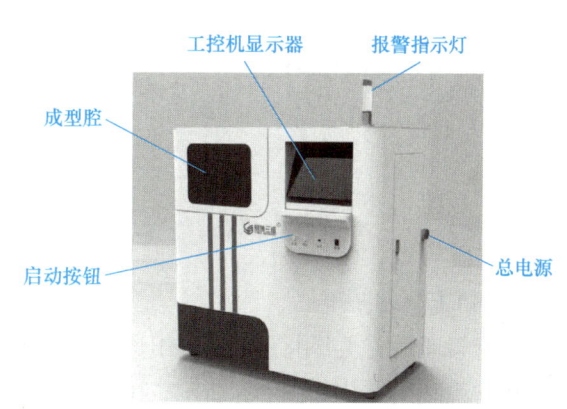

图 5-1　IGAM-I 金属打印机的正面

行光电转换,将电能转化为特定波长的光能,一般波长为 1064nm。光能经过光纤传导,到达激光头并经过准直器将光整合成特定光斑大小的平行光,平行光射入扫描振镜。在扫描振镜中有 X、Y 两台电动机带动两个镜片进行摆动,进而控制光的照射位置。激光经过二级反射后,从扫描振镜的出光口经过场镜,将平行光聚焦到打印平面,一般将光斑聚焦到 50~80μm,照射金属粉末(见图 5-4)。高能量的激光会瞬间融化金属粉末。激光扫描过后,液态金属凝固成型。

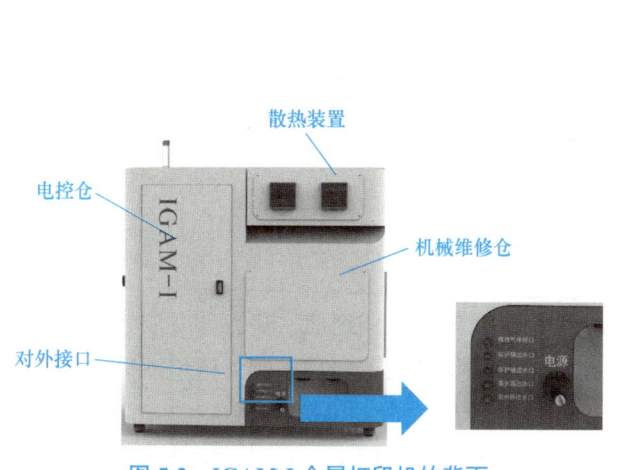

图 5-2　IGAM-I 金属打印机的背面

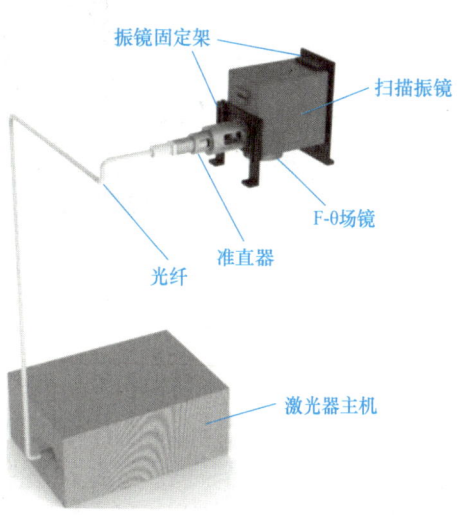

图 5-3　光路系统结构示意图

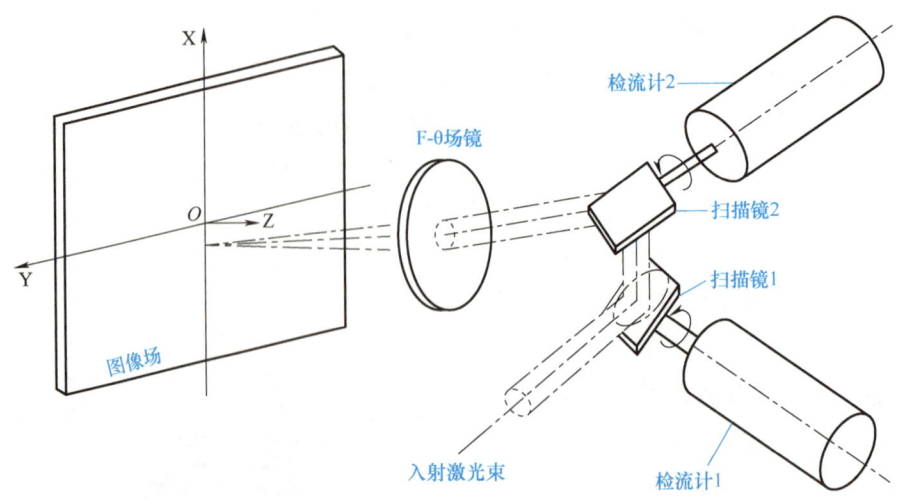

图 5-4 光路系统原理示意图

2. 粉末管理系统

粉末管理系统主要由三个部分组成：送粉系统、铺粉系统和粉末回收系统。

送粉系统的结构如图 5-5 所示，由送粉缸和成型缸等组成。送粉缸与成型缸结构类似，均由缸体、光轴导轨、滚珠丝杠和伺服电动机构成。伺服电动机带动滚珠丝杠转动，进而可以带动缸体中的安装基板升降。每次打印之前，需要将送粉缸降到下限位开关的位置，在送粉缸中添加金属粉末，将成型缸上升到上限位位置，安装打印基板。

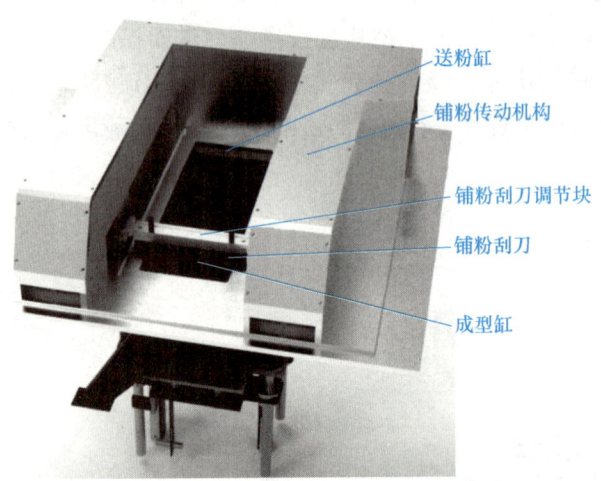

图 5-5 粉末管理系统结构示意图

铺粉系统由铺粉电动机、传动机构、刮刀模组及限位机构组成。每打印一层，送粉缸上升固定高度，成型缸下降一个打印层厚，在铺粉电动机带动下，铺粉刮刀模组从后限位运动到前限位，再回到后限位，完成一次铺粉工作。

粉末回收系统由粉末回收槽及粉盒组成，在每次铺粉过程中，刮刀模组会将多余粉末推送到粉末回收槽中。打印完成后，将粉盒内的多余粉末回收，再次利用。

3. 气氛管理系统

气氛管理系统的结构如图 5-6 所示，由洗气系统和过滤系统组成洗气系统将成型腔内的氧气用惰性气体稀释洗出，过滤系统过滤打印过程中产生的金属氧化物及杂质。

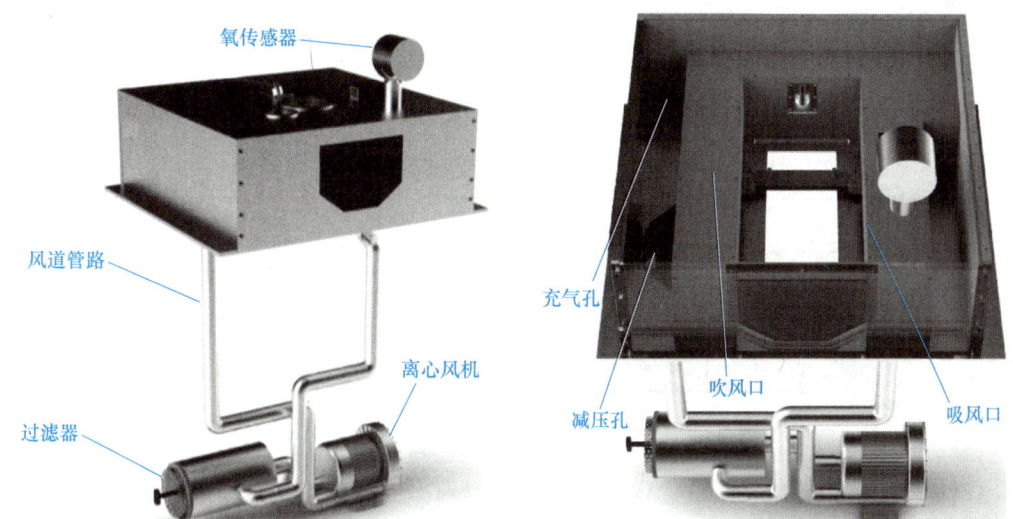

图 5-6　气氛管理系统结构示意图

洗气系统由充气孔、减压孔和氧传感器组成。由于 SLM 工艺打印过程中金属粉末被激光照射会瞬间升温到熔融状态，温度高达 1000℃ 以上，极其容易与成型腔内的氧气发生氧化还原反应。为了保证打印质量，打印开始前必须将成型腔内的氧含量控制在合理范围内，故需要洗气装置。惰性气体从充气孔进入到成型腔，氧传感器实时监测成型腔内的氧含量，当成型腔内达到设定压力后，减压口开启，释放压力。如此循环，将成型腔内的氧含量清洗到小于设置值后，方可开始打印加工。

过滤系统由离心风机、过滤器、风道管路、吹风口和吸风口组成。离心风机控制整个过滤系统的风速，位于成型区域两侧的吹风口和吸风口在成型区域上方形成气流，将打印过程中产生的飞溅物质吸到过滤器中，进而保证打印件的致密度及纯净度。

4. 电气控制及监测系统

电气控制系统如图 5-7 所示，由工业控制计算机 IPC（上位机）、模拟量采集卡、运动控制卡、振镜控制卡等组成。

工业控制计算机 IPC 也称为上位机，主要运行切片软件、控制软件，与其他板卡进行通信。上位机可对打印机状态进行智能分析判断，做出相应处理，并可将打印机的信息及处理结果共享云端，使打印机与打印机之间实现制造通信，以去中心化的生产模式，实现分布式生产，通过人工智能学习实现极少人工干预的智能制造生产模式。

运动控制卡主要用于控制伺服驱动器及伺服电动机，进而控制机械结构运动，实现相关动作。模拟量采集卡则主要采集设备的一些信息，如氧含量、视觉识别、成型腔压力等。振镜控制卡控制振镜按照单层界面进行激光扫描加工。

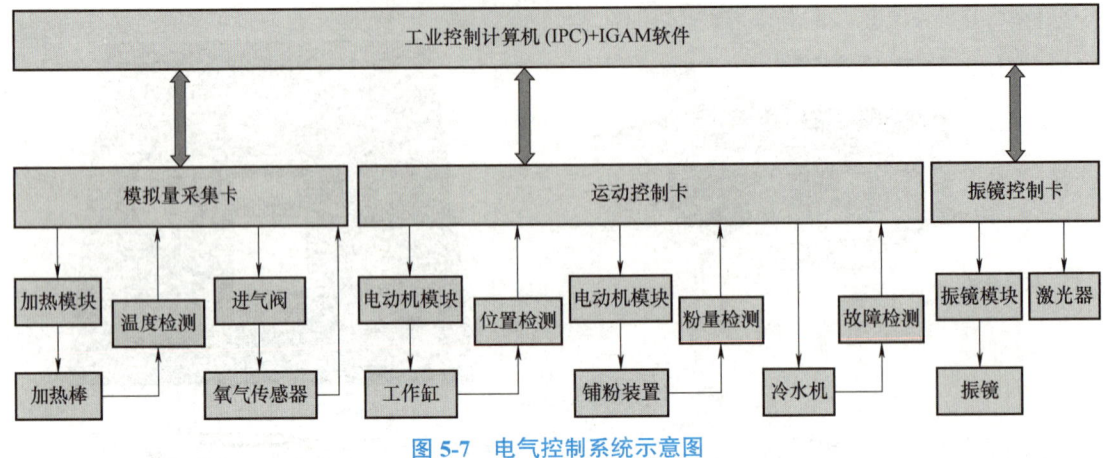

图 5-7 电气控制系统示意图

电气控制系统作为 SLM 工艺设备的大脑,具有极其重要的地位。由于 SLM 工艺的生产特点是需要长时间的连续工作,因此其稳定性是增材制造制件成功率的关键影响因素。

分组讨论

1) SLM 成型设备的主要核心部件有哪些?
2) SLM 各个部件的功能是什么?

大国工匠

装配工周琦炜

在民机制造一线从事航电系统相关工作 16 年,历经 ARJ21 新支线、C919 大型客机两大型号的"千锤百炼",周琦炜凭着对民机事业的热爱和高度责任感,专注航电系统线缆敷设领域,坚守生产一线,努力实现"线束敷设导通零故障,试验精准无误差"的目标,被誉为航空"线缆之手"。

任务 4　SLM 成型设备的生产准备

任务描述

学习并掌握 SLM 成型设备的生产准备内容和操作方法。
本任务以 IGAM-I 金属打印机为例介绍 SLM 成型设备的生产准备和基本操作流程。

1. 生产准备

（1）检查机器和环境

1）检查：主机和操作计算机之间应连接有一根网线、两根 USB 线，主机进气口和保护气瓶有胶管通入保护气，激光器后部有冷却水流入和流出。

2）检查保护气瓶的气压表读数，应 ≥ 2MPa。

3）检查主机外观是否有变形、上罩开启、关闭是否正常，特别是后部激光头是否有脱落或移位，密封胶圈是否完好等。

4）检查主机工作缸体是否松动，主机内部是否有遗留的螺钉、工具、毛刷等，若有务必清理出来；检查铺粉刮刀是否松动、铺粉盒是否松动等；检查制冷器水箱的水是否充足，若不充足则补充水。

5）工作环境务必采取通风措施，最好有门窗与外部交换对流。

（2）清理机器

1）务必戴上防护眼罩、穿好工作服、戴上专用手套，然后开始后序所有工作。

2）用毛刷和小型吸尘器清理主机内部工作区，一定要避免工作区有任何杂物。

3）用毛刷和小型吸尘器尽力清理主机两侧铺粉密封罩内部，以及上罩不锈钢板内部的过滤棉（此过滤棉需要至少每隔一个月更换一次）。

4）用棉球沾丙酮或酒精后小心清洁上罩的保护镜。

5）用棉布清洁观察玻璃正反面和主机外壳。

6）用毛刷和小型吸尘器清理铺粉盒内部，务必将遗留粉末清理干净。

（3）起动机器

1）提前 15min 打开冷水机，并打开冷水机 RUN 按钮，待冷水机温度保持在 22℃后，进行下一步操作。

2）打开主机电源，观察主机指示灯是否变绿。若无变化则检查急停按钮是否按下，若按下则旋起急停按钮；或者观察外部电源是否已插好，然后打开主机照明。

3）打开计算机，待计算机启动后进入下一步。

4）转动激光器钥匙至 ON 位，激光器显示屏亮起，按下绿色按钮使其亮起，单击触屏上的 Emission 选项，3s 后激光器红光亮起。打开计算机中的操作软件，若提示控制系统无法打开，则需检查主机网线是否连接好；若提示振镜控制卡无法打开或温度采集卡无法打开，则需检查两根 USB 线是否连接好。

（4）调试机器

1）机器正常起动后，先调试缸体和铺粉系统，通过操作软件打开调试对话框，设置工作缸的位移量为 1mm，单击控制按钮，可使工作缸体上升或下降，观察工作缸体是否上升、下降，并用游标卡尺测量移动的距离与设置的位移量是否一致，误差应小于在 0.05mm。正常后需将工作缸底板升降至离基平面 25mm，以便安装基板。不同材料需要不同的基板，如不锈钢、钴铬合金、模具钢用不锈钢基板，铜合金用铜合金基板，钛合金用钛合金基板。

2）单击前后移动铺粉按钮，观察铺粉盒是否正常进行前后移动，若没有移动则检查铺粉速度是否设置为20mm/s。

3）打开加热功能，观察加热仪表是否打开，设置加热仪表温度为80℃，在加热5min后检查工作缸底板是否已加热。（钛合金材料需要加热，其余材料不用加热。）

4）通过存储器或网络将准备加工的STL文件导入计算机。

2. 设置机器

单击"设备"菜单，选择"硬件设置"和"修改工艺"，设置系统的零件制作参数：设置扫描速度，激光功率，烧结间距，光斑补偿，单层厚度，X、Y、Z方向修正系数，扫描方式等，设置完后单击确定。其中激光功率和单层厚度需根据加工实际过程实时调整，其他工艺参数根据加工情况和工艺经验进行实时调整。

（1）光路测试

1）再次检查激光器电源和操作软件振镜开关是否都已打开，激光头是否发生移动或脱落，激光指示灯是否正常。

2）在工作缸底板上安装一块测光专用基板并用薄双面胶粘一张黑色的测光纸。

3）设置激光功率为10%左右，将基板平面上升到与基平面一个平面，然后关闭前门。

4）打开操作软件高级调试面板，然后单击激光调试按钮，通过观察玻璃观察激光是否在基板上扫描出方块和象限，然后关闭激光电源，打开前门并通过游标卡尺测量方块边长与设置的边长是否一致（误差小于0.1mm）。若误差过大，则联系售后人员。

（2）基板安装

1）待光路调试完后取一块新的标准基板，用游标卡尺简单测量其是否符合要求，并关闭激光器电源。

2）将基板安装到工作缸底板上。

3）使铺粉盒前后点动移动，每隔50mm左右点动一次，粉盒停住后利用塞尺（0.04mm）塞在刮刀下部左右移动，同时点动工作缸使其逐渐微量（0.02mm）上升，至用塞尺在刮刀下左右移动时感受到较大的摩擦力，而且整个基板区域的摩擦力大致相同，这样才保证基板与刮刀之间的间隙在整个工作区间都是一致的。

4）将铺粉盒移动到后端，用勺子加一点粉在基板的后边界处，然后移动铺粉盒到前端，观察铺粉是否平展、没有毛刺、波纹等现象，然后再将铺粉盒移动到后端，观察铺的粉是否有推移、重叠等现象，若有则需调整基板平面。注意：一定要确保基板平面与铺粉刮刀之间的粉末厚度小于0.05mm，并完全平铺好，这样第一层才能完全熔化在基板上。

（3）基板预热 打开操作软件的基板加热功能，设置加热仪温度为60℃，然后等待基板加热，大约等待10min，用红外测温仪测量基板温度高于40℃即可，在预热的同时可以进行下一步，即添加粉末。

（4）添加粉末 添加的粉末一定要储存在专用的真空干燥箱内，避免氧化和受潮。若有条件，要在光学显微镜下观察粉末颗粒的粒径分布情况。推荐用设备制造公司专门提供的粉末并用专用的玻璃粉末瓶贴标签储存，并严禁将杂物混入粉末储存罐内。推荐每次添加粉末前通过干净的筛子筛一下。

1）用专用粉末工具添加适量粉末至机器粉末槽内，并保证粉末顶部是平的。

2）用小勺子的柄轻轻地在粉槽内左右搅动一下，以检查粉末内是否混有其他颗粒。

3）将铺粉盒移动到后端，用粉末将基板周围部分也填充好，然后将铺粉盒再次前后移动一下，以确保第一层粉末铺放的均匀性。

（5）开始加工零件

1）检查工艺参数是否符合加工工艺，应按推荐参数进行设置，检查基板已打开加热；检查冷水机温度是否在 22℃左右。

2）检查机器内无异常后，将上罩关闭，然后同时下压两侧密封把手进行密封，观察基板粉末无异常后，打开激光器电源。

3）充入保护气体。在开始充气阶段将流量阀调到一半，然后观察操作软件上显示的氧含量数值，此时氧含量应先上升然后下降，直到氧含量降到 2%以后，再调整流量阀至 1/4 的流量，慢速降低氧含量，当氧含量降到 0.5%以后，再次调小流量阀，直到氧含量降到 0，然后用此流量充入保护气，进行加工。（氮气是打印不锈钢、铜合金、钴铬合金、模具钢材料所需要的保护气体。氩气是打印钛合金材料所需要的保护气体。）

注意：在充入保护气及工作的过程中一定要保证房间与外界通风，以免保护气在房间堆积过量使人窒息、昏迷等。

3. 设备基本操作流程

参数设置完成之后，开始打印前的准备工作。依次穿戴好防护装备：防护服、护目镜、防毒面具、防护手套。防护装备穿戴好后准备工具：六角扳手、塞尺、橡胶刮刀、打印基底、金属粉末瓶、毛刷、螺栓。

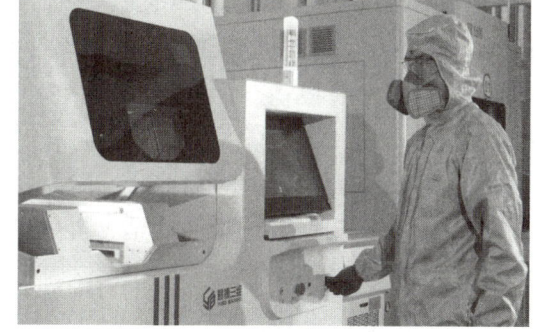

图 5-8　起动机器

1）起动机器，包括起动冷水机、起动主机、开启舱门，如图 5-8 所示。

2）安装基板，操作示意如图 5-9 所示。

3）装填粉末耗材，如图 5-10 所示。

图 5-9　安装基板操作示意图

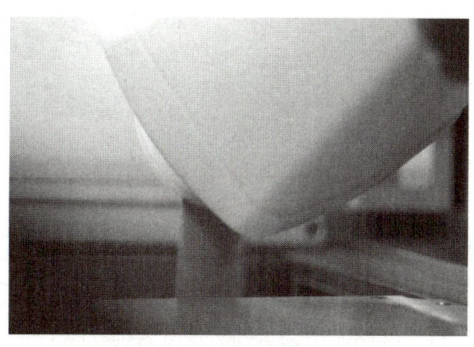

图 5-10　装填粉末耗材

4）安装刮刀，如图 5-11 所示。安装时不宜过紧，否则容易导致铺粉不均匀。

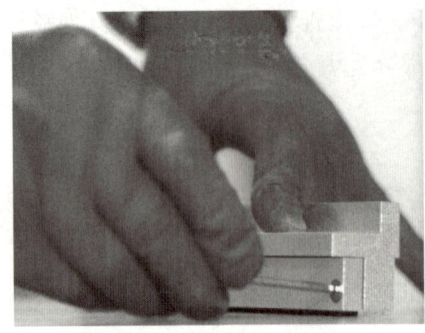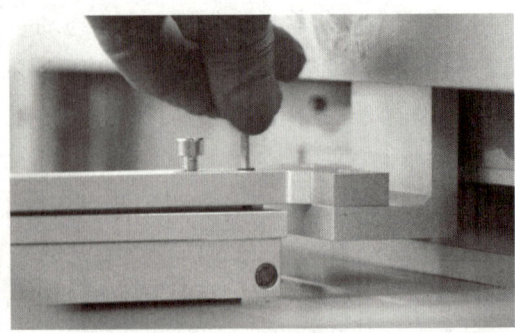

图 5-11　安装刮刀

5）调平，如图 5-12 所示，使基板与刮刀留有 0.05mm 的距离，铺粉时只有均匀的且薄薄的一层。

6）调平完成后将设备舱门关闭，如图 5-13 所示，并开启保护气体，将舱内氧气含量降低至 0.1% 以下。

7）待氧气含量降低至 0.1% 以下后，先单击"单层制造（START）（F2）"观察是否出光及出光效果、位置是否合适，再单击"多层制造（START）（F1）"开始打印，加工制造对话框如图 5-14 所示。

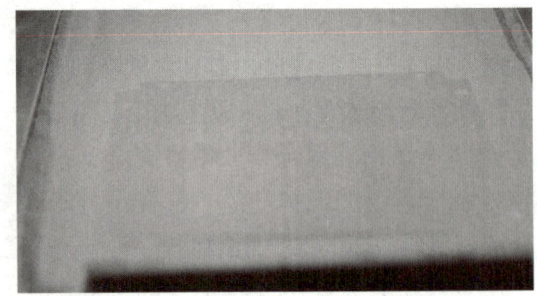

图 5-12　调平

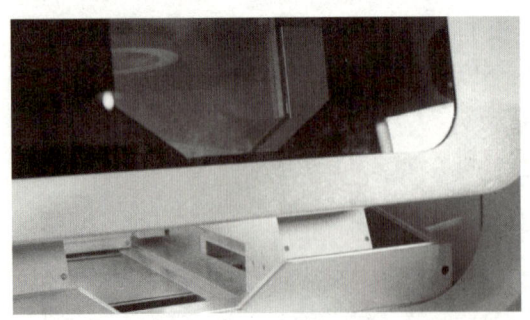

图 5-13　关闭舱门

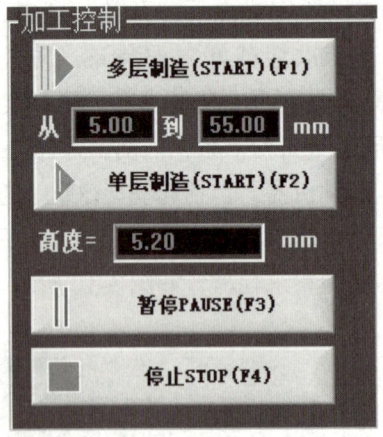

图 5-14　加工制造对话框

📅 分组考核

1）使用 SLM 成型设备时的注意事项有哪些？

2）如何进行 SLM 成型设备刮刀调平设置？

3）使用 SLM 成型设备，在装填金属粉末耗材时应注意什么？

任务 5　718 高温合金钢叶片的 SLM 增材制造

任务描述

通过教师讲解、查阅资料等熟悉高温合金钢叶片打印的工艺原理，通过分组讨论，总结本任务学习内容。

1. 718 高温合金钢叶片

718 高温合金钢（相当于我国牌号 3Cr2NiMo）是一种沉淀增强的镍基高温高强度合金。它在 −253~700℃ 的温度范围内具有良好的综合性能，在 650℃ 以下时，其屈服强度很高，并具有良好的耐疲劳性、耐辐射性、抗氧化性、耐蚀性。它已广泛用于航空、核能和石油行业，并发挥着很大的作用。

当 718 高温合金钢采用机械加工、锻造或焊接等传统制造方法时，在工艺开始前往往需要退火，部件的高温腐蚀、抗蠕变性等会受到影响。718 高温合金钢的增材制造结果表明，其力学性能没有改变，甚至可以超过铸造或锻造零件的性能。

718 高温合金钢由于切削温度高、加工硬化严重等问题，所以属于典型的难加工材料。对于航空航天应用中的复杂几何形状，718 高温合金钢零件的制造往往非常困难且成本高昂。

SLM 工艺将高性能光纤激光聚焦到直径为 80~100μm 的光斑范围内，高功率照射金属粉末，使其迅速融化成液态，在激光扫描过后，凝固成金属实体。该实体致密度高、性能优越，对难加工金属、复杂结构具有明显的制造优势。

在涡轮的实际制造中，经常会出现叶片损坏的情况。本任务将通过 SLM 工艺制造三片用于替换损坏叶片的涡轮叶片，以节约成本与时间。

2. 工艺分析

不同材质的零件，其生产工艺过程和参数各不相同，应考虑对零件的要求、使用工况，进行材料和打印设备的选择，确定合理的成型方向和支撑添加方案，选择合理的工艺参数，并正确填写增材制造工艺指示单，见表 5-2。

表 5-2　增材制造工艺指示单

产品名称	涡轮叶片	编号		工期	12h
材料	718 高温合金钢	数量	3 件	数模来源	扫描逆向
设计员		日期		重量	
序号	工艺名称	工艺要求		备注	
1	模型摆放姿态	保证打印成型，优化打印时间，优化支撑数量			
2	添加支撑	选择支撑大小，合理设置支撑的参数			
3	制订工艺	根据零件的需要制订工艺			
4	设置切片参数	根据需要设置打印的切片参数			
⋮					

根据当前任务的三维模型的特征，进行工艺分析，确定加工制作的思路，具体如下：

1）获取制件三维模型数据。
2）调整模型摆放姿态，确定模型成型方向，一般考虑倾斜摆放。
3）根据模型大小、复杂程度、成型方向等因素，考虑使用支撑的数量和大小。
4）设置合理的切片参数。
5）利用软件进行切片运算。
6）操作 IGAM-I 金属 3D 打印机进行打印制作。
7）观察打印机加工情况，判断继续打印还是中止打印。
8）打印成功，清理打印平台，将打印的工件取出来，进行后处理操作。
9）完成后处理操作后，制件制作完成。

3. 切片处理

1）获取三维模型文件，一般为 STL 格式。将模型的 STL 格式文件导入到软件中，首先调整角度，将模型摆放到合适位置，如图 5-15 所示。

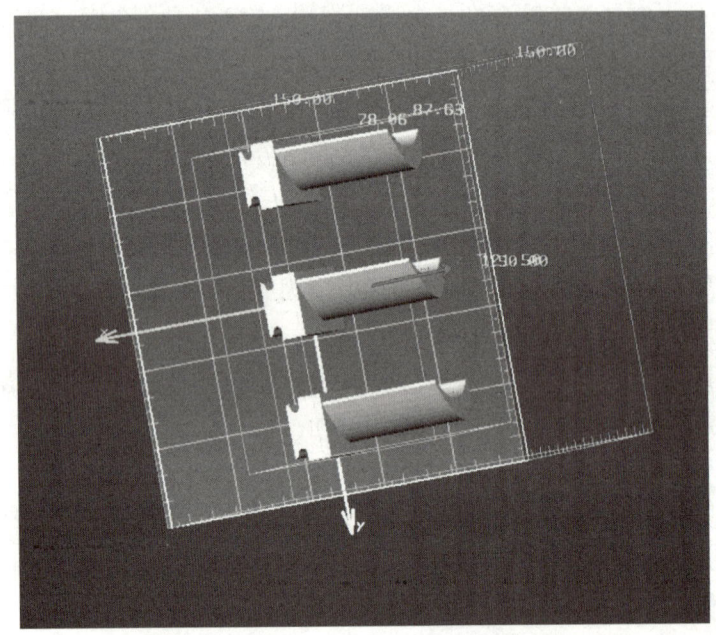

图 5-15 导入模型并摆放好

2）添加支撑。单击"支撑"→"生成支撑"，如图 5-16 所示，生成支撑后的模型如图 5-17 所示。

3）在设备控制软件中，进行打印参数设置，如图 5-18 所示。

4）参数设置完成后，操作设备开始进行打印前的准备工作。此过程中，操作人员及在场人员务必戴好口罩。

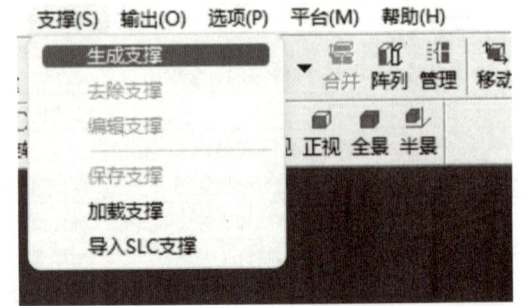

图 5-16 生成支撑对话框

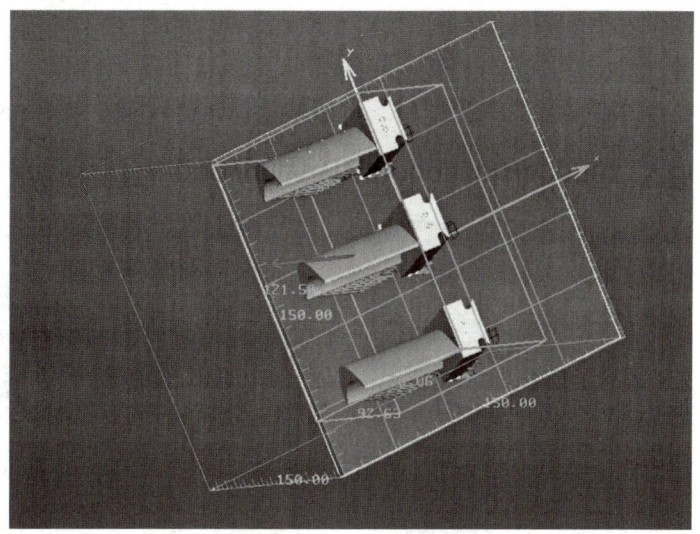

图 5-17 生成支撑后的模型

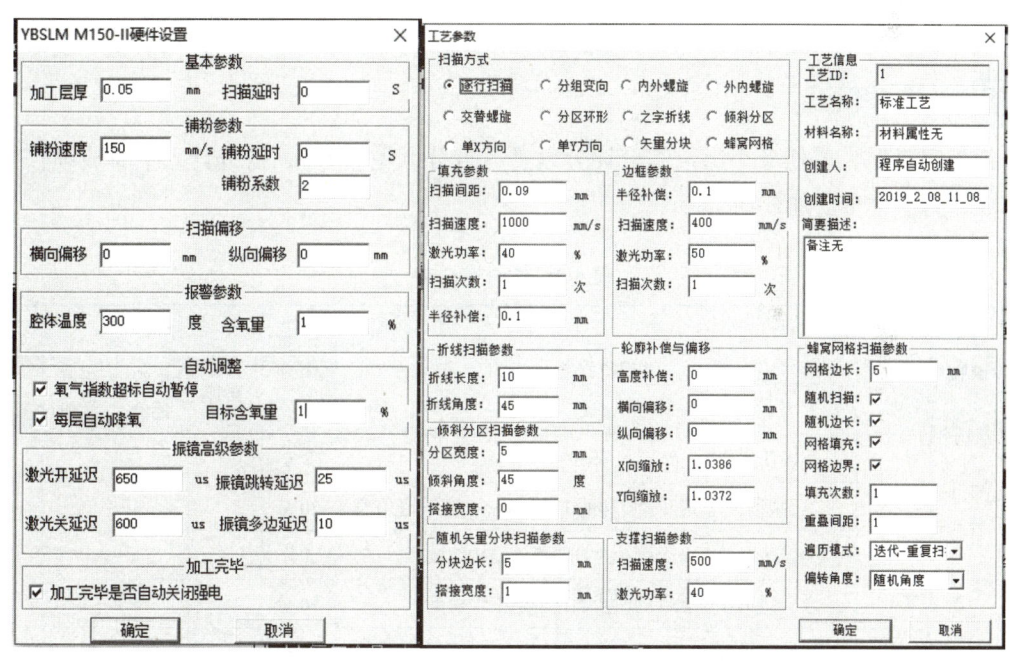

图 5-18 打印参数设置

5）打印完成后，清理打印平台，清理工件上多余的金属粉末，如图 5-19 所示，取出打印成型的成品，如图 5-20 所示。

6）对打印的成品进行后处理 支撑用偏口钳剪除即可，再用线切割方法将工件与平台分离，最后对工件进行后处理。

7）打印完成后清扫设备和实训室

① 将打印机内、外有粉尘附着的部位擦拭干净，激光镜头及传感器探头用擦镜纸沾少

量异丙醇进行擦拭，铺粉小车两侧钢带用无纺布擦拭干净，确保无砂粒，工、量具和相关物品摆放整齐。

② 实训室的场地清扫干净，确保地面、桌面无粉尘，关好门窗，设备断开电源。

图 5-19　清理打印平台

图 5-20　打印成型的成品

任务评价

任务完成后，各任务小组按综合评分表进行打分，见表 5-3，得分计入平时成绩，作为期末成绩的一个重要加权项。

表 5-3　综合评分表

评价模块	序号	评价标准	配分	评分			得分
				自评	小组评价	教师评价	
理论知识（30分）	1	完成任务分析	5分				
	2	熟悉高温合金钢叶片打印的工艺过程，制订工艺方案	20分				
	3	初步认识高温合金钢叶片打印机的结构组成	5分				
实操技能（50分）	4	学会使用建模软件的图元工具创建三维模型	10分				
	5	能够使用文字工具创建标签	10分				
	6	用进行切片处理中基本参数的设置	15分				
	7	后处理方法正确、工具使用合理、工作环境整洁	15分				
职业素养（20分）	8	遵守课堂纪律，服从指导教师和小组组长的安排	5分				
	9	不迟到、不早退、不旷课	10分				
	10	课堂讨论阶段能主动积极，与同学相互配合	5分				

项目 6　增材制造产品后处理

项目引入

增材制造产品是通过逐层打印成型的，在分层制造中会产生台阶效应，因此会有一定厚度的多层台阶。制件模型表面出现的这些台阶会直接影响其表面质量。为了更好地解决增材制造产品的表面质量问题，需要对模型进行后处理操作。本项目通过最常见的 FDM 工艺制品和光固化成型工艺制品介绍增材制造产品的后处理流程、基本操作和注意事项等。

学习目标

◆ 知识目标
1. 理解增材制造产品的后处理过程。
2. 掌握增材制造产品后处理的基本流程。
3. 掌握增材制造产品后处理的基本操作。
4. 认识后处理工具并学会合理运用它们。
5. 了解增材制造产品后处理的注意事项。

◆ 技能目标
1. 能正确使用工具进行后处理操作。
2. 能正确完成常见增材制造工艺制品的后处理操作。
3. 根据增材制造产品的实际情况合理选择后处理工艺流程。

◆ 素养目标
1. 培养严谨、精益求精的工匠精神。
2. 养成安全使用设备和工具的良好职业习惯。

任务 1　认识后处理

任务描述

通过教师的讲解、查阅资料等熟悉增材制造产品后处理的原则和要求，熟悉增材制造产品后处理常用的工具，熟悉增材制造产品后处理的基本流程，通过分组讨论，总结本任务学习内容。

1. 后处理的原则与要求

对于不同增材制造工艺技术，所对应的后处理工艺也有所区别，但都要遵循以下几条原则。

1）去支撑时，应遵循先易后难、先粗后细、先大后小的原则。先快速拆除大部分的支撑，然后再对剩余的、难拆除的、细小的支撑进行逐一拆除。

2）打磨时，应遵循先粗后细、先大后小的原则。先使用目数较小的粗砂纸进行打磨，然后逐一过渡到目数较大的细砂纸；先打磨面积较大的区域，然后再处理面积较小的区域。

3）抛光时，应遵循先大后小的原则。先抛光面积较大的区域，然后抛光面积较小的区域。

4）上色时，应遵循先浅后深、先大后小的原则。先对颜色较浅的区域进行上色，然后是颜色较深的区域；先对大面积的区域上色，然后是小面积区域。

在增材制造后处理过程中，除了需要遵循上述原则外，为保证后处理过程顺利、完整地进行，还需要注意以下几点要求。

1）确保按照正确的流程进行后处理。

2）去除支撑时，要尽量保证不伤及制件主体。

3）打磨制件表面时，要尽量保证制件外观尺寸。

4）制件粘合、表面修复，需要配合打磨操作并且预留好打磨的余量。

5）制件表面抛光时，要尽量保留微小特征。

6）制件表面上色，要注意色彩搭配。

2. 后处理常用工具

增材制造后处理的常用工具包括：偏口钳、铲刀、锉刀、刻刀等，不同的工具在整个后处理的过程中扮演着不同的角色。

1）偏口钳，有剪断丝材、去处支撑等功能。

2）铲刀，有剥离工作台上的制件、清理工作台等功能。

3）锉刀，有清除打印件上的锐边、毛刺，打磨取出支撑后的制件表面等功能。

4）刻刀，有去除支撑、处理表面等功能。

若对制件有较高的后处理要求，则可以选用专业的多功能后处理工具箱。多功能后处理工具箱可用于增材制造工艺制件的支撑去除、打磨、上色、打孔、切割等，几乎满足了全类型增材制造工艺制件的后处理要求。多功能后处理工具箱内部设有4层高强度海绵板，用于放置工具，内装20多种工具，如图6-1所示。

多功能后处理工具箱的使用模式简介：

模式一：在工作条件有限时，可取出箱内的小马扎和切割垫板，将垫板放置在工具箱表面，将工具箱作为简易工作台使用。

模式二：将内部工具取出，将工具箱折叠后作为工具板（表面放置切割垫板）或直接作为储物箱。

模式三：直接将工具箱作为凳子使用，工具箱可承受150kg的压力。

图 6-1　多功能后处理工具箱

多功能后处理工具箱内部布局如下：

第一层：存放喷漆颜料（包含半光色、金属色、消光色、透明色等）、水性补土和刻刀套件组，如图 6-2 所示。

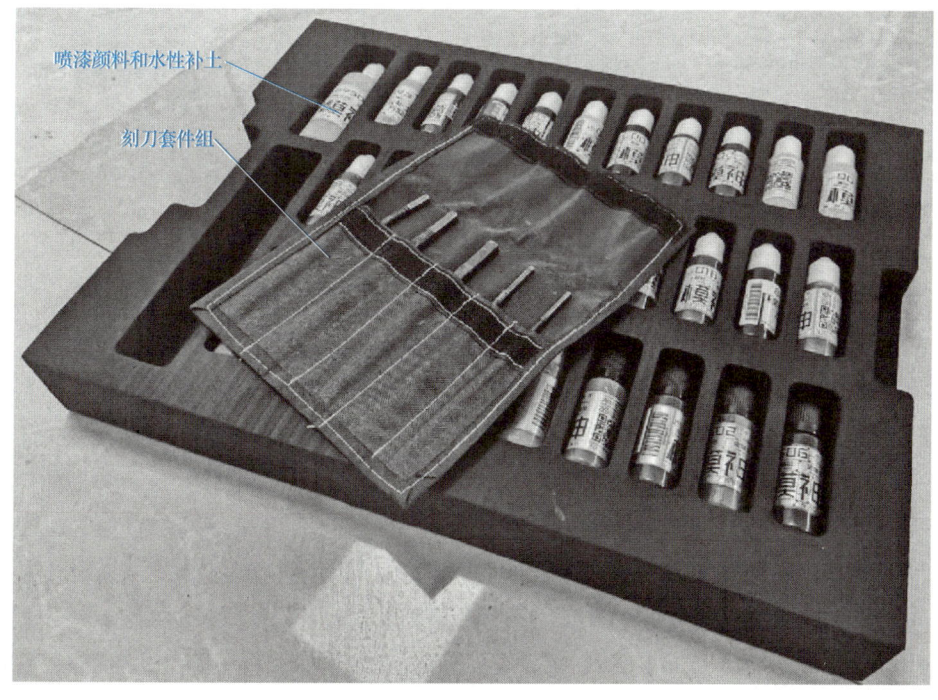

图 6-2　第一层

第二层：存放喷枪、金刚砂磨针套组、12色丙烯颜料、画笔6件套、镊子、AB胶、尖嘴钳、偏口钳、喷枪清洗液、颜料稀释液，如图6-3所示。

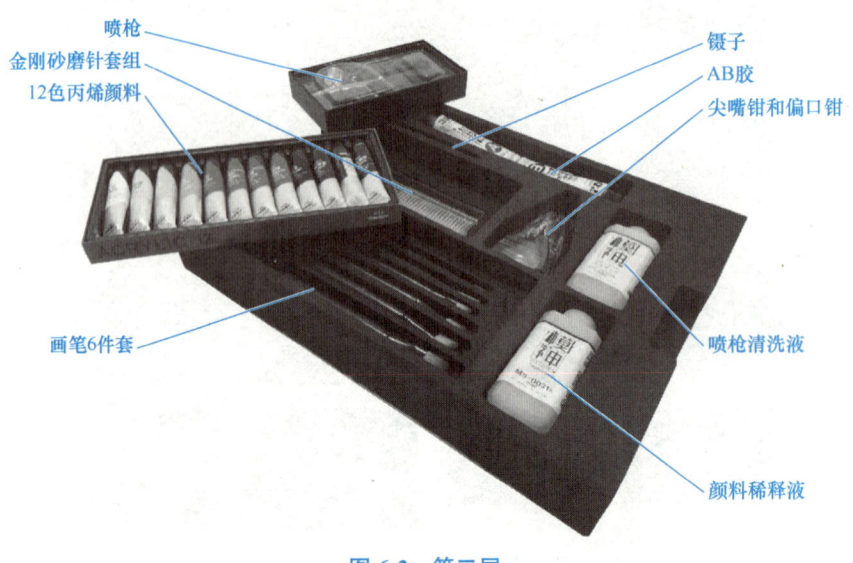

图 6-3　第二层

第三层：存放护目镜、后处理辅助道具（棉签、接水盘、调色棒、滴管、上色夹、带盖小瓶）、漆、一次性口罩、一次性手套、整形锉一套，如图6-4所示。

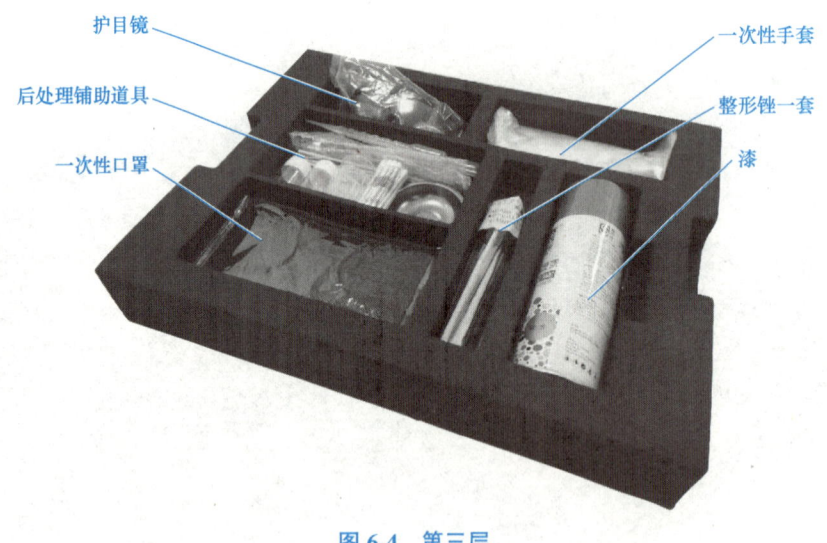

图 6-4　第三层

第四层：存放油水分离器、气泵、气泵电源、连接软管、遮盖胶带、AB补土、上色转盘、调色皿、小台虎钳，如图6-5所示。

除此之外，多功能后处理工具箱内还存放有切割垫板、砂纸一套、电动打磨工具一套、小马扎等实用工具。

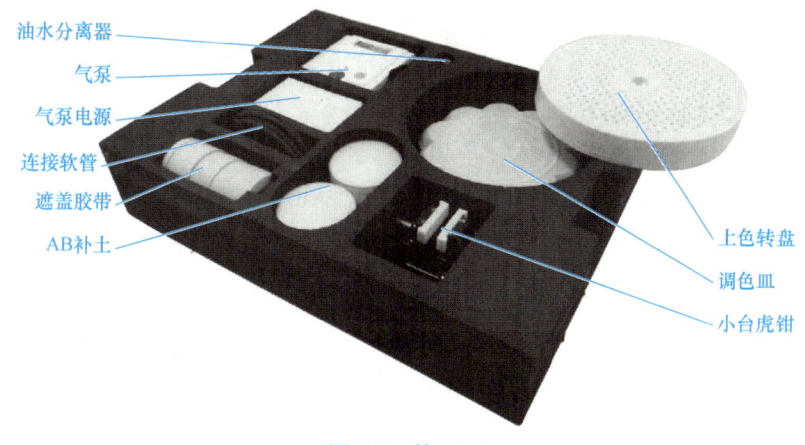

图 6-5 第四层

3. 后处理流程

通过表 6-1，可以了解增材制造的典型成型工艺后处理流程，可根据不同成型工艺选择不同的后处理工艺。

表 6-1 增材制造典型成型工艺的后处理流程

后处理流程		增材制造典型成型工艺		
		FDM	SLA/DLP/LCD	SLS
去除支撑	手动去除	√	√	
	溶剂溶解去除	√	√	
去除残余树脂	溶液清洗		√	
去除/回收粉体颗粒	压缩空气去除			√
	手动刷除			√
后固化	加热		√	
	自然光照/紫外光照		√	
修补表面缺陷	手动填充、固化树脂	√	√	
	手动填充补土	√		
表面抛光	砂纸打磨	√	√	√
	电动打磨	√	√	√
	化学蒸气/溶液	√	√	
	湿法打磨		√	
	振动抛光			√
	喷砂打磨			√
底漆及颜色	喷漆	√	√	√
	浸染	√	√	√

分组讨论

1）后处理的基本原则有哪些？
2）后处理的基本要求是什么？
3）对于FDM成型工艺制件的后处理需要用到哪些工具？
4）根据光固化成型工艺制件的特点，拟定一套专用的后处理工具箱工具清单。
5）FDM成型工艺与光固化成型工艺的后处理流程有哪些不同？有哪些相似之处？

任务2 支撑的去除与支撑点的处理

任务描述

通过教师讲解、查阅资料等熟悉增材制造典型成型工艺的支撑去除方法、所用工具和注意事项，熟悉支撑去除和支撑点处理的操作，通过分组讨论，总结本任务学习内容。

1. 去除支撑的常用方法

根据零件特征及添加支撑的工艺，可以考虑先用手小心去除支撑（注意：去除较硬或者较脆的支撑时，小心划破手）。对于较硬或较密集的支撑，可以选用尖嘴钳、斜口钳或者镊子去除，如图6-6所示。在去除过程中，应保证自身的安全和制件的完整度。如果是光固化成型技术制件，对于比较脆的树脂材料，建议在二次固化处理前去除支撑。

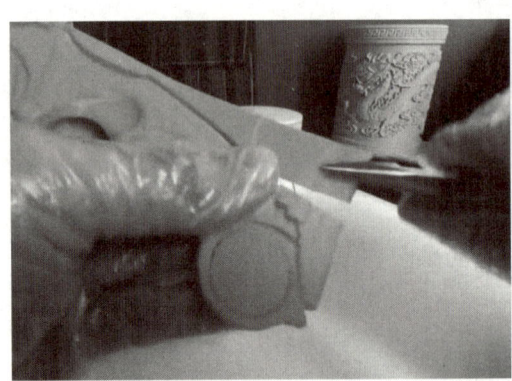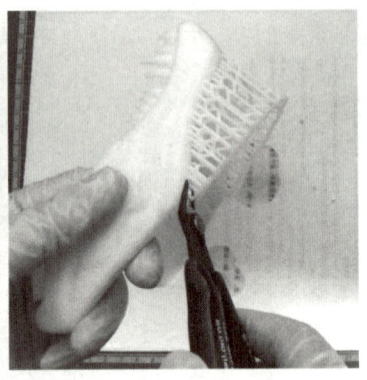

图6-6 使用尖嘴钳、斜口钳或者镊子去除支撑

相对于普通耗材作为支撑材料之外，还有水溶性耗材，如PVA（聚乙烯醇）材料作为支撑材料，其去除过程如图6-7所示。这种耗材浸入水中后会完全溶解，不但增加了模型的设计自由度，而且去除非常方便。虽然可溶性支撑更容易去除，但是需要配合使用双色3D打印机，如图6-8所示。

2. 处理支撑点的常用方法

利用工具拆除大部分支撑后，剩下部分残留的，尤其是残留的支撑点，可以用刻刀刮干净,如图 6-9 所示。一定要注意刻刀的用法——刮和推。切忌用力过大,否则容易损伤模型或者伤及操作者。对于较硬的、支撑点较大的,也可以考虑采用偏口钳或者锉刀去除,要注意尽量保证不伤及制件主体。

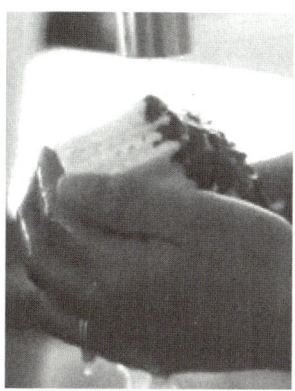

图 6-7 水溶性支撑的去除过程

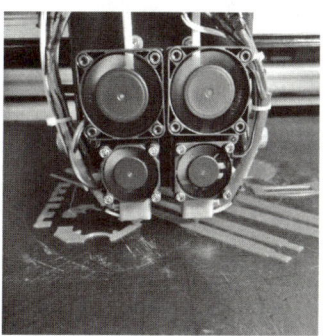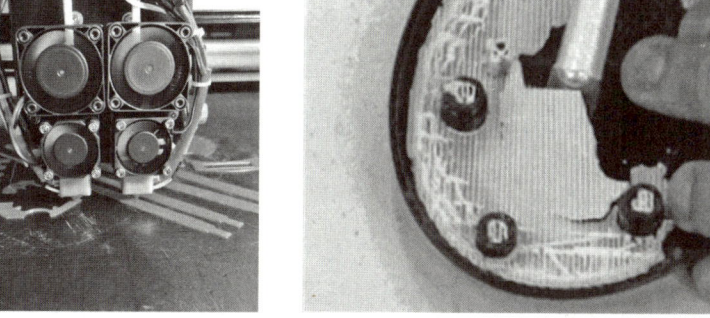

图 6-8 双色 3D 打印机　　　　　　　图 6-9 刻刀

3. 去除支撑的注意事项

1)进行操作前佩戴好手套、护目镜等防护用具。
2)确保按照正确的流程进行后处理。
3)拆掉的支撑建议单独存放。
4)规范使用工具,不要伤及自身及他人。
5)工具用完后及时放回存放处。

榜样力量

"中国精度"

精密之眼:纳米时栅测量精度最高为 ±0.06″。

毫厘之功:极小径铣刀直径为 0.01mm。

平移之准：客运站搬家平移精度为 <2mm。

平衡之舞：转子磁轭叠装偏差为 <0.02mm。

太空之吻：微波雷达百公里距离测角精度为 0.1°。

从"中国制造"到"中国创造"，从"中国速度"到"中国质量"，从"中国产品"到"中国品牌"，越来越多的中国品牌享誉世界，成为闪亮的国家名片。我国稳居世界第一制造业大国的地位，一个个大国重器、精密工艺、重磅基建，铸就新时代的中国实力。创新创造的背后，是一代又一代大国工匠的接续奋斗，他们用匠心丈量着"中国精度"，让中国制造上天入地、穿梭时空，淬炼出一个更高质量、更高水平的极致中国。

分组讨论

1) 如何快速有效地进行支撑去除？
2) 是否可以通过打印参数的设置来减少非必要支撑？
3) 进行打印制作时，是否有必要设置支撑？
4) 进行打印制作时，是否必须设置支撑？

任务 3　光固化成型制件的清洗、二次固化及拼接

任务描述

通过教师讲解、查阅资料等熟悉光固化成型制件的清洗方法和过程，熟悉光固化成型制件的二次固化操作，熟悉光固化成型制件的拼接方法和操作，通过分组讨论，总结任务学习内容。

1. 光固化成型制件的清洗方法及操作

光固化成型工艺的材料一般为液态光敏树脂，整个成型过程是在液态光敏树脂中进行的，因此制件加工完成之后需要对制件进行清洗处理。可以作为液态光敏树脂清洗剂的溶剂有乙醇、乙酸乙酯、二乙二醇丁醚等。考虑到经济实用性，一般使用浓度为95%的乙醇作为清洗剂。

光固化成型制件的清洗步骤如下：

1) 准备好所需工具：护目镜、口罩、医用橡胶手套、浓度为95%的乙醇、清洗槽、铲刀、毛刷、垫板等，如图6-10所示。注意：进行清洗操作前需要佩戴好护目镜、口罩、医用橡胶手套等防护用具。

图6-10　清洗工具

2）取下打印平台，用无纺布或者纸巾擦拭残留在打印平台表面和制件表面的树脂，可以快速去除大部分的残留树脂，如图 6-11 所示。

3）使用铲刀将制件从打印平台上取下，如图 6-12 所示。注意：正确使用铲刀，铲刀不能卷边，以免划伤打印平台，取下制件的过程中不要划伤制件主体。

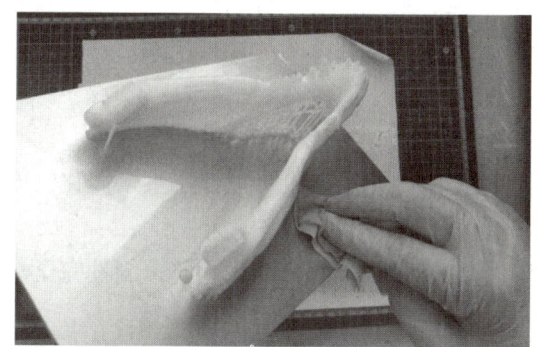

图 6-11　擦拭残留的树脂

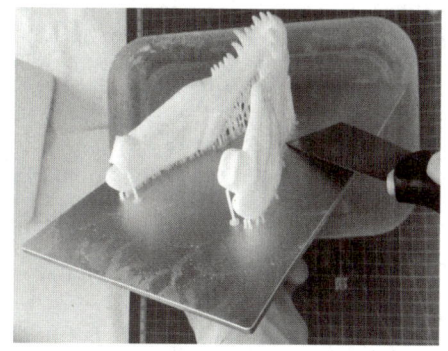

图 6-12　取下制件

4）使用毛刷等工具沾乙醇溶液清洗打印平台，然后使用干净的无纺布或者纸巾将打印平台擦拭干净，如图 6-13 所示。清理干净的平台可以放回设备，准备下次打印。

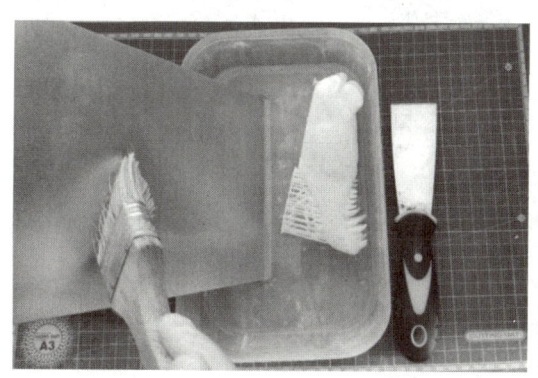

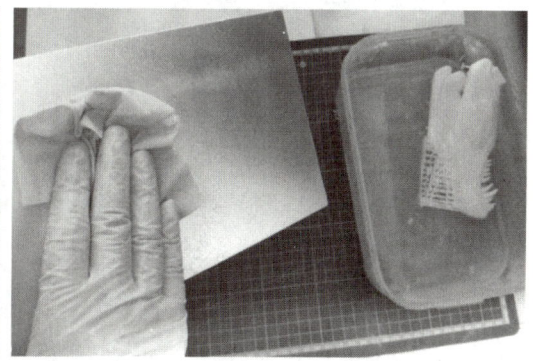

图 6-13　用乙醇溶液清洗、纸巾擦拭打印平台

5）将取下来的制件放入装有乙醇清洗剂的清洗槽内，使用毛刷等工具进行表面清洗，如图 6-14 所示。一般使用干净的乙醇清洗两遍可以使制件表面清洁且无树脂残留。注意，乙醇是易燃易爆物品，使用完毕后要妥善处理。

6）清洗操作完成后，将制件静置晾干或吹干。可以通过以下方法判断是否清洗干净。

① 观察制件表面有无明显反光区域，

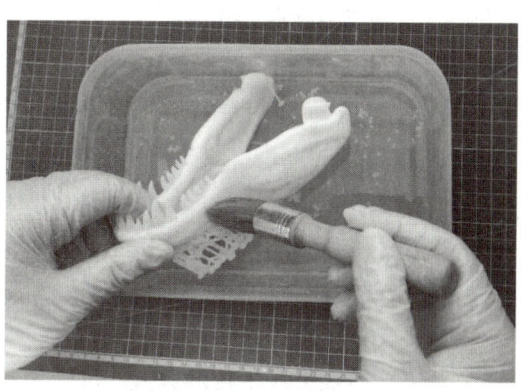

图 6-14　制件表面清洗

若有则未清洗干净。

② 制件表面有无粘黏感,若有则未清洗干净。

2. 光固化成型制件的二次固化操作

光固化成型工艺的制件一般在打印完成、进行清洗操作之后,还需要增加一个二次固化的工艺。因为在光固化成型设备中发生的固化反应只是让制件成型,并没有完全固化,在取下制件之后需要使用一定波长的紫外光进行二次固化。完全固化之后的制件才能达到树脂材料所能体现的物理性能和化学性能。

二次固化的操作步骤如下:

1)准备好二次固化的固化箱,可以使用隔水固化的固化箱,也可以使用直接固化的固化箱。两者的区别在于隔水固化的固化箱在二次固化时产生的形变相对较小。

2)将清洗干净的制件放入固化箱,这里使用的是可以隔水固化的固化箱,制件完全浸没在水中,如图 6-15 所示。

3)设备固化时间,等待固化完成,并使用紫外灯辅助,如图 6-16 所示。固化时间一般设置为 1~10min。

图 6-15　制件放入隔水固化的固化箱

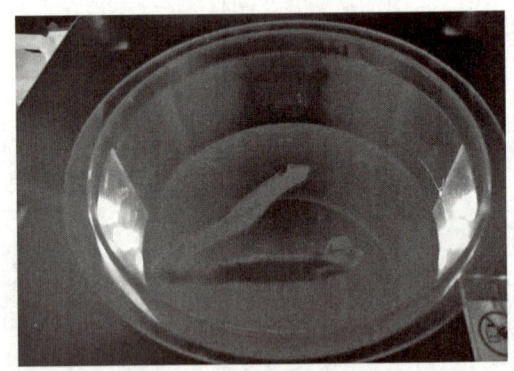

图 6-16　紫外灯辅助固化

4)固化完成,取出制件,如图 6-17 所示。进行二次固化后的制件,其表面质感、光滑程度、硬度等有明显的提升。

3. 光固化成型制件的拼接

在进行后处理的过程中,难免会出现制件断裂、损坏,或者受限于设备大小只能拆分打印等情况,使得最终的制件不是一个整体。此时,可以对制件进行拼接处理。对光固化成型制件进行拼接处理的方式一般有以下三种。

1)利用螺钉、螺母进行拼接的方式(见图 6-18)。螺纹连接是一种广泛使用的可拆卸的固定连接,具有结构简单、连接可靠、装拆方便等优点。被连接的制件在连接处不能相对移动,但可以相对转动。对于性能较好的树脂材料,例如特种工程树脂,可以直接在制件表面打孔、攻螺纹,方便进行螺纹连接。

2)利用黏结剂进行拼接的方式(见图 6-19),如焊接剂胶水拼接。焊接剂胶水是用环氧树脂、聚硫橡胶等配合制成的,具有高强度的粘接性能,粘接物固化后完美无痕,无需加热,可常温固化,环保无毒,能粘住很多东西,适用于较小的模型。

图 6-17 固化完成,取出制件

图 6-18 螺纹连接的拼接方式

3)利用树脂材料进行拼接的方式(见图 6-20)。用滴管取适量液态树脂材料于制件连接处,所取树脂材料应尽可能与制件所用材料一致。调整好拼接位置,然后使用紫外线手电灯照射拼接处,使液态树脂发生固化,从而完成拼接。注意:操作时应佩戴护目镜。

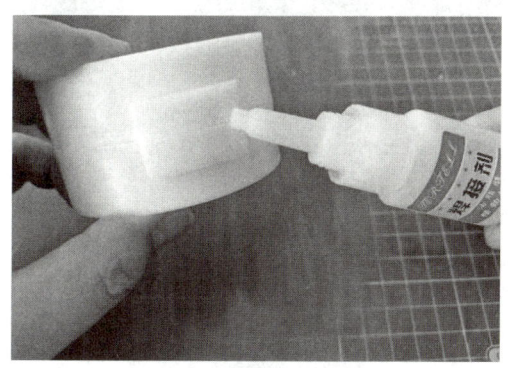

图 6-19 黏结剂拼接的方式

图 6-20 树脂材料拼接的方式

分组讨论

1)光固化成型制件必须进行清洗吗?
2)光固化成型制件可以用清水清洗吗?
3)光固化成型制件可以不进行二次固化吗?
4)光固化成型制件如何拼接?

任务 4 制件表面打磨、补土修复与表面抛光

任务描述

通过教师讲解、查阅资料等熟悉增材制造产品表面打磨的方法和操作,熟悉增材制造产

品如何使用补土修复，熟悉增材制造产品表面抛光的方法和操作，通过分组讨论，总结本任务学习内容。

1. 制件的表面打磨

在增材制造产品后处理的过程中，最常见的一道工序就是打磨，打磨也是非常消耗时间的一道工序。一般来说，增材制造产品的加工都伴随有支撑，设置了支撑的接触面在去除支撑之后，往往需要进行打磨处理，从而降低支撑接触面的表面粗糙度值，使之更加光滑。打磨工艺遵循由粗到细的过程，应根据制件大小、制件表面复杂程度、经济效益和效率等要求，综合选择打磨方式。

常见的打磨方式有以下三种。

（1）用砂纸进行打磨 根据制件表面的粗糙程度选择不同目数的砂纸进行打磨，如图 6-21 所示。根据磨粒的大小，砂纸可分为不同的型号、目数，目数越小磨粒就越大。如果在粗打磨时采用当前目数砂纸制件表面划痕明显，则需要换成目数更大的砂纸进行打磨。

 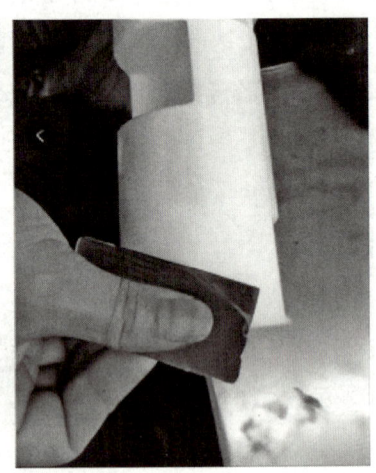

图 6-21　用砂纸打磨

> **知识拓展**
>
> **砂纸的目数和型号**
>
> 砂纸的型号用目数表示，即在 $1in^2$ 的面积上筛网的孔数。常用的砂纸型号有 80 目、100 目、120 目、180 目、220 目、280 目、320 目、400 目、500 目、600 目等多种。细砂纸用于精细打磨，其型号通常有 800 目、100 目、1200 目、1500 目、2000 目、2500 目等多种。目数越大代表孔数越多，打磨更加精细。

（2）利用锉刀进行打磨 根据制件表面的粗糙程度选择不同齿纹粗细的锉刀进行打磨。

（3）珠光处理 珠光处理是手持喷嘴朝着抛光对象高速喷射介质小珠，从而达到打磨的效果，如图 6-22 所示。珠光处理一般比较快，5~10min 即可完成，处理后的产品表面光滑，比打磨的效果要好，而且根据材料不同还有不同的效果。

2. 制件的补土修复

增材制造的制件出现断层或是残缺，如果面积不大，可采用补土进行修复，如图 6-23 所示。补土是在模型制作加工过程中，为了消除模型表面的裂痕、缝隙等瑕疵或者为了表现出某种效果，需要进行的一种操作。

补土分为可塑形的 AB 补土、填缝用的牙膏补土，还有帮助上色及填补细缝的水补土等。相对于较大的缝隙与残缺，一般可以使用 AB 补土进行修复。使用时，将 A 补土与 B 补土等比例混合填补到残缺处。AB 补土的优势在于它的可塑性强且硬化后不会收缩。

图 6-22 珠光处理

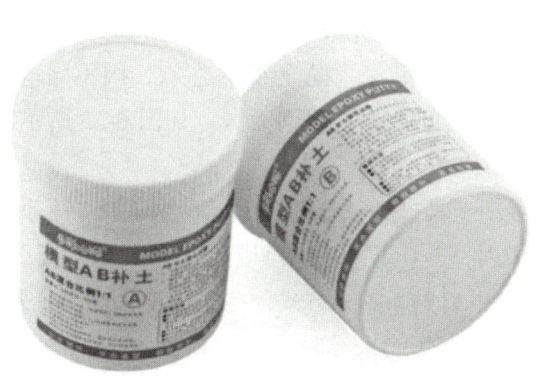

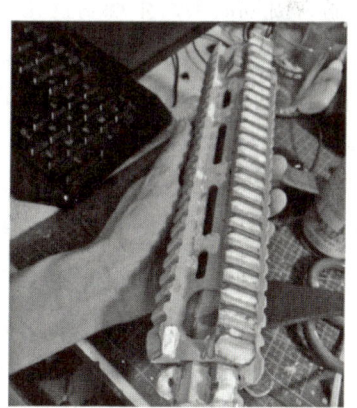

图 6-23 补土修复

3. 制件的表面抛光

增材制造的制件一般在经过打磨处理之后就可以达到普通的使用要求了。根据制件的应用场景及要求，也有需要进行抛光处理的。抛光是指利用机械、化学或电化学的作用，使工件表面粗糙度值降低，以获得光亮、平整表面的加工方法，是利用抛光工具和磨料颗粒或其他抛光介质对工件表面进行的修饰加工。抛光不能提高工件的尺寸精度或几何形状精度，而是以得到光滑表面或镜面光泽为目的，有时也用以消除光泽（消光）。进行抛光处理的制件也为后续喷漆和上色提供了有利条件。

常见的抛光处理的方式有以下六种。

（1）利用高温气流进行抛光 通过热风枪产生的高温气流对模型表面进行简单的抛光处理。值得注意的是，热风枪温度不宜过高，否则会使模型表面软化，甚至炭化。

（2）利用机械振动进行抛光 使用振动抛光机进行抛光，或者使用离心抛光机进行抛光，主要原理是通过介质与模型之间的碰撞摩擦实现抛光。图 6-24 所示为金属制件振动抛光前后效果对比图。

图 6-24　金属制件振动抛光前后效果对比

（3）砂纸打磨进行抛光　逐步使用目数较大的砂纸对制件进行打磨，实现抛光处理。

（4）珠光处理进行抛光　更换介质小珠进行打磨，使表面光滑，达到抛光处理效果。

（5）化学蒸气抛光　化学蒸气抛光的原理并不复杂。接触溶剂蒸气后，打印件的表面会发生溶解，凝固后会产生均匀且光滑、平整的表面。

（6）利用抛光液进行抛光　使用3D打印模型抛光液也可以实现抛光。将抛光液放入操作器皿后，用铁丝或者绳子拴住模型底座，将模型浸入抛光液 8s 左右，因不同地区温度和环境影响，可根据需要的抛光效果适当调整时间，不宜浸泡太久。如图 6-25 所示为抛光液处理前后对比。

常见的打磨与抛光方法也可以分为手动工具打磨、电动和气动打磨工具。手动打磨，操作方法灵活、方便，但不适用于复杂结构制件。电动、气动工具打磨的工作效率高，但是不利于精密控制。根据制件的实际情况选择合适的打磨、抛光方式，在提高效率的同时保证制件质量，如对于大面积的简单表面可以使用电动、气动工具，细节部分可以手动打磨，提高效率。

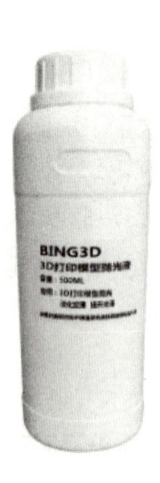  

图 6-25　抛光液处理前后对比

项目6 增材制造产品后处理 147

分组讨论

1）增材制造产品有哪些表面打磨的方法？
2）简单描述如何进行补土修复。
3）可以不进行打磨操作，直接进行抛光处理吗？
4）哪些抛光处理的方式简单易操作？

任务 5 制件表面喷漆与上色

任务描述

通过教师讲解、查阅资料等熟悉增材制造产品表面喷漆的方法和操作，熟悉增材制造产品表面上色的方法和操作，根据增材制造产品要求合理选用喷漆的材料或者上色的材料，根据增材制造产品要求合理选用喷漆工具或者上色工具，通过分组讨论，总结本任务学习内容。

增材制造产品的上色处理包括手工上色、喷漆、浸染、电镀、纳米喷镀等工艺。在产品塑造之前，可以利用有色 PLA 耗材、有色 ABS 耗材、全彩砂岩、多彩塑料等进行彩色产品塑造。

增材制造产品上色的一般流程如图 6-26 所示。

（1）获取制件模型　增材制造产品加工好之后，还需要经过去支撑、清洗、打磨、抛光等后处理工序，这样得到的制件模型进行上色处理效果更好。

（2）获取配色图样　一般可以通过以下几种方式获得配色图样。

1）通过网络搜索相关模型获取。
2）运用所学知识自己设计。
3）边调边做，临时发挥。

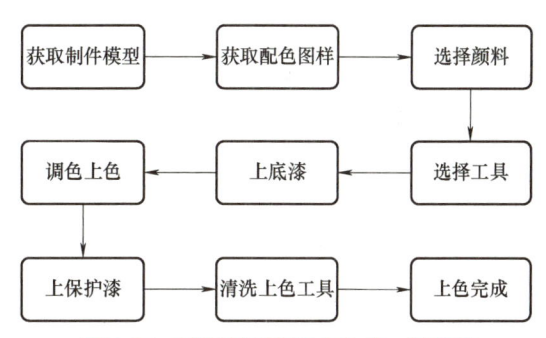

图 6-26　增材制造产品上色的一般流程

（3）选择颜料　可以用于增材制造产品上色的颜料有很多，主要是由矿物粉末及相关成膜固化溶剂混合而成的。主流的上色用颜料主要有硝基漆、珐琅漆、亚克力漆、丙烯等，可以参考表 6-2 进行挑选。

表 6-2　主流的上色用颜料的对比

颜料		硝基漆（油性）	珐琅漆（油性）	亚克力漆（水性）	丙烯（水性）
特性	干燥速度	★★★	★	★★	★★★
	漆膜强度	★★★	★★	★	★★★

（续）

颜料		硝基漆（油性）	珐琅漆（油性）	亚克力漆（水性）	丙烯（水性）
特性	颗粒程度	★★★	★★★	★★	★
	流动性	★★	★★	★★★	★★
	低毒环保	★	★★	★★★	★★

下面简单介绍主流的上色用颜料。

1）硝基漆。硝基漆是一种油性漆，是使用较早且使用最广泛的颜料。它的漆膜强度很高，能够牢固地附着在接触面上，耐候性好，因此适用性很广。由于它干燥速度非常快，因此更适合喷涂，能够在更短的时间内完成涂装。需要注意的是，如果空气湿度较大，硝基漆喷涂更容易产生泛白现象。

注意：相对于其他颜料，硝基漆的毒性偏大，需要在通风环境及呼吸、体表防护下使用。

2）珐琅漆。珐琅漆也是油性漆的一种，得名于波斯传入中国的一种油性彩料。其色彩呈现上与珐琅彩很像，但是模型制作专用的珐琅漆会更加细腻。它的干燥速度较慢，往往用来做小面积笔涂。由于其与硝基漆互不相溶，因此可以配合使用。制作细节时，先用硝基漆喷涂细节色，再用珐琅漆喷大色块色彩，最后用擦拭棒沾少许珐琅漆稀释剂，慢慢擦拭细节，即可除去珐琅漆，露出底下的硝基漆色彩。

注意：珐琅漆毒性相对较小，但是有腐蚀性，漆膜强度也比硝基漆弱。

3）亚克力漆。亚克力漆属于水性漆，一般模型涂装用水漆就是指它。水性漆毒性较小，气味也很小，流动性较好，是一般模型说明书上建议使用的模型漆，笔涂和喷涂都很合适。

水性漆的缺点是色彩没有油性漆艳丽，如金属色、透明色的色彩表现没有油性漆好，同时它的漆膜强度也比较弱，容易被剐蹭掉。

4）丙烯。丙烯是乳胶剂作为基底的，颜色表现比较鲜艳，可用水或酒精稀释。其干燥后会形成一层较韧的漆膜，同时色彩会略有加深。丙烯的特性使它可作为一种肌理颜料，对于比较强调表面粗糙有纹理的模型，如战车、木质船、水底物体等，丙烯可以做出亮眼的效果。

丙烯的颗粒较大且不均匀，一般在模型上色中难以涂色，因此难以用于喷涂，若需要喷涂则需要使用400~600目的滤网过滤。但其优点是毒性小，不误食即可，价格也便宜。图6-27所示为丙烯。

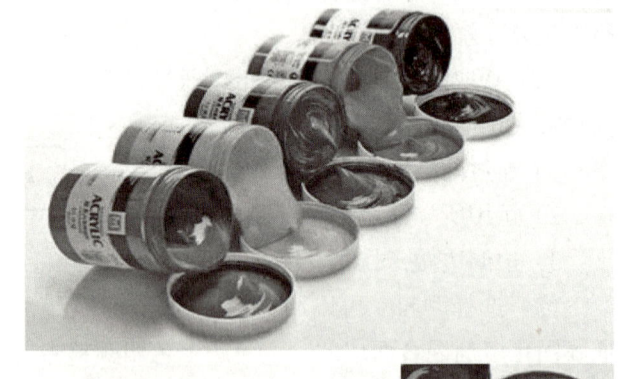
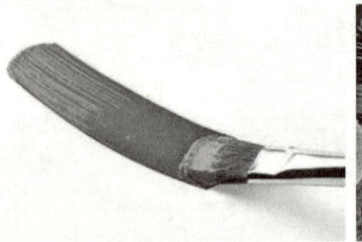

图6-27 丙烯

除了主流的颜料配合笔刷或者喷枪上色的方式外，还有可以直接进行上色的颜料笔，如模型上色专用马克笔，如图 6-28 所示。对于制件细节部分的上色与勾线，最佳的选择是马克笔。马克笔的颜色、种类十分丰富，价格不一。选用马克笔给制件上色时，建议挑选模型上色专用的马克笔，一般的水彩笔与马克笔差别还是很大的。

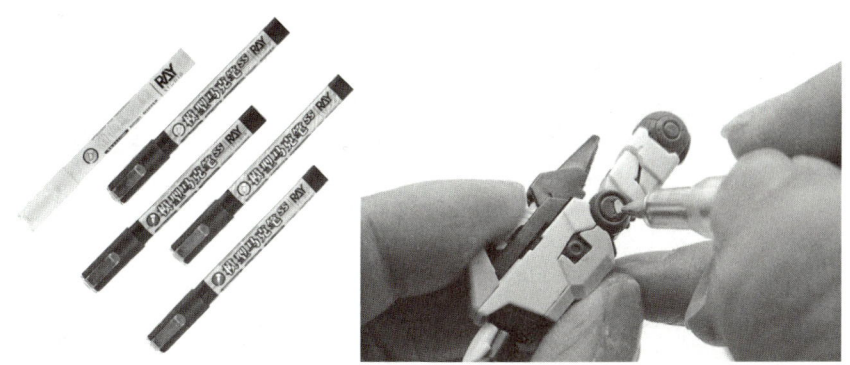

图 6-28　上色专用马克笔

马克笔主要分为油性马克笔与水性马克笔两种。相比较而言，油性马克笔上色更加均匀，颜色重叠过渡时也更加自然。马克笔的笔头有粗头和细头，最细的笔头直径仅有 0.03mm，是专门用来勾线的。

（4）选择工具　一般来说，上色分为两种方式：一种是笔涂，另一种是喷涂。对于笔涂的上色方式，用到的上色工具为笔刷和毛刷。图 6-29 所示为笔刷上色。

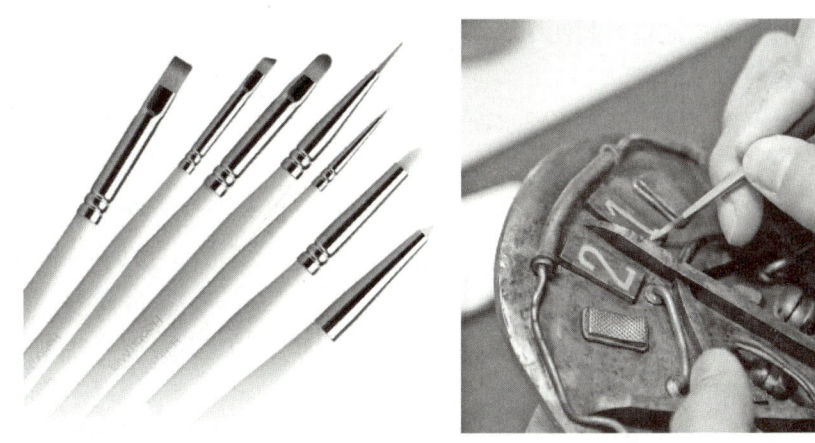

图 6-29　笔刷上色

对于喷涂的上色方式，用到的上色工具主要是喷笔和喷枪，如图 6-30 所示，也可以使用自喷漆代替喷涂。

除此之外，还有很多上色辅助工具，如上色夹、棉签、滴管、手指套、遮盖胶带、手套、调色皿、小量杯等，如图 6-31 所示。

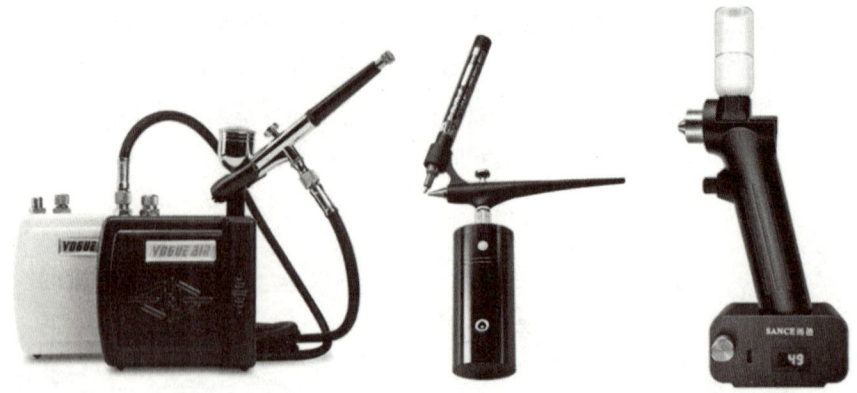

图 6-30　喷笔和喷枪

（5）上底漆　在增材制造产品上色前，往往会选择在制件表面覆盖一层底漆或者水补土，其作用如下：

1）提高抛光后制件表面的附着力，避免颜料脱落。

2）给深色模型换色。由于很多颜料的浅色覆盖力较弱，薄涂后会透出底色，厚涂会影响表面效果，因此需要使用底漆或者水补土对模型覆盖底色。

综上可以看出，对增材制造产品上色前进行上底漆的处理尤为重要。在对增材制造产品使用底漆或者水补土时，还需要注意以下四点。

图 6-31　上色辅助工具

1）底漆需要选择与颜料一样的基底，即水性或者油性，最好是同一种品牌下的产品，避免出现不良反应。

2）使用水补土不仅可覆盖底色，还能减小模型表面粗糙度，提高表面附着能力。

3）FDM 设备制作的模型推荐使用 1000 目以上的水补土，光固化成型设备制作的模型则使用 2000 目以上的水补土。

4）由于是大范围的覆盖，为了避免加厚漆面和使漆面不均匀，以及填平微小细节，在条件允许的情况下，建议使用喷涂。

（6）调色上色　无论是笔涂还是喷涂，无论是油性漆还是水性漆，基本上都需要对颜料进行稀释。采用笔涂的方式如果不稀释，非常容易产生明显的笔痕；采用喷涂的方式如果不稀释，则容易产生堵笔的情况。

当然稀释并不是用水稀释，虽然水性漆用水稀释的确可行，但是稀释的效果并不佳。理论上硝基漆溶剂是可以溶解所有模型漆的，但是为了起到更好的效果，建议选择颜料对应品牌的溶剂。溶剂和颜料是分开的，需要自行调配稀释比例，稀释好的颜料就可以用笔刷或者喷笔进行上色操作了,如图 6-32 所示。

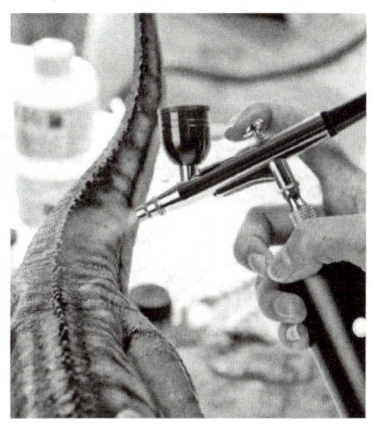

图 6-32　用喷笔上色

(7) 上保护漆　为了避免漆膜在长久摆放或把玩中脱落,对制件模型上色完成之后建议再加一层保护漆,即光油。保护漆需要选择与颜料对应的油性或水性,可使用喷涂或笔涂,前者效果更好。

保护漆分透明的和有色彩的,可根据喜好选择,同时它也具有光感调节能力。保护漆有亮光、消光、半光 3 种光泽效果,可根据模型实际情况选择使用。

(8) 清洗上色工具　用于上色的工具,如笔刷、喷笔,在完成上色操作后应该及时清洗,以方便再次使用。一般会使用专用的清洗液对上色工具进行清洗。如图 6-33 所示,将喷笔放入容器中,然后倒入清洗液进行浸泡清洗。

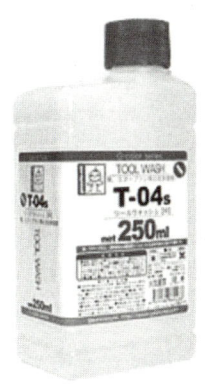

图 6-33　浸泡清洗喷笔

(9) 上色完成　增材制造产品上色的效果图如图 6-34 所示。实际上,制件模型上色是一个蕴含丰富知识点和技巧的手艺,精细的上色能够做出十分仿真的效果,涉及细节塑造、纹理、做旧、表面质感、颜色多变复杂、叠色、罩染、仿古、迷彩、渐变、过渡等。

图 6-34 上色成品

榜样力量

《我在故宫修文物》

《我在故宫修文物》是一部文物修复类纪录片。该片重点纪录故宫书画、青铜器、宫廷钟表、木器、陶瓷、漆器、百宝镶嵌、宫廷织绣等领域的稀世珍奇文物的修复过程和修复者的生活故事。一座宫廷钟表的上千个零件要严丝合缝;一件碎成100多片的青铜器要拼接完整;一幅古画要揭一两个月;临摹一幅画要耗时几年到几十年……修复者们用自己的一辈子来诠释"择一事,终一生"牢固信仰。优秀的工匠能从细处见大,坚持细致工作,从细节入手,才能汇涓涓细流成江海。手艺匠人不仅是当代的技艺传承人,而且是漫长历史中千万个工匠中的一员。正是这些普通而专注的个体,用他们的实践构筑了国宝和国家的历史。

📅 分组讨论

1)简述增材制造产品上色的一般流程。
2)哪些颜料可以作为增材制造产品上色用?
3)增材制造产品上色的工具有哪些?
4)增材制造产品上色为什么需要上底漆?

项目 7　增材制造设备的日常保养与故障排除

项目引入

增材制造设备是一种很常见的设备,其成本低、安全、易学易用、应用范围广,主要应用于航空航天、生物医疗、汽车制造、艺术设计、工业研发等领域。由于其独特的应用优势,因此,可满足高精度、复杂形状、小批量的生产要求。如果想要时刻保持增材制造设备处在最佳工作状态,那么对增材制造设备的日常保养就尤为重要。本项目先对主流增材制造设备日常保养的要求与基本流程,设备软件及硬件常见故障与排除方法进行介绍,后通过对 FDM 设备和光固化成型设备的保养与故障排除的考核进行知识巩固。

学习目标

◆ 知识目标
1. 理解增材制造设备日常保养的基本流程。
2. 理解增材制造设备的故障排除方法及流程。
3. 掌握增材制造设备的保养要求和基本流程。
4. 掌握增材制造设备常见硬件故障与排除方法。
5. 掌握增材制造设备常见软件故障与排除方法。
6. 了解增材制造设备保养操作的注意事项。
7. 了解增材制造设备故障排除操作的注意事项。

◆ 技能目标
1. 能正确进行增材制造设备的日常保养操作。
2. 能正确完成增材制造设备常见硬件故障的排除。
3. 能正确完成增材制造设备常见软件故障的排除。
4. 根据增材制造设备出现的故障进行简单的维修保养。

◆ 素养目标
1. 培养严谨、精益求精的工匠精神。
2. 养成安全使用设备和工具的良好职业习惯。

任务1 认识增材制造设备日常保养

任务描述

通过教师的讲解、查阅资料等熟悉增材制造设备如何进行日常保养,掌握增材制造设备进行日常保养的要求,熟悉增材制造设备日常保养的基本流程,通过分组讨论,总结本任务学习内容。

1. 增材制造设备日常保养的要求

要想使增材制造设备时刻保持最佳工作状态,就需要在日常的操作使用中做到及时进行保养操作,需要注意以下几点要求。

1)在允许的电压范围内使用增材制造设备。增材制造设备因其制造工艺的不同,衍生出诸多应用场景,不同设备的运行电压也有所不同,5~380V 均有应用。

2)在建议的温度、湿度范围内使用增材制造设备。增材制造设备因其加工方式、材料种类等因素,往往对使用环境的温度、湿度有所要求。

3)使用增材制造设备允许并支持的材料种类。不同成型工艺的增材制造设备所需耗材不尽相同,从固态到粉末、再到液态均有涉及。

4)加工制造完成之后,应及时回收设备中的材料。

5)加工区域需要及时清理。

6)不要长时间使增材制造设备处于待机、不运行状态。设备使用完不需要再次使用时,应按照正常操作流程进行关机。

2. 增材制造设备保养的基本流程

增材制造设备的保养根据不同设备有不同的操作要求,但是整体的思路是一样的。下面以一款常见的 FDM 成型设备作为参考,了解增材制造设备保养的基本流程。

1)准备一台增材制造设备,这里用到的是型号为 BS3DP-223 的三角洲式 3D 打印机,如图 7-1 所示。

2)材料放置区域保养,主要针对以下几个方面进行。

① 检查材料放置区域是否有密封性要求,密封性能是否良好。

② 检查材料放置区域固定部件是否紧固,如锁紧螺钉是否松动。

③ 检查材料放置区域是否有存放环境要求,如温度、湿度是否合适。

3)材料装填机构保养。图 7-2 所示是对三角洲式 3D 打

图 7-1 三角洲式 3D 打印机

印机的挤出机构进行的保养。材料装填机构保养主要针对以下几个方面进行。

① 检查材料装填机构运行是否顺畅，是否需要添加润滑脂。
② 检查材料装填机构固定部件是否紧固，如锁紧螺钉是否松动。
③ 检查材料装填机构传动部件是否松动，如传动带是否松动。
④ 检查材料装填机构传动部件是否有磨损，如齿轮是否正常运行、无磨损。

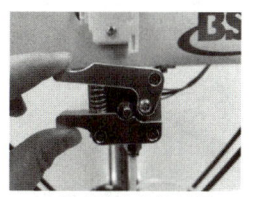 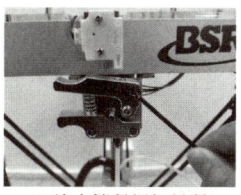 

a) 检查挤出机构松紧　　b) 检查锁紧螺钉松紧　　c) 检查顶丝松紧

图 7-2　对挤出机构进行的保养

4）终端执行机构保养。图 7-3 所示是对三角洲式 3D 打印机的喷嘴进行的保养。终端执行机构保养主要针对以下几个方面进行。

① 检查终端执行机构运行是否顺畅，如 3D 打印机的喷嘴是否堵塞。
② 检查终端执行机构辅件运行是否正常，如加热棒、传感器、激光发射器等是否正常。
③ 清理终端执行机构。按照设备操作规范对终端执行机构进行清理操作。

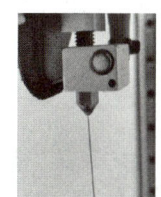  

a) 用通针检查喷嘴是否堵塞　　b) 检查锁紧螺钉松紧　　c) 检查顶丝松紧

图 7-3　对喷嘴进行的保养

5）主要运动部件保养。图 7-4 所示是对三角洲式 3D 打印机的运动部件进行的保养。运动部件保养主要针对以下几个方面进行。

① 检查运动部件运行是否顺畅，如连杆、轴承、同步带、同步轮、滑块等的运行是否顺畅。
② 检查运动部件固定部件是否紧固，如顶丝是否松动。
③ 清理运动部件，按照设备操作规范进行。
④ 主要运动部位适当添加润滑脂，如滑块、轴承等。
⑤ 检查主要传动部件是否松动，如同步带等。

6）加工区域保养。图 7-5 所示是对三角洲式 3D 打印机的打印平台进行的保养。加工区域保养主要针对以下几个方面进行。

① 检查加工区域固定部件是否紧固，如紧固螺母是否松动。
② 检查加工区域工作平台是否可以继续使用，是否需要更换。
③ 清理加工区域，按照设备操作规范进行。
④ 检查加工区域辅件运行是否正常，如传感器等是否正常。

 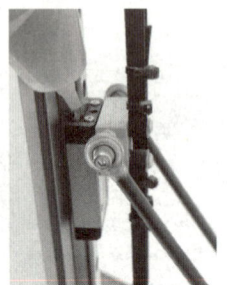 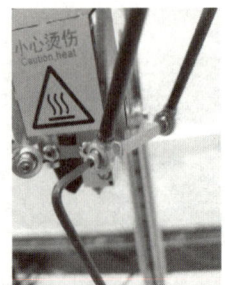

a) 轴承上润滑脂　　b) 滑块上润滑脂　　c) 检查连杆紧固螺钉松紧

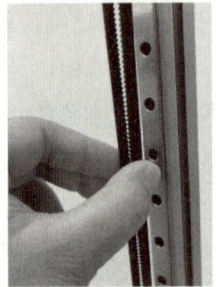  

d) 检查同步带松紧　　e) 检查同步带预紧螺钉松紧　　f) 检查同步轮顶丝松紧

图 7-4　对运动部件进行的保养

 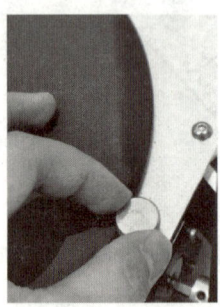 

a) 用铲刀等工具清理打印平台　　b) 检查平台压紧螺钉松紧　　c) 检查平台紧固螺钉松紧

图 7-5　对打印平台进行的保养

7）人机交互区域保养。图 7-6 所示是对三角洲式 3D 打印机的控制屏进行的保养。人机交互区域保养主要针对以下几个方面进行。

① 检查人机交互区域的固定部件是否紧固，如紧固螺母是否松动。
② 检查人机交互区域的数据传输是否正常，如通信线等是否正常。
③ 检查人机交互区域的控制主屏是否正常工作。

④ 检查人机交互区域的控制机构是否正常工作，如控制手柄等是否正常。

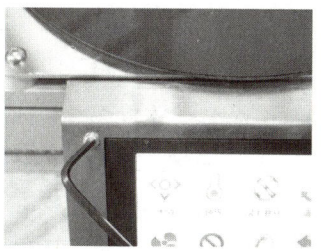

a) 检查控制主屏是否正常工作　　b) 检查控制主屏紧固螺钉松紧

图 7-6　对控制屏进行的保养

8) 其他传感部件保养。图 7-7 所示是对三角洲式 3D 打印机其他传感部件进行的保养，主要针对以下几个方面进行。

① 检查传感部件是否正常工作，按照设备操作规范进行。

② 清理传感部件，按照设备操作规范进行。

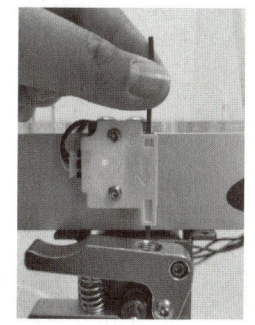

a) 检查断料检测模块是否正常工作　　b) 检查限位传感器是否正常工作

图 7-7　对其他传感部件进行的保养

分组讨论

1) 增材制造设备保养的要求有哪些？
2) 对增材制造设备运动部件进行保养需要从哪些方面进行？
3) 简述对增材制造设备进行保养的基本流程。

任务 2　认识增材制造设备常见硬件故障与排除方法

任务描述

通过教师的讲解、查阅资料等熟悉增材制造设备有哪些常见的硬件故障，熟悉增材制造设备常见故障排除方法，通过分组讨论，总结本任务学习内容。

在使用增材制造设备的过程中，时常会遇到大大小小的毛病，可能是参数设置的原因，也可能是设备硬件的故障，下面以 FDM 成型设备为例来介绍增材制造设备在日常使用中遇到的一些常见的硬件问题及其排除方法。

1. 没有材料挤出

如果 FDM 成型设备在开始打印时，喷嘴没有材料挤出，如图 7-8 所示，那么主要由以下四个问题导致。

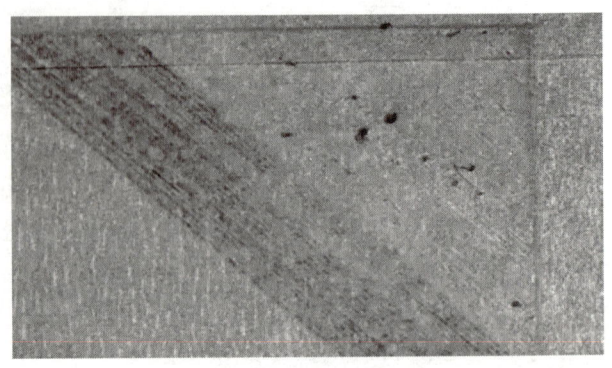

图 7-8 没有材料挤出

（1）挤压机没有准备好 对于大多数挤压机而言，耗材闲置在高温喷嘴中时会慢慢渗出喷嘴，这会使喷嘴内部形成一段空洞。当再次打印时，耗材会逐渐填充喷嘴内的空间，从而造成数秒的延迟。为避免该问题，在打印前必须确定喷嘴中填充材料并准备好挤出材料。通常的解决方案是，挤出机在打印前会在打印模型周边画一个圈，从而保证打印材料正确挤出。当然，也可以手动控制挤出机挤出材料。

（2）喷嘴距热床太近 如果喷嘴距离热床太近，会导致喷嘴口被堵住，挤出机将没有足够的空间挤出材料。可以把热床水平调低，或者通过切片软件调整 Z 轴与喷嘴间的距离，通过不断调整，从而使喷嘴有足够的空间将耗材打印在热床上。

（3）耗材脱离传动齿轮 大部分 FDM 成型设备都有通过齿轮上的卡齿咬合耗材，从而使耗材被精确控制的机构。如果材料线有较大的缺口或过细的部分，卡齿将无法咬合耗材，导致齿轮空转，无法有效地挤出耗材。在加装耗材时，应选用粗细均匀，无缺陷的耗材。

（4）挤出机堵塞 最常见的挤出机堵塞是由于喷嘴内部没有清理干净，导致杂质残留在喷嘴内部，或部分耗材卡在挤出机耗材轨道中。对于这种情况，通常需要拆卸挤出机进行疏通。

2. 模型与打印平台粘不牢固

在打印时，如果模型的第一层材料不粘打印平台，会直接影响后期的打印，如图 7-9 所示。目前已经有很多企业采用不同的方法来解决第一层材料的黏粘力问题，具体如下：

（1）打印平台与挤出机平行问题 如果打印平台没有调整水平度，那么挤出机距离打印平台的距离也不同，通常是一侧太近，另一侧太远。这需要对打印平台水平度进行调节，通常手动调节的方式是：先把挤出机

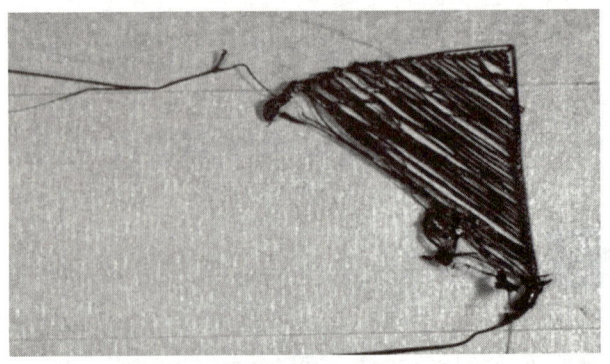

图 7-9 模型不粘打印平台

归位，粗略调整打印平台与水平面平行，把 A4 纸放于喷嘴和打印平台之间，微调打印平台水平，轻轻拽动 A4 纸，如多个点都有拖扯感，则表示喷嘴与打印平台水平正常。除此之外，还有不少设备有自动调平功能，能更加方便地进行打印平台的水平调整。

（2）喷嘴离打印平台太远 虽然打印平台水平度已经被调整，但仍需要保证喷嘴处于打印平台正常的高度，最终的目标是喷嘴距离打印平台既不能太近也不能太远。为提高打印平台的附和力度，最好的状态是喷嘴出来的材料被微微压扁。

（3）打印过快 当开始打印第一层时，必须确保挤出的耗材正确地粘贴在打印平台上，如果打印速度太快，会导致耗材无法及时粘贴于打印平台上。建议在打印第一层时，降低 50% 的打印速度。

（4）打印平台温度控制 当挤出机挤出的耗材遇到较低温度时会开始收缩。基于这种情况，必须对打印平台进行温度控制。当采用 ABS 塑料时，打印平台温度通常是 100~120℃，而采用 PLA 耗材时，打印平台温度通常是 60~70℃。散热风扇也会影响温度的控制，一般建议在打印第一层时风扇的转速控制为 0%，等打印第三层以后，再开启 100% 的转速。

（5）平台附着物 不同的材料对不同的附着物有不同的黏性。如果打印平台并不是特殊材料设计的，可以选择用其他产品做代替，如常见的美纹纸，可以把它贴在打印平台上，而且这种美纹纸可以快速去除和更换。当然，也可以尝试使用其他胶水等黏性产品。

（6）增加底面积 在打印一些没有足够表面积的作品时，可以考虑增加侧裙等模式，通过调整与设置，提高首层表面积，从而提升黏性。

3. 挤出材料不足

挤出机挤压出的耗材量通常不会直接显示出来，在打印的过程中，由于某些问题，会导致挤压出的材料不足，如图 7-10 所示。这需要仔细查看打印出的作品，看其纹理之间是否会有不规则的距离，如果有，则通常是以下原因造成的：

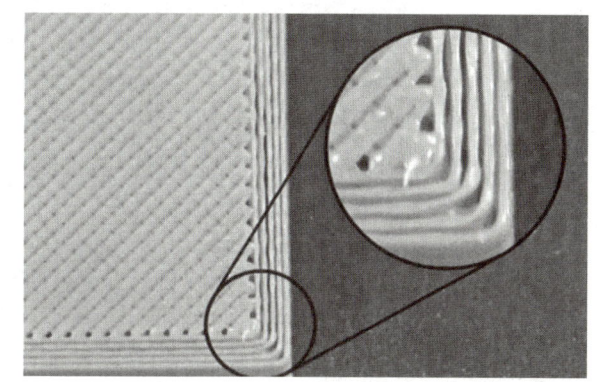

图 7-10 挤出材料不足

（1）材料直径大小不均 在购买材料时，建议购买正规品牌的产品，否则可能会出现购买的材料直径大小不均等情况。对于这类材料，通常可以用测量卡钳测试其直径，确保该材料的直径与包装标识一致。

（2）挤压倍数不足 如果材料直径与标识中保持一直，却还是出现挤压材料不足的问题，那么就需要调整挤压倍数。可以直接在切片软件中修改挤压量，从而挤压出较多的材料。通常，ABS 材料挤压量为 109%，而 PLA 是 105%。

4. 顶层封口不足

为了节省打印耗材，大部分增材制造设备都会对制件内部空间采用不同的填充方式，常用的比例是 10%~30%。也就是说，在封闭的产品内部，只有 10%~30% 的耗材，在这种情况下，该制件依然能够保持一定的强度。但在部分打印制件中，会出现顶层封口不足的情况，如图 7-11 所示，甚至会出现孔或缺口。如果遇到这个问题，进行几个简单的设置，就可以调整并修复它，具体如下：

（1）封顶层数　封顶层数不足时，容易导致材料下坠等现象，因此，可以相应增加封顶层数。

（2）填充比例　过多地降低填充密度，将使制件内部空间过大，从而导致封顶层无法被有效地支撑，因此，可提升内部填充比例。

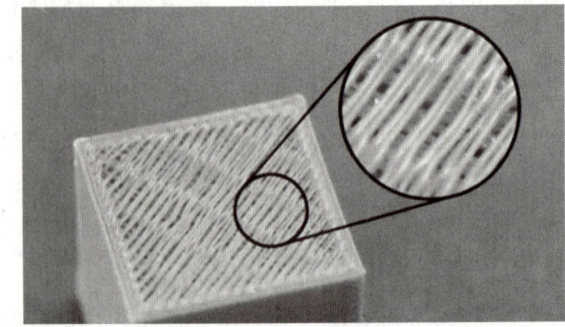

图 7-11　顶层封口不足

（3）挤出量　由于挤出材料不足，导致喷嘴无法达到预期要求，可以通过调整挤出量等进行调节。

5. 拉丝

拉丝就是在挤出机越过开放空间时留下的残留线状物体，如图 7-12 所示。解决这个问题的常用措施就是控制切片软件中的"回抽"功能。如果切片软件开启了"回抽"功能，那么在喷嘴移动到下一个点之前，会将耗材向反方向拉回一段距离，当移动到下一个点时，耗材又再次挤出来。虽然该功能理论上可以避免拉丝，但在实际中还有以下几个问题。

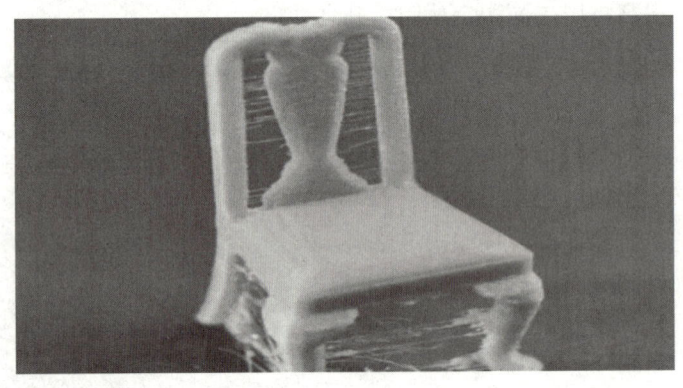

图 7-12　拉丝

（1）回抽距离不足　回抽中最重要的设置就是回抽距离，这个设定决定了在回抽时有多少耗材从喷嘴中抽回。通常情况下，从喷嘴中抽回的耗材越多，拉丝情况就越不明显。

（2）回抽速度过慢　回抽中另一项重要的设置就是回抽速度，这个设定决定了耗材以多快的速度抽离。如果回抽速度过慢，熔化的耗材会从喷嘴处流出。如果回抽速度过快，有可能发生耗材未熔化的部分和熔化的部分分离，或者发生挤丝、咬丝等现象。

（3）温度过高　如果挤出头温度过高，喷嘴内的耗材会变得非常黏，并且容易从喷嘴流出。但是温度过低，喷嘴内的耗材就难以挤出。在确定回抽距离和回抽速度都比较合适的情况下，如依旧出现拉丝的情况，就可以尝试将挤出头的温度调低 5~10℃。

（4）悬空移动距离过长　悬空移动距离也会对拉丝有很大的影响。短距离的移动，熔化的耗材没有足够的时间流出喷嘴，但长距离的移动非常容易产生拉丝现象。部分切片软件有相关设定，可以避免长距离悬空移动。

6. 物件过热

当熔化的耗材从喷嘴挤出时，温度通常为 190~240℃。在这个温度下，耗材非常容易变形，只有挤出温度与散热情况相对平衡的位置，耗材才可以流畅地从喷嘴流出，然后迅速冷却成型。物件过热如图 7-13 所示。造成此问题的几种原因及解决方法如下：

图 7-13 物件过热

（1）散热不足　如果打印机有冷却耗材的风扇，则在切片时应开启风扇进行散热。

（2）打印温度过高　打印温度过高也会引起耗材熔化，应将打印温度适当调低 5~10℃。

（3）打印速度过快　如果上述两种解决方法都没有解决问题，那就说明物件过热可能是由于打印速度过快引起的。在维持打印速度不变的前提下，可以在切片时设置自动散热，以保证每层有充足的时间冷却成型。

7. 偏移问题

大多数打印机都是采用步进电动机驱动机器运动的，也就是说打印机没有能检测打印头在哪个位置的功能。因此步进电动机一旦受到外力干扰，或有较大的阻力时，就有可能导致打印头错位，从而使打印的产品产生错位、移位等情况。打印产品的偏移如图 7-14 所示，该问题产生的原因及解决方法如下：

图 7-14 打印产品的偏移

(1) 打印头的移动速度过快　打印速度或空走速度超过了步进电动机所能处理的最高速度，就会出现错位的问题。可以调低空走速度，如果有必要则需要将加速度也调低。

(2) 机械问题　大多数设备都采用的是带传动，随着时间的推移，传动带有可能拉长并变得较松，进而导致传动带从带轮上滑脱。解决方法也比较简单，通过传动带张紧机构将传动带调整得更紧一些就可以了，但要注意不能调整得过紧，否则会在转轴和轴承之间形成巨大的阻力或有可能使轴无法转动。

(3) 顶丝问题　顶丝用于将带轮固定在步进电动机轴上，让带轮跟着电动机轴一起转动。如果这个顶丝出现松动，就会出现轴转轮不转的情况，这种情况也会造成偏移。

(4) 电子问题　可能是步进电动机供电电流不足，导致步进电动机没有足够的力量克服阻力。也可能是步进电动机驱动芯片过热，导致步进电动机在芯片冷却前停止转动。

(5) 外力拉扯　外部拉扯导致走位、错位的现象，如耗材或挤出机电源线的放置位置不当，导致拉扯或者缠绕到其他物体，都会导致走位、错位的现象。

8. 层分离及出现切口问题

增材制造的成型原理是逐层制作、叠加成型。必须要求每一层紧密结合，否则物件就有可能发生层间分离及出现切口。层间分离如图 7-15 所示，有可能造成这个问题的原因及解决方法如下：

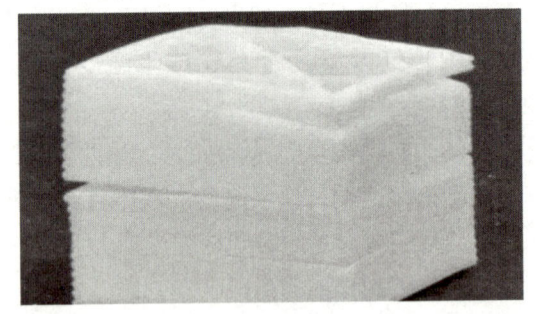

图 7-15　层间分离

(1) 层高（层厚）值太高　大多数 FDM 成型打印机所配备的喷嘴的直径为 0.3~0.5mm，一般层高设定值应小于喷嘴直径的 20%，新一层会因为喷嘴挤压而印在旧的一层上，这样两层才会紧密地结合。

(2) 打印温度过低　较高的打印温度可以使耗材粘结得更好。如果层高没有问题，那么就可以从打印温度上找原因，尝试依次增加 10℃来测试一下打印效果，直到找到合适的温度。

9. 咬丝问题

咬丝，顾名思义，就是挤出机内的挤丝轮把耗材"咬掉"一块，如图 7-16 所示。这种问题的特征是耗材不动，但挤丝轮一直在转，挤出机附近有很多材料碎屑。可能造成此问题的原因及解决方法如下：

(1) 打印温度过低　可以尝试着将打印温度提高 5~10℃。

(2) 打印速度过快　如果提高打印温度后，情况依旧没有好转，可把打印速度降低，尝试将打印速度降低 50%。

(3) 喷嘴堵塞　如果上述两个解决方法都没有解决问题，很有可能是喷嘴堵塞。应及时检查喷嘴，清理堵塞物。

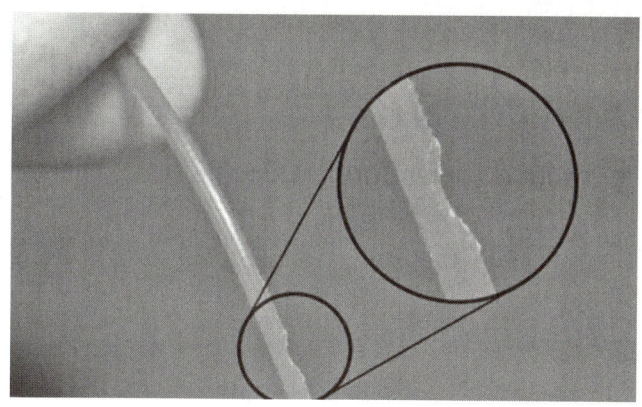

图 7-16 咬丝

10. 喷嘴堵塞问题

喷嘴堵塞是较为常见的问题,如图 7-17 所示,这里简单介绍两种喷嘴堵塞的现象和解决方法。

1)加热挤出头,用正常力度手动推送耗材,出料少或者不出料。
2)挤出头下料断断续续,出料不均匀。

以上问题通常可以用符合标准规格的疏通针进行疏通,也可利用其他可以熔化塑料物质的产品或设备对喷嘴内部的残留物质进行熔化处理。当然,也可以直接更换喷嘴。

11. 打印中途不出丝问题

打印机在刚开始打印时挤出正常,但在打印中途不出丝,如图 7-18 所示。出现这种问题通常是由于下面几种情况引起。

图 7-17 喷嘴堵塞

图 7-18 打印中途不出丝

(1)耗材用尽 应及时添加耗材。
(2)发生咬丝问题 前文已经阐明,故此处不再赘述。
(3)喷嘴堵塞 前文已经阐明,故此处不再赘述。
(4)挤出机内的电动机过热 应关闭打印机,待冷却后再进行操作。

12. 弱填充问题

填充是一个成品非常重要的组成部分,它承担着支撑制件、连接制件边缘的作用。如果出现如图 7-19 所示的弱填充，则该制件将非常容易损坏。可能造成此问题的原因及解决方法如下：

（1）填充图形　一般来说出现这种问题，可以更换填充图形来看是否解决。常见的强填充图形：网格、蜂窝形、三角形；弱填充图形：线形、快速蜂窝形。

（2）打印速度过快　一般在初始设定中，填充的速度要比打印的速度快。所以，在不改变打印速度的前提下，可以尝试将填充的打印速度调低，从而使填充速度更加接近打印速度，以保证填充更加充分。

（3）填充挤出量不足　一些切片软件可以单独设置填充的挤出量，可以尝试将填充的挤出量调高。

13. 表面斑点及条纹问题

在 FDM 打印过程中，挤出机要频繁地挤出和回抽，大部分的挤出机都可以在移动中保持良好的挤出速度。然而，在每次的回抽和挤出过程中，会产生额外的振动。如果仔细观察打印件的外表面，也许可以看到非常细小的痕迹，那个痕迹就是开始打印的地方，通常这个痕迹的表现形式就是表面斑点或条纹，如图 7-20 所示。能够改善此问题的方法如下：

图 7-19　弱填充

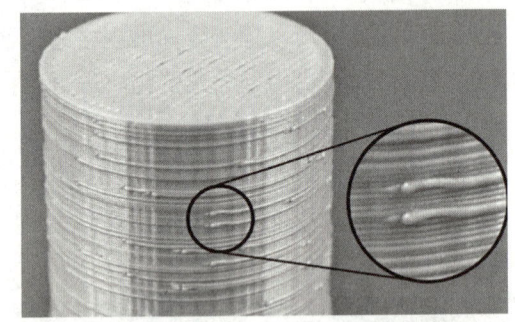

图 7-20　表面斑点或条纹

（1）回抽和滑行擦除设定　如果发现在打印件表面有这类痕迹，可以先观察打印过程，观察是在每层开始打印时出现这种痕迹，还是在每层打印后出现这类痕迹。如果是开始打印前出现，则需要修改切片软件中"重启额外挤出距离"的数值，将其修改为负值。这应该会改善开始打印前出现痕迹的问题。如果是每层打印结束后出现这类痕迹，那么就需要调整"滑行擦除"的设定，这个设定会让挤出机在临近结束时停止挤出，释放压力，滑行到终止点。调整这个值，直到痕迹消失。一般情况下这个值设置为 0.2~0.5mm。

（2）避免不必要的回抽　一般情况下，切片软件中会有"仅在穿越开放区域时回抽"这种选项，开启这个选项后，在穿越物体内部空间时，FDM 打印机就不会开启回抽。这样可以减少出现痕迹的情况。

（3）非定点回抽　常规回抽都会在回抽时停顿一下，一些切片软件中可以设置"擦喷嘴"的选项，开启这一项就会使打印机在回抽时继续移动。一般情况下，擦喷嘴的距离设置为 5mm。

（4）设置打印起始点　一些切片软件提供打印起始点的选项，这个选项可以按照用户指定的位置开始打印，如打印一个建筑物时，可以设置起始点在其背面，这样打印时这些痕迹都会排列在这个建筑物的背面，在正面不可见这些点。

14. 边缘与填充之间有缝隙的问题

制件在打印过程中出现边缘与填充之间有缝隙的情况，如图 7-21 所示，可能造成此问题的原因及解决方案如下：

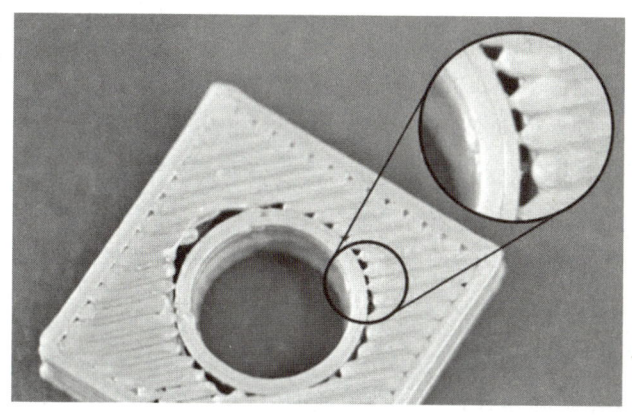

图 7-21　边缘与填充之间有缝隙

（1）边缘重叠量不足　边缘重叠量指的是填充与内部边缘有多少重叠。如果设置的是 20% 出现这种情况，则可以尝试改为 30% 或更大来解决此问题。

（2）打印速度过快　通常情况下，填充的速度要比边缘的打印速度要快很多。过快的填充速度会让填充和边缘没有足够的时间结合。如果改变了重叠量依然没有解决问题，则可以尝试降低打印速度。如果问题解决了，可以再慢慢提升速度，直到找到最合适的打印速度。

15. 卷边及转角粗糙问题

卷边及转角粗糙（见图 7-22）问题的产生主要还是因为散热不够迅速，高温耗材从喷嘴挤出后，没有迅速冷却，就会在慢慢冷却的过程中改变形状。解决这个问题可以参考前面所讲到的"物件过热"问题，如果这个问题发生在最开始打印处，则可以参考前面所讲到的"模型与打印平台粘不牢固"问题。

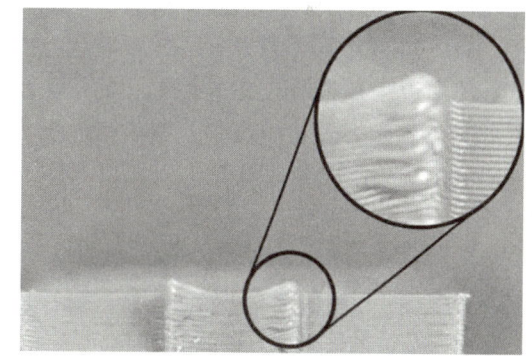

图 7-22　卷边及转角粗糙

16. 顶层刮痕问题

制件在加工过程中，顶层出现刮痕的情况，如图 7-23 所示，可能造成此问题的原因及建议的解决方法如下：

(1)材料挤出过多　出现刮痕的问题时，第一个要检查的就是耗材挤出量。如果耗材挤出过多，那么每一层都会比设定尺寸要厚一些，这就意味着喷嘴在穿越移动时会造成这种刮痕。这个问题的解决方法一般是通过切片软件设置适当减少耗材挤出量。

(2)垂直抬升　如果确定耗材挤出量是正确的，但仍然出现刮痕的问题，那么就可以在切片软件中打开"回抽垂直抬升"的选项，这个选项会使机器在回抽时打印头向上移动一定的距离，然后移动到下一个坐标，再向下移动回原来的高度，继续打印。需要注意的是，只会在有回抽的位置才会垂直抬升打印头，如果想确保每一个穿越都有垂直抬升，就要确保关闭"仅在穿越开放空间时回抽"和"最小回抽距离"选项。

图 7-23　顶层出现刮痕

17. 边角线底层出现孔洞问题

边角线底层出现孔洞问题经常会出现在上层比下层小的时候，如图 7-24 所示。此类现象主要是由于打印或者填充不充分引起的，应在对应位置适当增加打印量，以解决孔洞问题，具体原因和解决方法如下：

(1)边缘数量不足　可以尝试将边缘数量增加 2 条。

(2)顶层层数不足　可以尝试将顶层层数增加 2 层。

(3)填充比率过低　可以尝试将填充比率提高 20%。

18. 侧面边缘不齐

侧面边缘不齐指的是一个打印件的侧面像千层饼一样。在各方面正常的情况下，打印出来的物件侧面看起来应该是一个平滑的面，而不应该像图 7-25 所示的侧面边缘不齐。可能造成此问题的原因及解决方法如下：

图 7-24　边角线底层出现孔洞

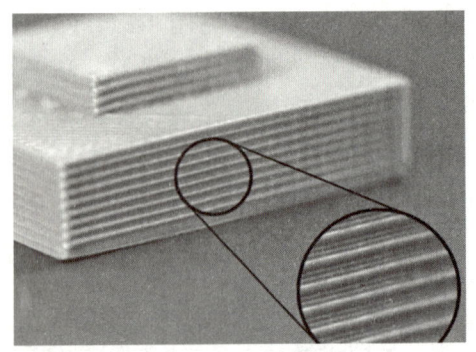

图 7-25　侧面边缘不齐

（1）挤出量不一致　挤出量不一致的原因通常是耗材线径公差控制得不严格，如果耗材线径变化在 5% 左右，那么耗材挤出量的变化就有 0.05mm。

（2）温度变化　大多数的 FDM 打印机都使用 PID 控制打印温度，如果 PID 整定不佳，打印温度就会上下波动（当温度升高时，耗材的流动性就比温度较低时更好），就会影响挤出量，进而造成侧面边缘不齐的问题。一个整定好的 PID 控制，可以使打印温度维持在 ±2℃ 以内。如果超过这个范围，则需要重新整定 PID。

（3）机械原因　如果确定不是上述两种原因，那么极有可能就是机械原因，如在打印时打印平台晃动或者振动，都会导致喷嘴位置变化，进而产生侧面边缘不齐的问题。也可能是机械虚位或电动机微分控制问题，甚至是打印平台细小的偏移，都会对打印物件的每一层产生影响。

19. 振动波纹问题

打印过程中出现振动波纹的情况，如图 7-26 所示。这个问题通常发生在打印头突然改变方向或转角处。可能造成此问题的原因及解决方法如下：

（1）打印速度过快　过快的打印速度会导致打印头在突然改变方向或转弯时振动，可以尝试降低打印速度。

（2）固件加速度过大　加速度过大是出现振动波纹问题的主要因素，可以尝试将加速度调低，这会使打印头在转弯或改变方向时更缓和，从而减少振动波纹。

图 7-26　振动波纹

（3）机械原因　如果上述方法都没有解决这个问题，那么应该检查机械振动的原因，如可能螺钉松动或支架损坏。建议在打印机运行时仔细观察是哪个地方产生的振动，并尝试找到振动源。

20. 薄墙缝隙问题

打印过程中出现薄墙缝隙的情况，如图 7-27 所示解决方法如下：

图 7-27　薄墙缝隙

(1) 缝隙填充　一些切片软件中有缝隙填充的功能，如果打印机出现了薄墙缝隙的问题，建议开启这项功能。另外可以提高边缘重叠量，假如原值是 20%，可以尝试调整为 30%。

(2) 调整挤出宽度　假设打印一个 1mm 的薄墙，可以使用 0.5mm 的挤出宽度，这样可以得到一个非常好的打印效果。

21. 细节丢失问题

大多数的 FDM 打印机采用的都是 ϕ0.4mm 的喷嘴，这个直径的喷嘴可以胜任大多数的打印工作，但是在打印一些细节比喷嘴直径还小的物件时，会出现细节丢失的问题，如图 7-28 所示，可以通过以下几种方式来解决：

图 7-28　细节丢失

(1) 调整最小壁厚　在设计的时候，将小于喷嘴直径的细节调整为等于或大于喷嘴直径。

(2) 更换喷嘴　更换更小直径的喷嘴，以适应细节。

(3) 强制软件识别这些细节　如果上述两种方法都不行，那只能强制软件识别打印这些细节。调整挤出宽度为细节大小，如 0.3mm 的薄壁，则将挤出宽度调整为 0.3mm。但要注意一点，这么做会直接影响打印质量。

22. 挤出量不一致问题

为了让打印机精准地打印物件，必须让挤出系统能够持续地挤出相同量的耗材。如果在打印中挤出量有波动，将直接影响最终的打印质量，导致挤出量不一致问题，如图 7-29 所示。这种问题通常用肉眼直接观察打印过程就能判断。可能造成此问题的一些原因及建议解决方法如下：

(1) 耗材缠绕打结　检查耗材是否缠绕打结，耗材料盘是否可以自由转动，调整耗材料盘，保证其可以没有阻力地自由转动。

(2) 喷嘴堵塞　检查喷嘴是否堵塞。若有堵塞则喷嘴内很有可能有异物，阻碍了耗材的正常挤出。可以在预热喷嘴之后，尝试用手动的方式挤压材料，观察是否能流畅地挤出。如果不能流畅地挤出，就需要清理喷嘴了。

(3) 层高（层厚）值太小　检查层高设置，太薄的层高（如 0.01mm）会导致材料挤出困难。针对此原因需要确保层高合理。

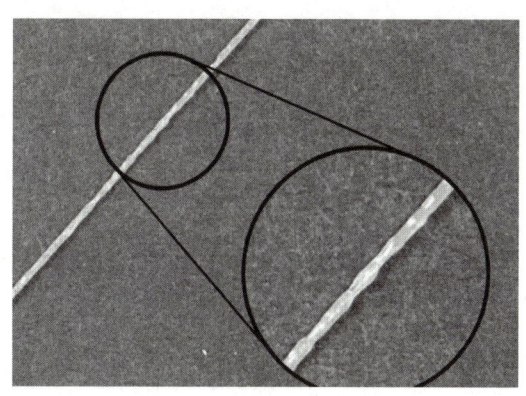

图 7-29　挤出量不一致

（4）挤出宽度不正确　挤出宽度不正确也会导致该问题，正常情况下挤出宽度应为喷嘴直径的 100%~150%。

（5）耗材品质差　耗材品质差包括耗材线径公差控制不严格、线径波动大等，均会导致此问题。

（6）挤出机机械原因　如果上述原因都没有解决问题，那么就可能是挤出机的机械原因，有可能是压杆不够紧，也有可能是压料轮损坏。

（7）喷嘴内部杂物　喷嘴内部有杂物没有清理干净导致堵塞或出料不均匀，可对喷嘴进行疏通或者更换。

（8）喉管与喷嘴结合不严实　如果检查喷嘴无问题，则可能是喉管与喷嘴结合不严实，通常建议更换喷嘴部件。

（9）挤出机电源或者数据线接触不良　挤出机电源或者数据线接触不良，也会导致挤出机出料不均匀的情况，建议重新连接电源或者数据线，确保接触正常。

23. 热床问题

热床出现问题的概率较低，但仍然会出现不加热、温度低、无温度回馈等问题。热床问题产生的主要原因及解决方法如下：

（1）电源线或者数据线接触不良　电源线或者数据线接触不良，将会导致热床加热速度较慢、温度低等多种问题，建议重新安装电源线或者数据线。

（2）线路正常但不加热　通常是设备硬件出现了问题。应检查热床底部主板加热灯，如果在加热过程中没有指示灯亮起，则需要对其进行更换或返厂维修。

（3）热床数据未反馈　出现热床数据未反馈时，通常需要检查测温线是否连接正确，如连接正确则是测温电阻（热敏电阻）损坏，建议进行更换或返厂维修。

📋 分组讨论

1）开始打印时没有材料挤出的原因有哪些？
2）边缘与填充之间出现间隙的原因是什么？
3）打印时挤出量不一致的原因是什么？

4）打印时，模型与打印平台粘不牢固的原因是什么？

任务 3　认识增材制造设备常见软件故障与排除方法

任务描述

通过教师的讲解、查阅资料等熟悉增材制造设备有哪些常见的软件故障，熟悉增材制造设备常见故障排除方法，通过分组讨论，总结本任务学习内容。

在使用增材制造设备的过程中，时常会遇到大大小小的毛病，可能是参数设置的原因，也可能是设备硬件的故障。下面以常见的切片软件 CHITUBOX Basic 为例来了解一下增材制造设备在日常使用中遇到的一些常见的软件问题以及排除方法，并提供一些可行的解决方法。

1. dll 格式文件丢失

（1）MSVCR110.dll 丢失 "MSVCR110.dll Missing" 表示缺少 Visual Studio 2012 的 Visual C++ Redistributable Packages，请下载所需的环境。

（2）MSVCR120.dll 丢失 "MSVCR120.dll Missing" 表示缺少 Visual Studio 2013 的 Visual C++ Redistributable Packages，请下载所需的环境。

（3）MSVCR140.dll 丢失 "MSVCR140.dll Missing"表示缺少 Visual Studio 2015、2017、和 2019 的 Visual C++ Redistributable Packages，请下载所需的环境。

2. Windows 资源管理器反复重启

如果 Windows 资源管理器一直反复重启，可通过"任务管理器"对话框进行修复。

按 <Ctrl + Shift + Esc> 键，弹出"任务管理器"对话框，如图 7-30 所示，右击"Windows 资源管理器"，然后选择"结束任务（E）"命令（注意不是"重新启动（R）"）。

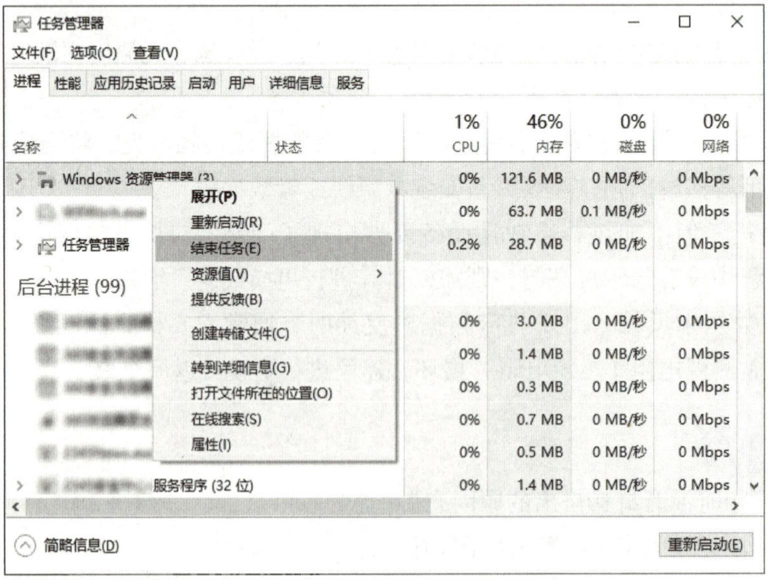

图 7-30　"任务管理器"对话框

3. 错误代码

常见错误代码的含义及排除方法如下：

（1）1073741515　出现此错误代码的原因可能是某些系统文件损坏或操作系统文件损坏，如图7-31所示。

可以尝试在软件安装路径的文件夹下附加两个dll格式文件，分别是msvcp140.dll和vcruntime140.dll。例如：在文件夹C:\Program Files\chitubox 64 1.8.1\resource\plNXin\any cubic plNXin中附加两个dll格式文件。

图7-31　1073741515

（2）1073741701　出现此错误代码的原因可能是系统文件丢失，可以尝试以管理员身份运行打开cmd（按<Win+R>键并输入cmd）并输入以下命令：

`sfc/scannow`

（3）1073740791　出现此错误代码的原因可能是某些系统文件损坏或操作系统文件损坏。可以尝试以下方法进行修复。

方法1：在计算机上打开cmd（按<Win+R>键并输入cmd），输入以下命令

`DISM.exe/Online/Cleanup-image/Scanhealth`

`DISM.exe/Online/Cleanup-image/Restorehealth`

方法2：在计算机上打开cmd（按<Win+R>键并输入cmd），输入以下命令

`sfc/scannow`

如果这些方法都不能解决问题，可能需要切换到另一台计算机或者重新安装系统。

（4）0xc000007b　出现此错误代码表示Windows系统缺少必要的文件，可以尝试使用Windows的sfc命令修复该问题。如果这没有帮助，可能需要重新安装系统。

4. 系统报错

1）CHITUBOX和Fusion 360冲突或者OpenGL报错，如图7-32所示。

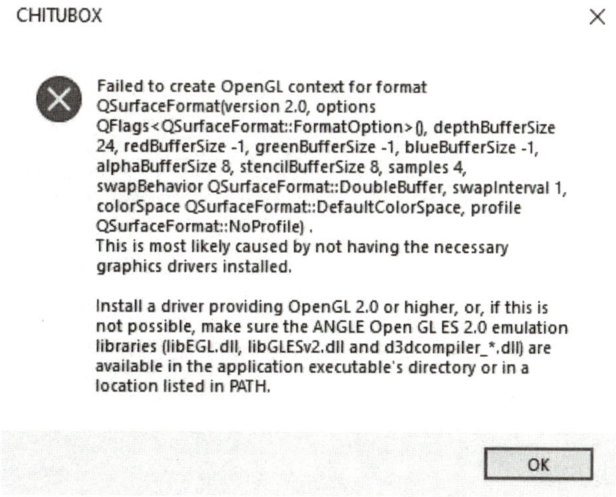

图7-32　OpenGL报错

可以尝试打开系统设置→关于→高级系统设置，删除环境变量 QT_OPENGL。

2）系统弹出报错对话框：This application failed to start because no Qt platform plugin could be initialized，如图 7-33 所示。

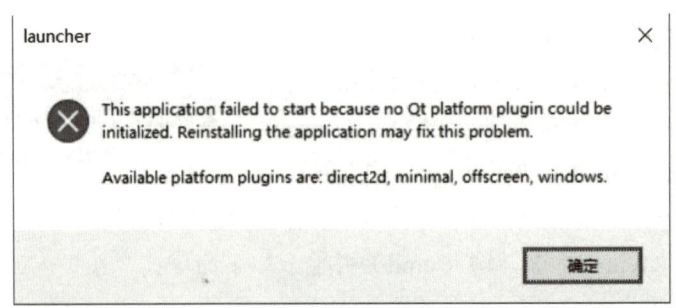

图 7-33　报错

可以尝试打开系统设置→关于→高级系统设置，删除环境变量 QT_OPENGL 和环境变量 QT_PLNXIN_PATH。

5. CHITUBOX 无响应

CHITUBOX 无响应极有可能是由于软件冲突问题，请逐个退出正在运行的软件，并查找与 CHITUBOX 冲突的软件，如图 7-34 所示。完成此操作后，大多数情况下可以解决问题。

以下软件可能会导致冲突：

1）杀毒软件、各种管家软件、卫士、助手、大师等。

2）Tabtip（任务栏中为 Touch Keyboard and Handwriting Panel）。

3）PowerToys。

4）Google Drive。

6. 文件问题

出现缩略图异常的情况，如图 7-35 所示。

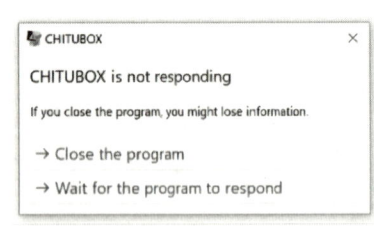

图 7-34　CHITUBOX 无响应

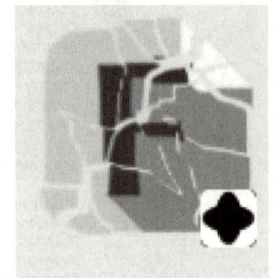

图 7-35　缩略图异常

可以尝试以下解决方法：

（1）运行指令

1）按 <Ctrl + Shift + Esc> 键打开任务管理器，单击文件→运行新任务，输入 cmd，勾选"以系统管理权限创建此任务",然后单击"确定"。

2)输入下列指令

`regsvr32/u"{CHITUBOX-Installation-Path}\CHITUBOX_Thumbnail.dll"`

注意,这里要把{CHITUBOX-Installation-Path}换成当前计算机的 CHITUBOX 安装路径,例如 `regsvr32/u"C:\Program Files\ChiTubox\CHITUBOX_Thumbnail.dll"`

3)按<Enter>键运行命令,然后弹出 RegSvr32 对话框,如图 7-36 所示,单击"确定"即可。

图 7-36　RegSvr32 对话框

(2)清理磁盘

1)找到系统磁盘(一般是 C 盘),右击它,在弹出的菜单中选择属性,单击"磁盘清理"。

2)勾选"缩略图",单击"清理系统文件(S)",然后单击"确定",如图 7-37 所示。

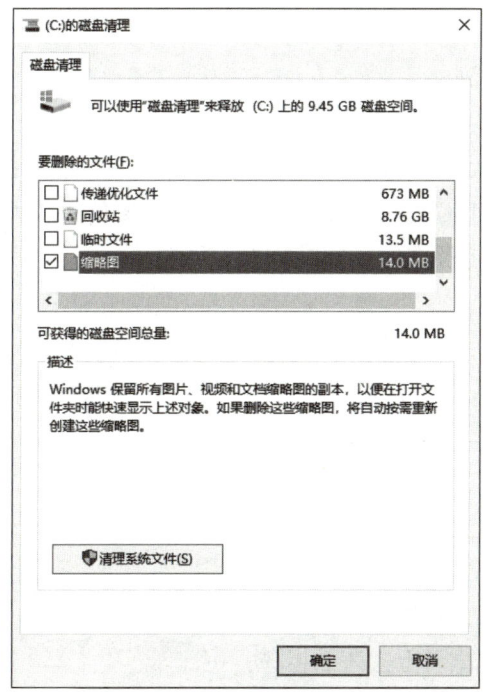

图 7-37　清理磁盘

3）弹出"磁盘清理"对话框，单击"删除文件"，如图 7-38 所示。

（3）重启资源管理器　按 <Ctrl + Shift + Esc> 键调出"任务管理器"，右击 Windows 资源管理器，在弹出的菜单中选择"结束任务（E）"（注意不是"重新启动（R）"）。

7. 切片文件模型表面粗糙

在模型被切片后，可能会觉得图像的质量很粗糙，如图 7-39 所示，但实际上这是模型在切片后通过立体渲染将每一个体素都表现出来的样子，就如同在 Photoshop 软件中将图像放大可以看到每一个像素的样子一般。每一个立方体的高是在切片设置中设置的层高，每一个立方体的长是屏幕上横向每个像素的长度，每一个立方体的宽是屏幕上纵向每个像素的宽度。长、宽、高构成体素的体积，体素是构成打印件的最小单位。

图 7-38　"磁盘清理"对话框

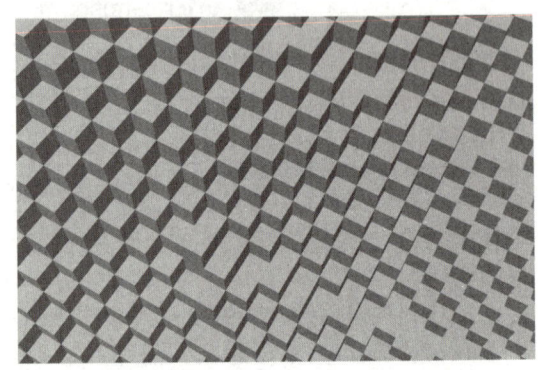

图 7-39　模型被切片后的图像

注意：此体素成像在初次切片预览时无法看到，需要重新将 CTB 格式文件加载在 CHITUBOX 中打开才能看到。

8. U 盘问题

如果发现打印机有时无法正确读取 U 盘，主要是因为打印机控制板设计为使用 USB 2.0 的接口且容量小于或等于 16GB。而 USB 3.0 的接口需要使用较大的电流，有时会对控制板造成电气干扰，因此，所使用的 U 盘应满足以下要求：

1）FAT32 格式。

2）USB 2.0。

3）≤ 16GB。

4）分配单元大小 =2048B。

📅 分组讨论

1）运行 CHITUBOX 软件出现无响应怎么解决？

2）遇到缩略图异常怎么解决？

3）为什么切片文件模型看上去表面粗糙？

4）一般打印用的 U 盘需要满足哪些要求？

任务 4　FDM 设备保养与故障排除

FDM 设备保养					
设备名称		设备型号			
设备结构					
设备特点					
适用耗材类型					
挤出机保养流程					
喷嘴如何进行保养？					
运动部件有哪些？如何进行保养？					
打印平台如何进行保养？					
人机交互触摸屏如何进行保养？					
其他传感部件如何进行保养？					
考核小结					
操作内容	评分				
工具使用（40分）	20% ☐	40% ☐	60% ☐	80% ☐	100% ☐
润滑保养（20分）	20% ☐	40% ☐	60% ☐	80% ☐	100% ☐
适当清理（20分）	20% ☐	40% ☐	60% ☐	80% ☐	100% ☐
熟练度（10分）	20% ☐	40% ☐	60% ☐	80% ☐	100% ☐
操作规范（10分）	20% ☐	40% ☐	60% ☐	80% ☐	100% ☐
得分					
操作评价					

（续）

FDM 设备故障排除

设备名称		设备型号	
设备结构			
设备特点			
适用耗材类型			
开始打印时没有材料挤出，如何进行故障排除？			
打印过程中，模型不粘打印平台，如何进行故障排除？			
打印过程中，出现顶层封口不足，如何进行故障排除？			
打印过程中，出现拉丝现象，如何进行故障排除？			
打印过程中，模型出现错位偏移现象，如何进行故障排除？			
打印过程中，出现材料咬丝现象，如何进行故障排除？			
打印过程中，出现喷嘴堵塞现象，如何进行故障排除？			
打印过程中，模型出现薄墙缝隙现象，如何进行故障排除？			
考核小结			

（续）

操作内容	评分				
故障排除：没有材料挤出（10分）	20% ☐	40% ☐	60% ☐	80% ☐	100% ☐
故障排除：模型不粘打印平台（15分）	20% ☐	40% ☐	60% ☐	80% ☐	100% ☐
故障排除：封口不足（10分）	20% ☐	40% ☐	60% ☐	80% ☐	100% ☐
故障排除：拉丝（10分）	20% ☐	40% ☐	60% ☐	80% ☐	100% ☐
故障排除：错位偏移（10分）	20% ☐	40% ☐	60% ☐	80% ☐	100% ☐
故障排除：材料咬丝（10分）	20% ☐	40% ☐	60% ☐	80% ☐	100% ☐
故障排除：喷嘴堵塞（15分）	20% ☐	40% ☐	60% ☐	80% ☐	100% ☐
故障排除：薄墙缝隙（10分）	20% ☐	40% ☐	60% ☐	80% ☐	100% ☐
熟练度（5分）	20% ☐	40% ☐	60% ☐	80% ☐	100% ☐
操作规范（5分）	20% ☐	40% ☐	60% ☐	80% ☐	100% ☐
得分					
操作评价					
小组评语					
教师评语					
自我总结					

任务 5　光固化成型设备保养与故障排除

光固化设备保养					
设备名称		设备型号			
设备结构					
设备特点					
适用耗材类型					
料槽保养流程					
成像屏如何进行保养？					
运动部件有哪些？如何进行保养？					
打印平台如何进行保养？					
人机交互触摸屏如何进行保养？					
其他传感部件如何进行保养？					
考核小结					
操作内容	评分				
工具使用（40分）	20% ☐	40% ☐	60% ☐	80% ☐	100% ☐
润滑保养（20分）	20% ☐	40% ☐	60% ☐	80% ☐	100% ☐
适当清理（20分）	20% ☐	40% ☐	60% ☐	80% ☐	100% ☐
熟练度（10分）	20% ☐	40% ☐	60% ☐	80% ☐	100% ☐
操作规范（10分）	20% ☐	40% ☐	60% ☐	80% ☐	100% ☐
得分					
操作评价					

（续）

光固化设备故障排除		
设备名称		设备型号	
设备结构		
设备特点		
适用耗材类型		
开始打印时成像屏没有图像，如何进行故障排除？		
打印过程中，模型不粘打印平台，如何进行故障排除？		
打印过程中，模型出现破面、破孔，如何进行故障排除？		
打印过程中，出现"豆腐皮"现象，如何进行故障排除？		
打印过程中，模型出现错位偏移现象，如何进行故障排除？		
打印过程中，出现支撑抓不住模型的现象，如何进行故障排除？		
打印过程中，出现严重的横纹现象，如何进行故障排除？		
打印完成，模型出现开裂现象，如何进行故障排除？		
考核小结		

（续）

操作内容	评分				
故障排除：成像屏没有图像（10分）	20% ☐	40% ☐	60% ☐	80% ☐	100% ☐
故障排除：不粘打印平台（15分）	20% ☐	40% ☐	60% ☐	80% ☐	100% ☐
故障排除：破面、破孔（10分）	20% ☐	40% ☐	60% ☐	80% ☐	100% ☐
故障排除："豆腐皮"现象（10分）	20% ☐	40% ☐	60% ☐	80% ☐	100% ☐
故障排除：错位偏移（10分）	20% ☐	40% ☐	60% ☐	80% ☐	100% ☐
故障排除：支撑抓不住模型（10分）	20% ☐	40% ☐	60% ☐	80% ☐	100% ☐
故障排除：严重的横纹（15分）	20% ☐	40% ☐	60% ☐	80% ☐	100% ☐
故障排除：开裂现象（10分）	20% ☐	40% ☐	60% ☐	80% ☐	100% ☐
熟练度（5分）	20% ☐	40% ☐	60% ☐	80% ☐	100% ☐
操作规范（5分）	20% ☐	40% ☐	60% ☐	80% ☐	100% ☐
得分					
操作评价					
小组评语					
教师评语					
自我总结					

项目 8　综合实训

项目引入

通过前面几个项目的学习，了解了增材制造工艺的基本原理，掌握了增材制造的基本工艺流程，即前处理、打印成型、后处理。结合各个项目中的任务内容正确掌握了部分 3D 打印成型设备的操作和调试，合理选择并使用耗材的方法。本项目将通过两个实训任务，综合检验增材制造工艺的基本原理、增材制造的基本工艺流程，以及结合三维扫描和逆向建模进行增材制造成型设备的操作、调试和加工制作。

学习目标

◆ 知识目标

1. 了解扫描仪。
2. 了解物体扫描流程。
3. 掌握扫描仪软、硬件的使用方法。
4. 掌握正向建模与参数化设计。
5. 了解 3D 打印设备打印工作流程。
6. 了解增材制造后处理流程。

◆ 技能目标

1. 能够正确使用 3D 扫描仪进行物品的扫描。
2. 能正确进行增材制造成型设备的操作和调试。
3. 能根据零件的实际使用工况合理选择耗材种类。
4. 能根据零件的实际使用工况合理选择增材制造成型设备。
5. 能正确完成增材制造成型工艺的前处理、打印成型和后处理。

◆ 素养目标

1. 培养严谨、精益求精的工匠精神。
2. 养成安全使用设备和工具的良好职业习惯。

任务 1 扇叶的三维扫描与 3D 打印

任务描述

根据实物零件——扇叶的大小、结构特征，选择合适的三维扫描仪进行扫描操作。利用三维扫描仪获取点云数据并对点云数据进行处理，生成 3D 打印格式的三维模型文件。根据生成的三维模型选择合适的 3D 打印设备。操作 3D 打印设备进行制件加工，然后对打印完成的制件进行后处理操作。

1. 三维扫描仪简介

三维扫描仪，也称为三维立体扫描仪、3D 扫描仪，是融合光、机、电和计算机技术于一体的高科技产品，主要用于获取物体外表面的三维坐标及物体的三维数字化模型。该设备不但可用于产品的逆向工程、三维检测等领域，而且随着三维扫描技术的不断深入发展，如三维影视动画、数字化展览馆、服装量身定制、计算机虚拟现实仿真与可视化等越来越多的行业也开始应用三维扫描仪来创建实物的数字化模型。通过三维扫描仪非接触扫描实物模型，得到实物表面精确的三维点云数据，最终生成实物的数字模型，不仅速度快，而且精度高，几乎可以完美地复制现实世界中的任何物体，以数字化的形式逼真地重现现实世界。

2. 三维扫描仪的准备工作

（1）VisenTOP Studio 软件的安装

本任务使用的是 VisenTOP 三维扫描仪，本扫描仪使用 VisenTOP 三维扫描仪配套 VisenTOP Studio 软件进行扫描采集建模，首先需要进行 VisenTOP Studio 采集软件的安装，具体步骤如下。

1）双击 VisenTOP Studio 主程序安装包（见图 8-1），弹出 VisenTOP Studio Setup 对话框 1，单击 Next，如图 8-2 所示。

图 8-1 双击安装包

项目8 综合实训 183

图 8-2　VisenTOP Studio Setup 对话框 1

2）在弹出的 VisenTOP Studio Setup 对话框 2 中选择文件安装目录，单击 Next，如图 8-3 所示。

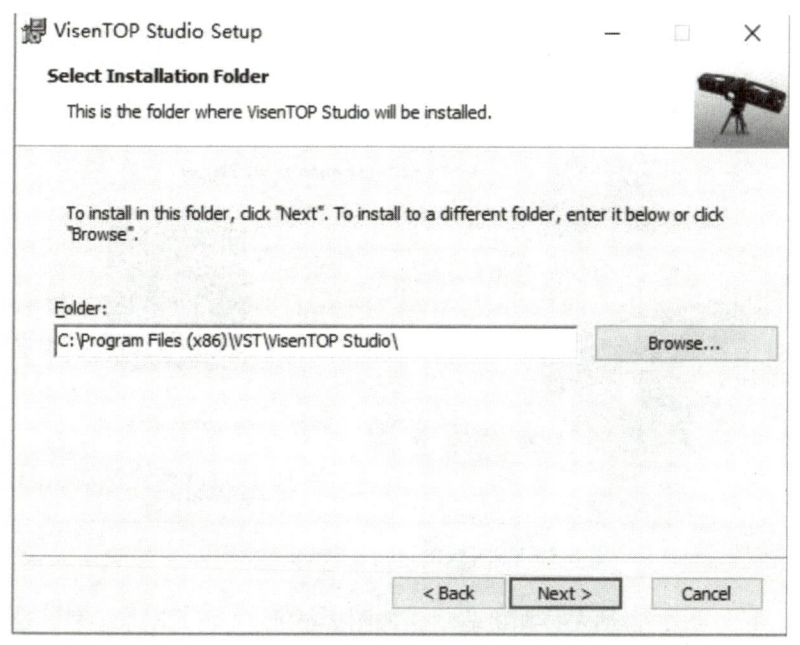

图 8-3　VisenTOP Studio Setup 对话框 2

3）准备安装，在弹出的 VisenTOP Studio Setup 对话框 3 中单击"Install"，如图 8-4 所示。

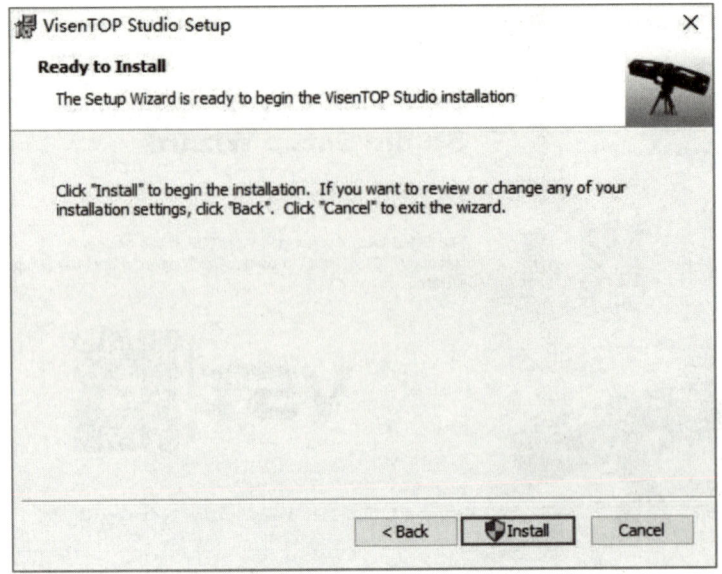

图 8-4　VisenTOP Studio Setup 对话框 3

4）等待软件安装，在 VisenTOP Studio Setup 对话框 4 中勾选 Install Camera Drivers（安装相机驱动），单击 Finish，如图 8-5 所示。

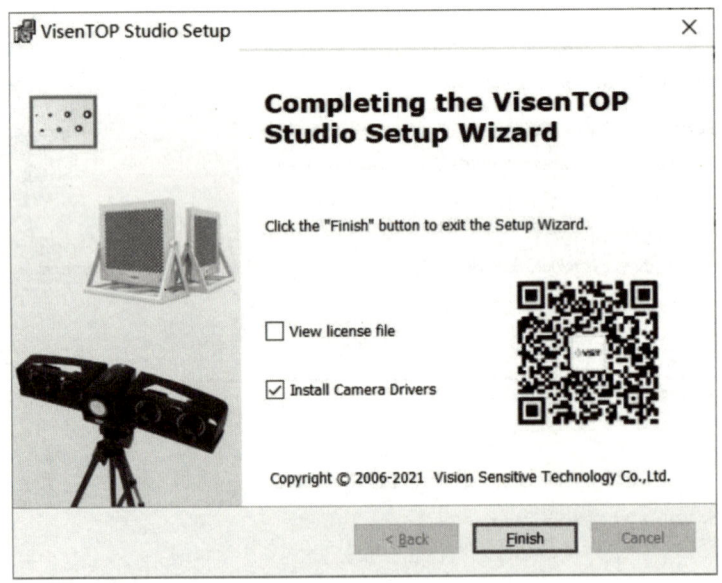

图 8-5　VisenTOP Studio Setup 对话框 4

5）单击"下一步"，自动安装相机驱动，如图 8-6 所示。

6）单击"完成"，相机驱动安装完成，如图 8-7 所示。

（2）恢复参数默认设置　新安装软件或者更换三维扫描仪型号后需要恢复参数默认设置。找到软件安装位置，打开 regfiles 文件夹，选择并双击相机对应参数，如图 8-8 所示。

项目8 综合实训

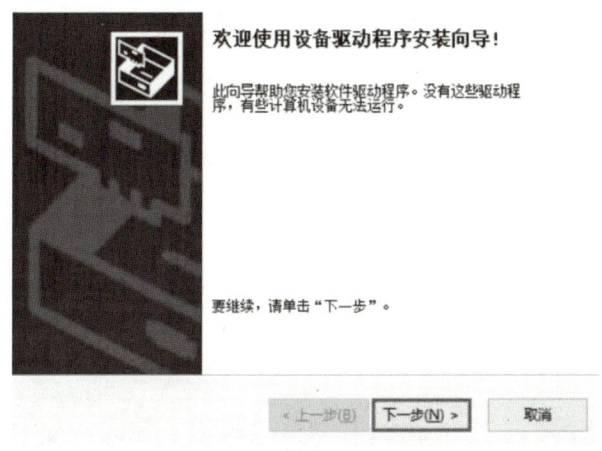

图 8-6 自动安装相机驱动

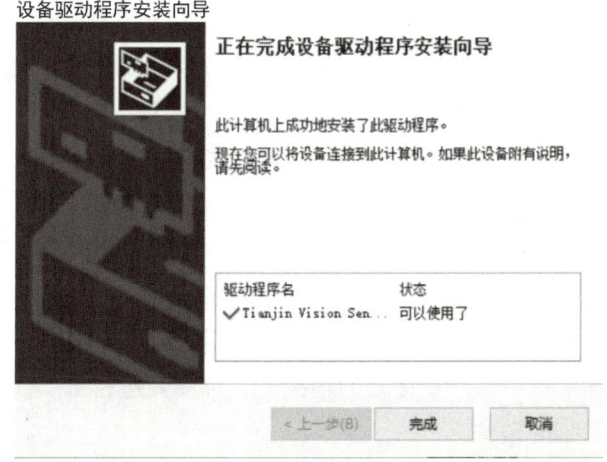

图 8-7 相机驱动安装完成

图 8-8 选择并双击相机对应参数

在弹出的"注册表编辑器"对话框 1 中单击"是",确定继续,如图 8-9 所示。

图 8-9 "注册表编辑器"对话框 1

在弹出的"注册表编辑器"对话框 2 中单击"确定",完成导入,如图 8-10 所示。

图 8-10 "注册表编辑器"对话框 2

3. 扫描仪操作使用

(1) 标定　在使用三维扫描仪之前,首先要对扫描仪进行标定。标定是得到三维世界坐标系中工件点的三维坐标与其图像坐标系中对应点的函数关系(旋转、平移)的过程。照相机标定精度是决定扫描系统精度的重要因素。系统进行硬件调整或运输后及在使用过程中产生较严重振动的情况下,都需要进行重新标定,以保证扫描系统的精度。

出现以下情况之一时,需要重新标定:
1)首次使用之前。
2)重新组装之后。
3)经受强烈振动之后。
4)更换镜头之后。
5)多次拼接失败之后。
6)采集精度降低之后。

按照以下操作对机器进行标定操作。

1)摆放标定靶。打开相机开关、标定靶开关,将标定靶正对,调整距离,使标定靶靶心同时出现在两相机窗口的小矩形框中。注意:带背光标定靶标定时需关闭设备光源开关,不带背光标定靶标定时不需要关闭光源,且需在"标定"菜单下单击"投射白光",如图 8-11 所示。

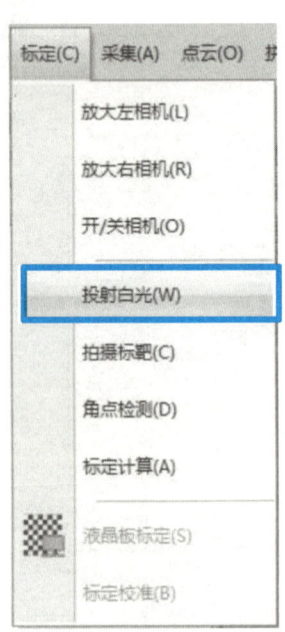

图 8-11 单击"投射白光"

图 8-12 工具栏

2)打开"标定窗口"。单击工具栏(见图 8-12)中的 ![] 按钮,打开"标定窗口",如图 8-13 所示。在"采集窗口"中调节亮度,使黑白格交点最清晰为准,如图 8-14 所示。

图 8-13 "标定窗口"

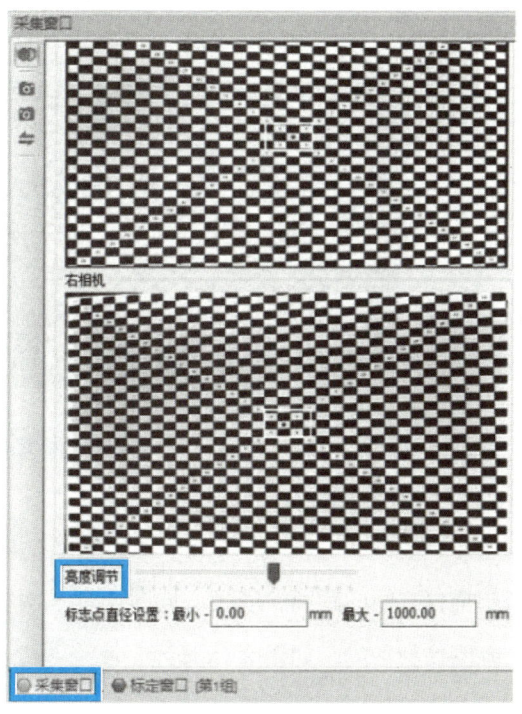

图 8-14 "采集窗口"

3)单击图 8-15 所示工具栏中的 ![] 按钮,对标定靶进行图像采集,如图 8-16 所示。

4)单击 ![] 切换到下一幅。改变标定靶的旋转角度为正对偏左 25° 左右,调整标定靶与扫描仪之间的距离,使靶心同时出现在两相机窗口的小矩形框中,单击 ![] 完成标定靶第二幅图像的采集,如图 8-17 所示。

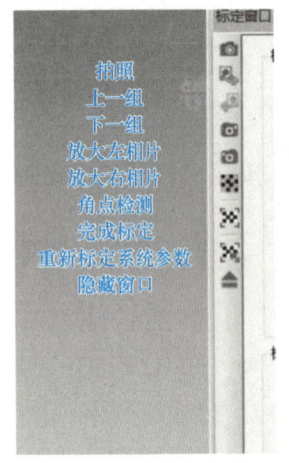

图 8-15 工具栏

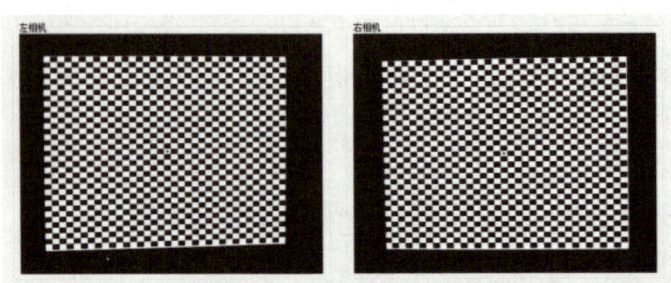

图 8-16 标定靶图像采集

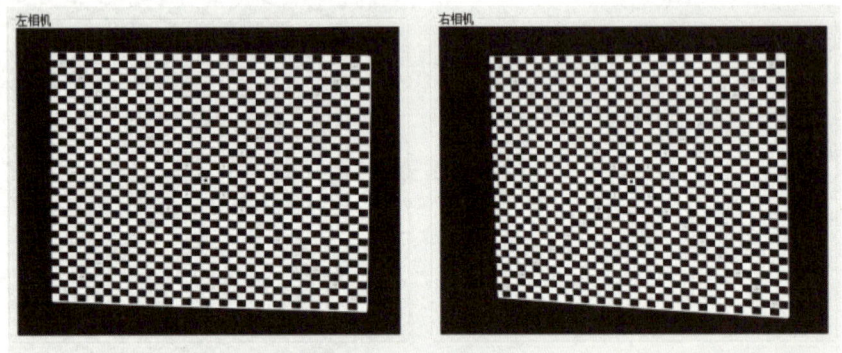

图 8-17 标定靶第二幅图像采集

5)单击 切换到第三幅。改变标定靶的旋转角度为正对偏右 25°左右,调整标定靶与扫描仪之间的距离,使靶心同时出现在两相机窗口的小矩形框中,单击 完成标定靶第三幅图像的采集,如图 8-18 所示。

图 8-18 标定靶第三幅图像采集

6）单击 ![icon] 切换到第四幅。改变标定靶的旋转角度为正对偏上 25° 左右，调整标定靶与扫描仪之间的距离，使靶心同时出现在两相机窗口的小矩形框中，单击 ![icon] 完成标定靶第四幅图像的采集，如图 8-19 所示。

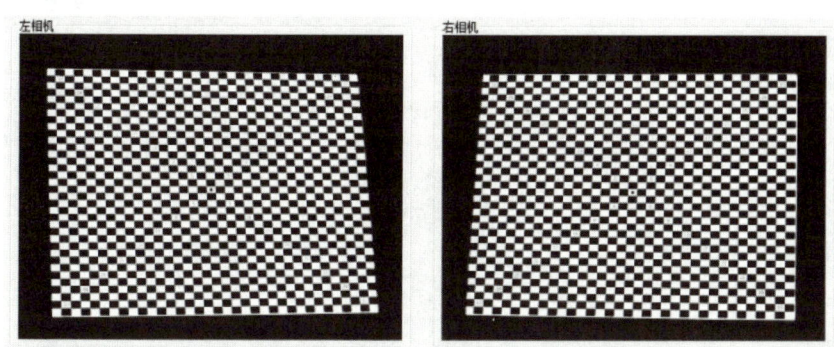

图 8-19　标定靶第四幅图像采集

7）单击 ![icon] 切换到第五幅。改变标定靶的旋转角度为正对偏下 25° 左右，调整标定靶与扫描仪之间的距离，使靶心同时出现在两相机窗口的小矩形框中，单击 ![icon] 完成标定靶第五幅图像的采集，如图 8-20 所示。

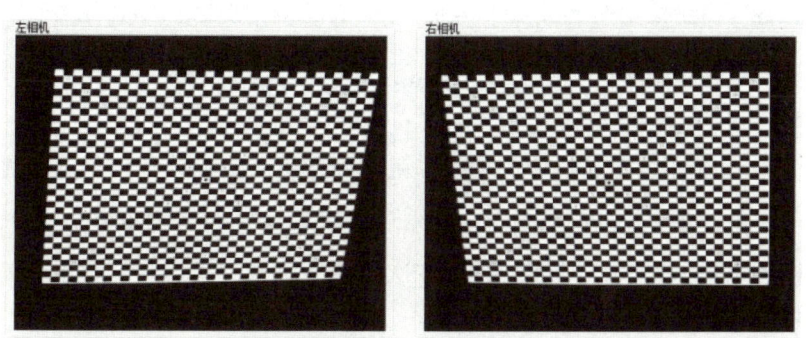

图 8-20　标定靶第五幅图像采集

8）设置标定靶参数。单击"工具"→"设置"，如图 8-21 所示。在弹出的"设置"对话框中打开"标定靶参数"界面，选择相对应的"标靶规格"，"纵向行数"和"横向列数"根据采集的五幅图像边框选取最大值，此例中的纵向行数和横向列数都为 33，如图 8-22 所示。

9）单击角点。返回"标定窗口"，依据纵向行数和横向列数单击角点。角点为纵向行数和横向列数组成的矩形的顶点，同时软件也会自动优化识别最佳角点位置。角点单击完成的状态如图 8-23 所示。

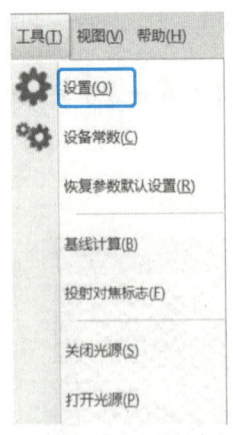

图 8-21 设置

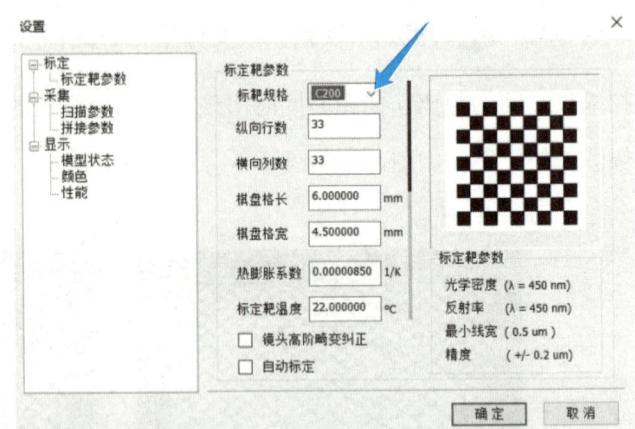

图 8-22 "标定靶参数"界面

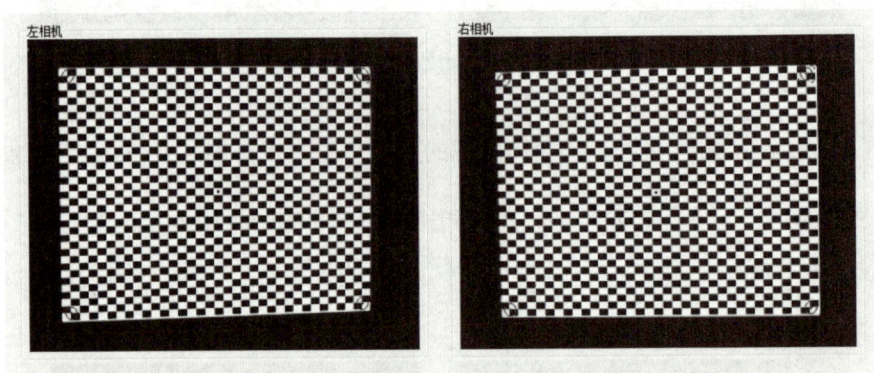

图 8-23 角点单击完成的状态

10）单击图 8-15 所示工具栏中的 ▦ 按钮，进行角点检测。观察角点检测结果是否正确、角点的排列是否整齐，准确的角点检测结果如图 8-24 所示。如果发现角点排列不整齐，错误的角点检测结果如图 8-25 所示，说明本次角点检测出现错误。确认角点的位置和标定参数都正确并且匹配后，重新进行角点检测。

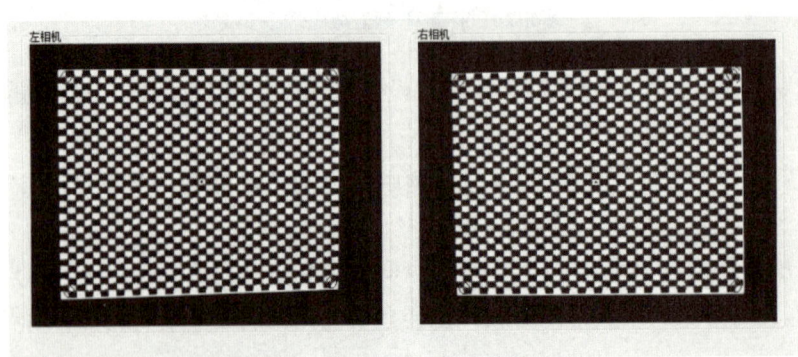

图 8-24 准确的角点检测结果

图 8-25　错误的角点检测结果

11）单击图 8-15 所示工具栏中的 ![icon] 图标，切换到上一幅，按步骤 9）和 10）完成单击角点和角点检测。

12）重复步骤 11），完成五幅图像的角点检测。

13）单击图 8-15 所示工具栏中的 ![icon] 图标，进行系统标定。标定完成时，系统弹出 VisenTOP Studio 对话框，如图 8-26 所示，即为标定成功的通知。

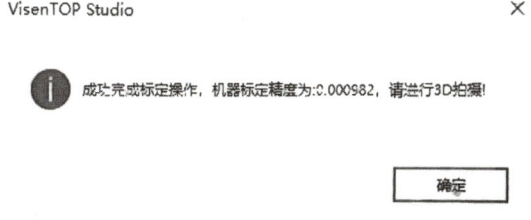

图 8-26　VisenTOP Studio 对话框

14）单击图 8-15 所示工具栏中的 ![icon] 图标，收起标定窗口。如果标定不成功，系统弹出标定未成功的通知，此时需要重新进行系统标定。

（2）扫描前准备工作　检查待扫描物体表面是否反光、太暗或为透明材质，物体表面如出现这三种情况中的任意一种，则应进行显像剂喷涂处理。然后进行标记点的粘贴，用来提高扫描精度及扫描拼接。

1）显像剂的使用。有下列情况之一需要使用显像剂：

① 采集物体是深黑色。

② 采集物体表面透明，或者有一定的透光层。

③ 采集物体表面存在高强度的镜面反射。

2）粘贴标记点。每一次采集都应至少识别出三个标记点，作为拼接数据的依据。除物体表面纹理特征明显之外的所有情形都应粘贴标记点。粘贴标记点的步骤及注意事项如下：

① 标记点应无规则地分布在被测物体的表面上，且在相机窗口中清晰可见。标记点不要粘贴在一条直线上，应该呈 V 形分布。标记点应尽量粘贴在物体无明显特征的表面上。

② 在粘贴标记点之前，应该考虑清楚标记点应粘贴在扫描物体上还是采集物体周围，还是两者都需要。标记点粘贴在物体表面上的优点是：物体可以自由移动，缺点是会稍微影响被标记点覆盖的表面的 3D 数据。粘贴在物体周围虽然不影响物体表面的 3D 数据，但是在整个采集过程中，要保持扫描物体和粘贴着标记点的物体之间不能发生相对移动。

③ 标记点的尺寸应该选择适当。如果选择不当，会无法识别，导致不能拼接。

④ 当采集扁平物体的数据时，为了保证采集精度，需要在物体表面和物体周围都粘贴标记点，或者放置一些附加治具。

完成上述步骤后，需要确定机器状态，具体步骤如下：

① 插好数据线和电源线，打开机器，检查光源应能投射清晰条纹光，相机应能看到被测物体。

② 试采集一下标记点，标记点都能识别且被采集。

③ 单击"采集"→"预对焦"，如图 8-27 所示，调整设备和采集物体的距离直到合适（十字线同时出现在两相机窗口的小矩形框中）。

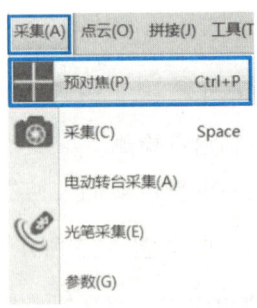

图 8-27 单击"预对焦"

（3）开始扫描

1）新建工程。单击工具栏中的新建工程图标 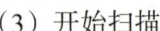，如图 8-28 所示，输入工程"名称"（扇叶）及"路径"，命名不能重复，单击"确定"，完成新建工程，如图 8-29 所示。工程创建成功后，"点云数据"窗口会出现新建工程的名称，如图 8-30 所示。

图 8-28 工具栏

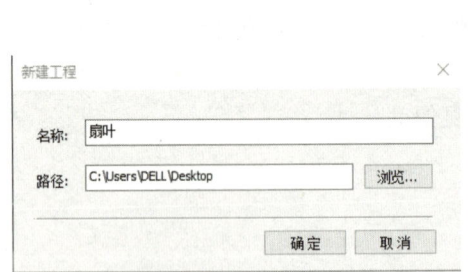

图 8-29 完成新建工程

图 8-30 "点云数据"窗口

2）打开已存在工程。单击工具栏中的加载点云图标 ，加载点云工程文件，如图 8-31 所示。工程文件加载后，用户可以继续进行采集和拼接等操作。VisenTOP Studio 点云工程

文件的后缀为 .vtop。vtop 文件保存点云工程所有有用的信息，是 VisenTOP Studio 唯一能够加载的文件类型。

图 8-31　加载点云工程文件

3）采集。单击工具栏中的采集图标 ，可以看到向物体投射变化的条纹光。当条纹光静止时，一幅图像数据采集结束，移动物体到下一个采集位置（一般横向转动角度不要超过 30°，纵向转动角度不要超过 45°，平移距离不要超过 3/4 的扫描范围，以保证两次采集有足够的标记点，作为拼接的依据）。重复上面的过程，进行第二幅图像数据的采集。如果采集后系统提示没有完成拼接，则可能是物体移动位置过大，在点云数据窗口中右击该幅点云，在弹出的菜单中选择"删除未拼接的组（D）"，如图 8-32 所示。

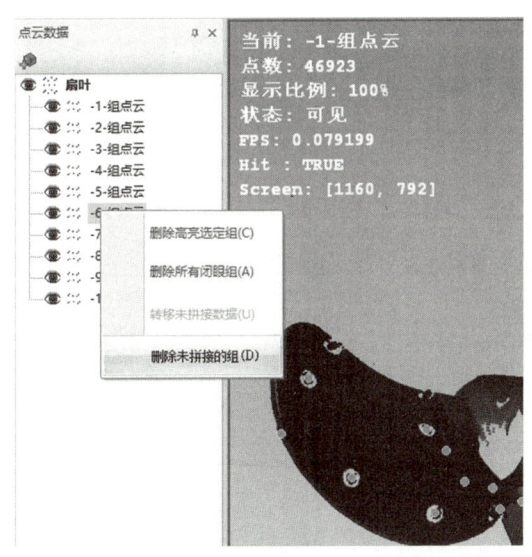

图 8-32　删除未拼接的组（D）

然后，把物体移动到合适的采集位置，继续采集。如此重复，直到采集到物体的全部 3D 数据。采集的过程中应保持设备与物体稳定，否则采集到的点云将是无效的。完全采集结束后,将看到采集的结果,如图 8-33 所示。

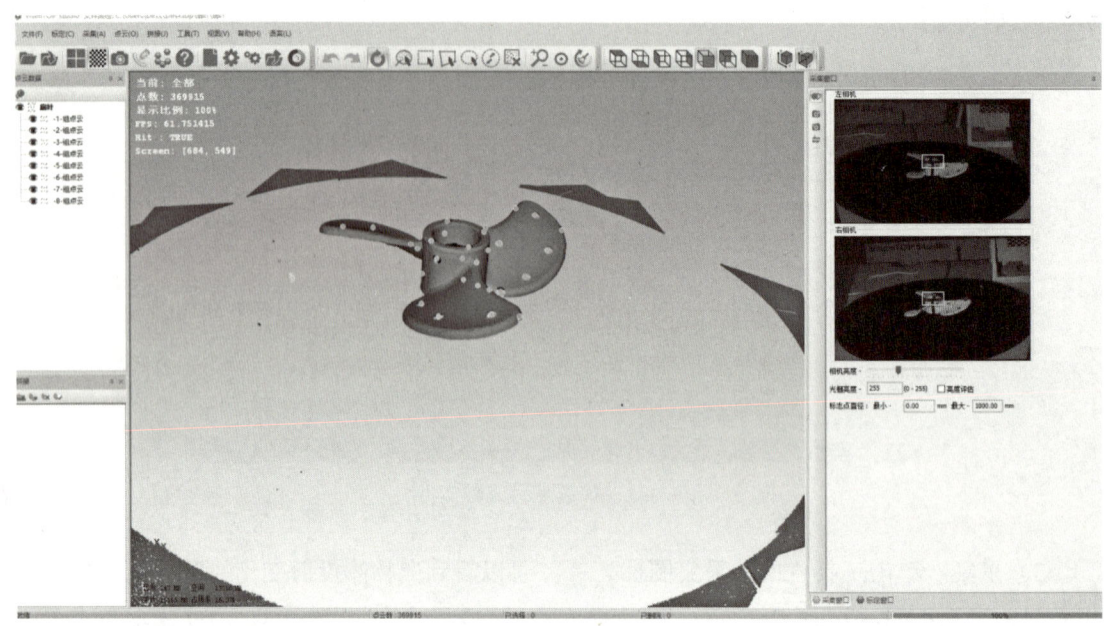

图 8-33 采集的结果

(4)点云处理、点云工程文件的保存及导出

1)点云处理。

进行点云处理时,需要选中和删除杂点。在 3D 窗口中选择杂点,选中的点会红色高亮显示。VisenTOP 系统提供多种选点方式:矩形区域选点、多边形区域选点、套索选点、椭圆形区域选点和反向选择等。

主要用矩形区域选点和多边形区域选点。矩形区域选点:单击工具栏中的 ![icon] 图标后,在 3D 窗口中按住鼠标左键并拖动,选择区域后,放开左键。此时,矩形区域内的点被选中。多边形区域选点:单击工具栏中的 ![icon] 图标后,在 3D 窗口中依次放置多边形的角点,最后单击第一个角点,形成封闭多边形。此时,封闭多边形区域内的点被选中。选中杂点的操作如图 8-34 所示。

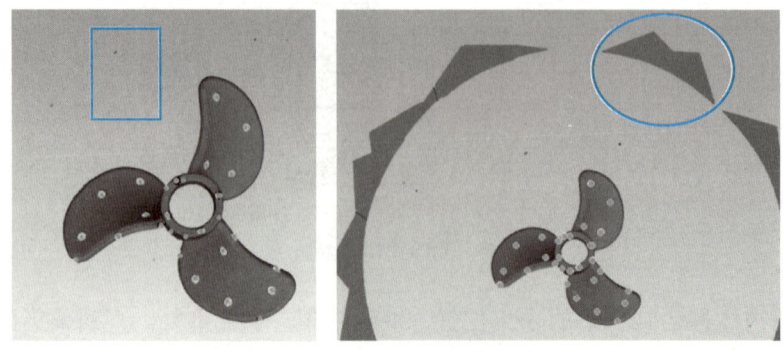

图 8-34 选中杂点的操作

右击鼠标取消选中区域，其他选点操作方式与矩形区域选点、多边形区域选点方法类似。

单击工具栏中的 ![icon] 图标或者按 <Delete> 键，完成删除杂点的操作。

2）保存及导出点云工程文件。单击工具栏中的保存图标 ![icon] 或使用快捷键 <Ctrl+S> 保存当前点云工程，保存的文件类型为 vtop，文件保存路径显示在主程序的标题中，如图 8-35 所示。

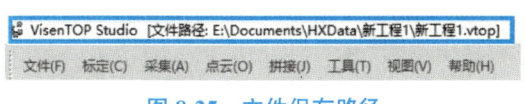

图 8-35　文件保存路径

单击工具栏中的处理点云图标 ![icon]，弹出"优化处理点云"对话框，如图 8-36 所示，单击"处理点云"→"导出当前数据"，导出的文件类型包括 asc 等。

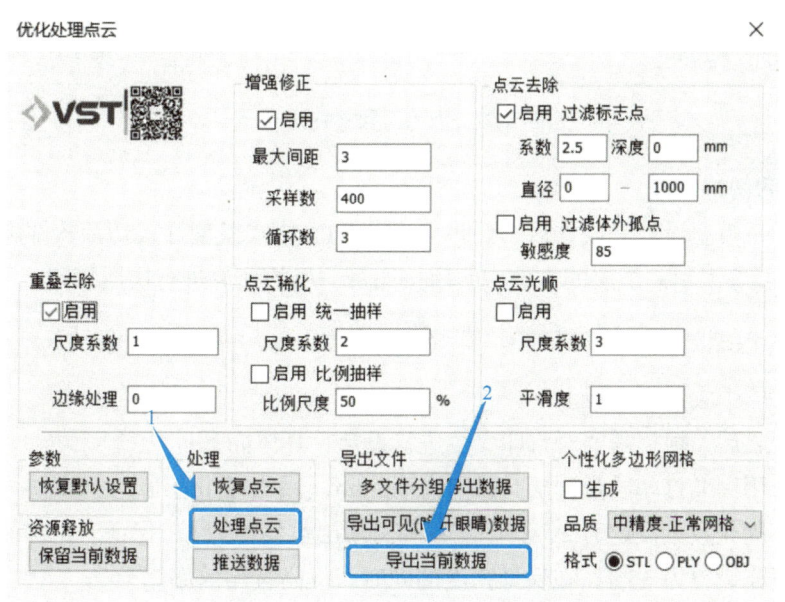

图 8-36　"优化处理点云"对话框

选择导出点云工程文件存放路径、输入名称，单击"保存"，如图 8-37 所示，完成点云工程文件导出。

注意：asc 为 VisenTOP Studio 的点云工程文件类型。PLY、ASC、XYZ、TXT、OFF、PCD、WRL、OBJ、STL 为通用的点云数据文件类型。OBJ 类型的文件仅保存点云数据，wrl 类型的文件保存点云数据、点的颜色、纹理等信息。用户可根据需要选择文件类型，保存数据。

最后使用 ASC 和 OBJ 类型文件将点云数据加载到 Geomagic Studio 等逆向工程软件中，加工点云数据，进行减少噪点和面片处理并封装，生成生产制造所需的数据；使用 wrl 类型文件展示被测物体的原貌，包括外形和纹理，最后保存为 STL 格式文件。

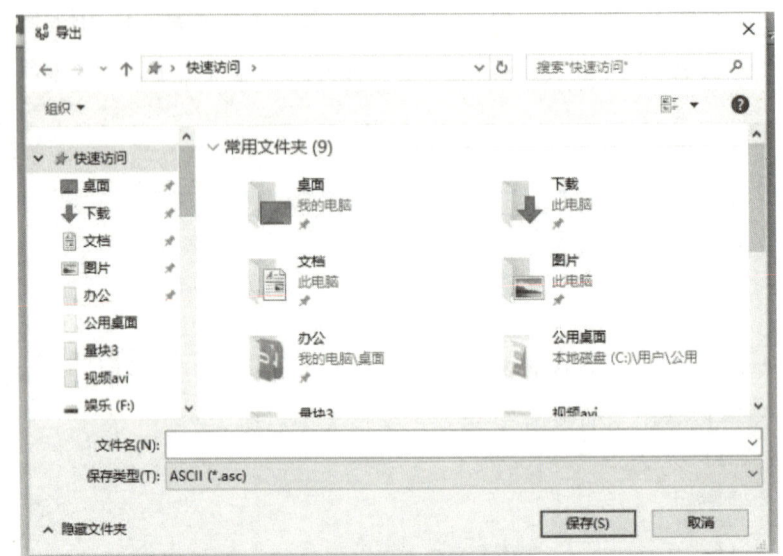

图 8-37　点云工程文件的导出

4．物体的切片处理

立体坐标系模型设计完成之后，要将导出的 STL 格式模型导入切片软件进行切片处理，使 3D 打印机能够识别一层层的文件，然后按照每一层的文件进行层层打印。

载入 STL 模型。打开切片软件，单击 图标，弹出对话框，选择要载入的模型。调整模型，将其居中放置到地板上。

载入模型之后，根据需要对打印参数进行设定，具体如下：

层高：采用标准打印质量，层高设定为 0.3mm，保证打印速度。

外壳：外周壳数量设定为 2，封底层数和封顶层数设置为 3，保证有足够的强度。

填充：填充设置为 15%，在保证强度的同时，提高打印效率。

打印速度：打印速度设置为 70mm/s，空走速度设置为 120mm/s，这样既不影响打印质量，又能保证打印效率。

打印温度：按照 PLA 材料特点，为增加黏附力，将打印温度设置为 220℃。

打印参数设置完成后，单击"确定"，切片软件开始对模型进行切片处理，并估算打印时间和消耗耗材长度。

5．物体的打印

根据物体的大小选择打印机的型号，较小零件可以选择小型的打印机，本项目选择三角洲结构的打印设备，具体打印机的调试和打印步骤参照项目 3 任务 4 的操作方法进行。

打印流程如图 8-38 所示。

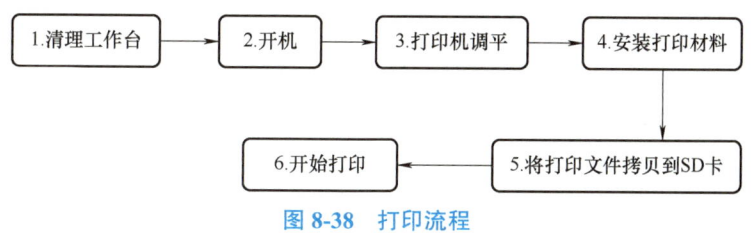

图 8-38　打印流程

6. 打印完成的后处理

3D 打印是通过逐层打印成型的，在分层制造中会产生台阶效应，因此会有一定厚度的多层台阶。模型表面出现的这些台阶直接影响其表面质量。为更好地解决打印产品的表面质量问题，需要对打印好的模型进行后处理操作，具体操作方法参考项目 6 中的后处理及注意事项。图 8-39 所示为 FDM 成型工艺流程图。

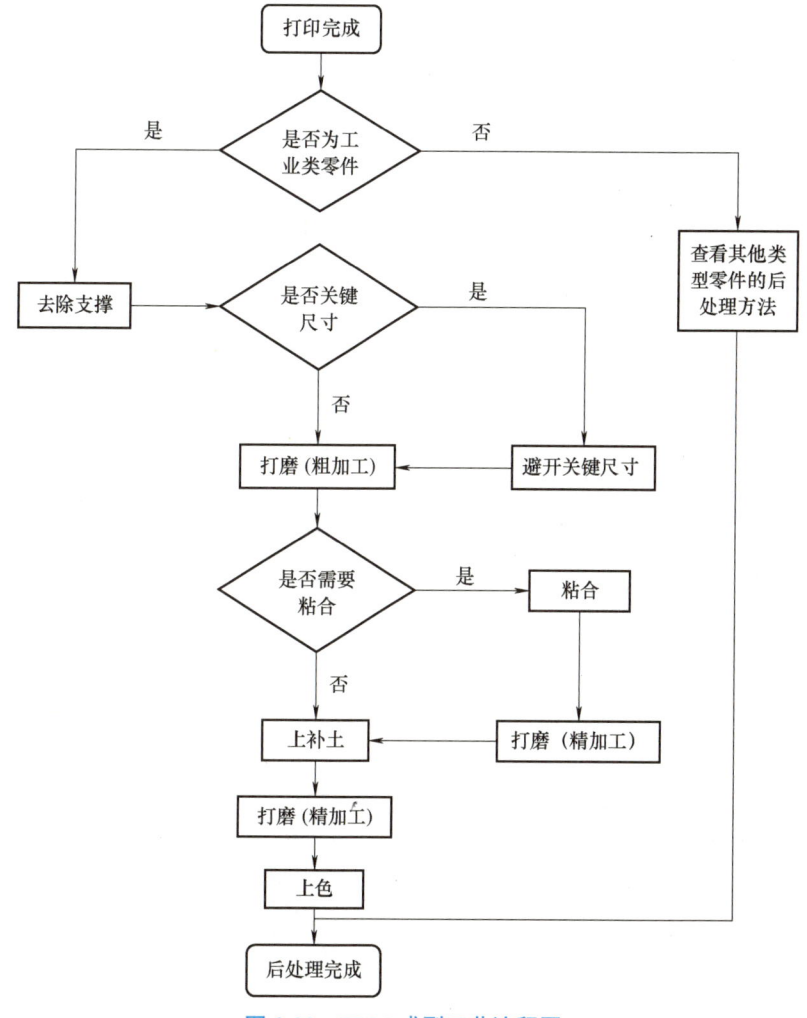

图 8-39　FDM 成型工艺流程图

知识拓展

3D 打印耗材回收装置

党的二十大报告明确指出"推动战略性新兴产业融合集群发展,构建新一代信息技术、人工智能、生物技术、新能源、新材料、高端装备、绿色环保等一批新的增长引擎。"针对 3D 打印行业普遍存在的耗材浪费问题,浙江机电职业技术学院现代信息技术学院单柯研、张家鹏等同学成功研发"3D 打印耗材回收装置",他们利用高温和氧气的作用,将 3D 打印残留材料分解成原始材料,并通过一系列过滤和分离步骤,可以把粉碎后的 3D 打印耗材热熔挤压成丝,将耗材转化为可再利用的 3D 打印材料。这台回收装置可降低资源消耗、减少碳排放量,促进循环经济模式下 3D 耗材可持续利用的发展。

 任务评价

记录任务实施过程中的数据,评价任务实施效果,填写任务评价表,见表 8-1。

表 8-1 任务评价表

(1) 三维扫描仪选用			
三维扫描仪名称		三维扫描仪型号	
三维扫描仪量级			
三维扫描仪的结构			
三维扫描仪的特点			
(2) 三维扫描的前处理			
判断是否需要喷涂显像剂			
判断是否需要粘贴标记点			
(3) 三维扫描仪设备使用和数据采集			
正确连接三维扫描仪			
诠释三维扫描仪按键功能			
确定最佳扫描距离			
确定合适的扫描速度			

（续）

（4）三维扫描的后处理

操作内容	评分				
进行杂点去除操作（30分）	20% □	40% □	60% □	80% □	100% □
进行噪点降噪操作（30分）	20% □	40% □	60% □	80% □	100% □
删除多余的点云（20分）	20% □	40% □	60% □	80% □	100% □
熟练度（10分）	20% □	40% □	60% □	80% □	100% □
操作规范（10分）	20% □	40% □	60% □	80% □	100% □
总分					
评价					

（5）点云处理

操作内容	评分				
点云数据优化处理（20分）	20% □	40% □	60% □	80% □	100% □
编辑点云数据（20分）	20% □	40% □	60% □	80% □	100% □
分割截面、构建曲线（30分）	20% □	40% □	60% □	80% □	100% □
数据封装（10分）	20% □	40% □	60% □	80% □	100% □
熟练度（10分）	20% □	40% □	60% □	80% □	100% □
操作规范（10分）	20% □	40% □	60% □	80% □	100% □
总分					
评价					

（6）增材制造设备选用

设备名称		设备型号	
设备结构			
设备特点			
耗材选用			

（7）增材制造成型工艺分析

工艺分析过程	
小结	

(续)

(8)增材制造成型工艺切片处理

操作内容	评分				
模型获取（5分）	20% ☐	40% ☐	60% ☐	80% ☐	100% ☐
姿态摆放（20分）	20% ☐	40% ☐	60% ☐	80% ☐	100% ☐
优化减重（20分）	20% ☐	40% ☐	60% ☐	80% ☐	100% ☐
支撑设置（20分）	20% ☐	40% ☐	60% ☐	80% ☐	100% ☐
切片参数设置（20分）	20% ☐	40% ☐	60% ☐	80% ☐	100% ☐
保存打印文件（5分）	20% ☐	40% ☐	60% ☐	80% ☐	100% ☐
熟练度（5分）	20% ☐	40% ☐	60% ☐	80% ☐	100% ☐
操作规范（5分）	20% ☐	40% ☐	60% ☐	80% ☐	100% ☐
总分					
评价					

(9)增材制造成型设备使用和制件加工

操作内容	评分				
3D打印机准备工作（20分）	20% ☐	40% ☐	60% ☐	80% ☐	100% ☐
3D打印机材料安装（10分）	20% ☐	40% ☐	60% ☐	80% ☐	100% ☐
3D打印机材料卸载（10分）	20% ☐	40% ☐	60% ☐	80% ☐	100% ☐
3D打印机基本检修（15分）	20% ☐	40% ☐	60% ☐	80% ☐	100% ☐
运行设备加工制作（25分）	20% ☐	40% ☐	60% ☐	80% ☐	100% ☐
3D打印制件卸载（10分）	20% ☐	40% ☐	60% ☐	80% ☐	100% ☐
熟练度（5分）	20% ☐	40% ☐	60% ☐	80% ☐	100% ☐
操作规范（5分）	20% ☐	40% ☐	60% ☐	80% ☐	100% ☐
总分					
评价					

(10)增材制造成型工艺后处理

后处理工艺流程	

(续)

运用到的后处理工艺	
小结	

(11) 任务评价

小组评价	
教师评价	
自我总结	

任务2　螺栓与螺母的三维建模与3D打印

任务描述

利用三维建模软件进行正向建模，按照设计要求进行特征设计并生成3D打印格式的三维模型文件。根据生成的三维模型选择合适的3D打印设备。操作3D打印设备进行制件加工，然后对打印完成的制件进行后处理操作。利用三维设计软件和增材制造技术，可以设计和打印一些零件，如配合紧固件中的螺栓和螺母。本任务将利用NX软件设计一套配合的螺栓和螺母，如图8-40所示，并利用3D打印技术进行打印。

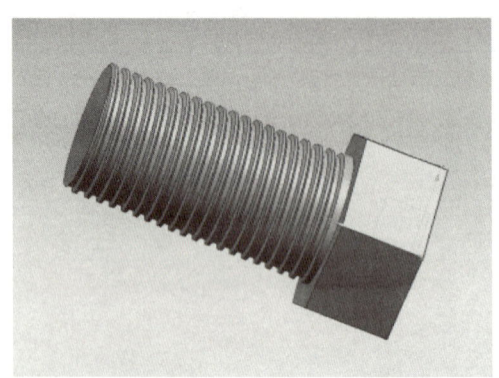
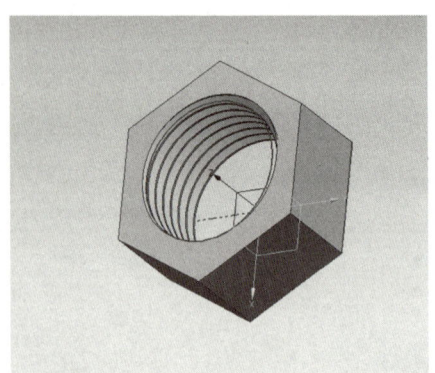

图 8-40 螺栓和螺母

1. 螺栓和螺母的建模

（1）螺栓的建模　单击"草图"按钮 ，打开"创建草图"对话框，定向视图到草图，如图 8-41 所示。

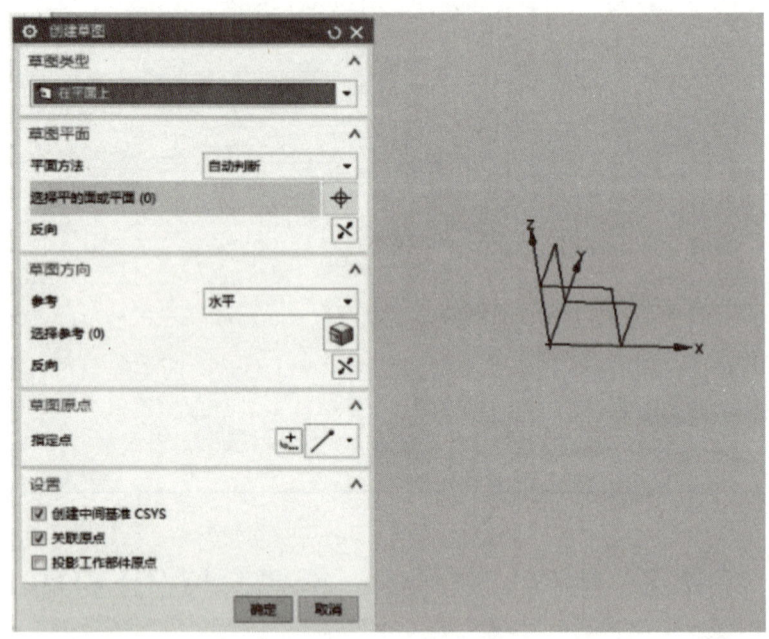

图 8-41 "创建草图"对话框

单击"插入"→"草图曲线"→"多边形"命令，弹出"多边形"对话框，中心点选择坐标原点，边数选择 6，内切圆半径设置为 10mm，旋转 270deg（即 270°）建立螺钉头草图，如图 8-42 所示。

单击 命令，弹出"拉伸"对话框，"距离"选择 10mm，完成螺栓头的拉伸，如图 8-43 所示。

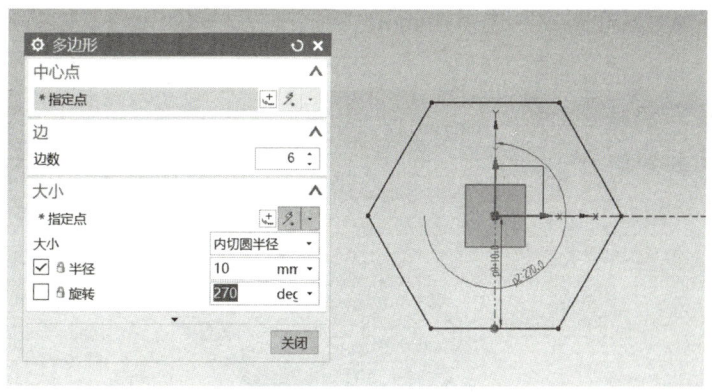

图 8-42　建立螺栓头草图

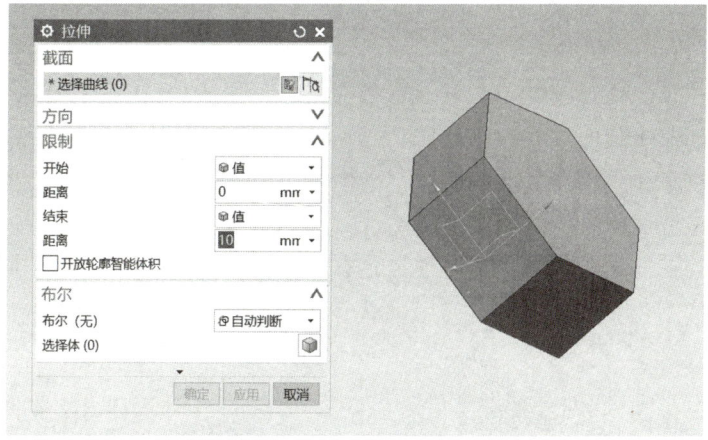

图 8-43　"拉伸"对话框

单击"草图"命令 ，以创建的螺栓头的中心为基准，创建草图，定向视图到草图。单击"圆"命令，选择圆心和直径方式，以坐标原点为圆心，绘制直径为 15mm 的圆，创建螺杆草图，如图 8-44 所示。

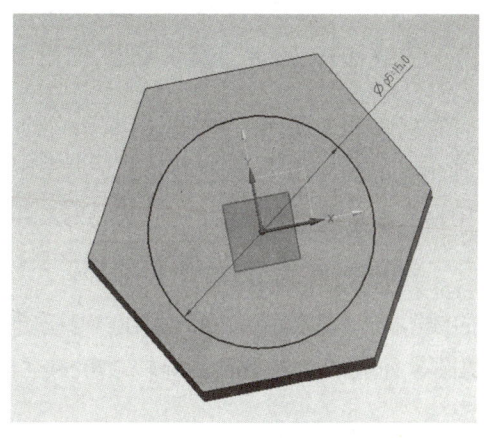

图 8-44　创建螺杆草图

单击"拉伸"命令,"距离"选择 30mm,完成螺杆主体的创建,如图 8-45 所示。

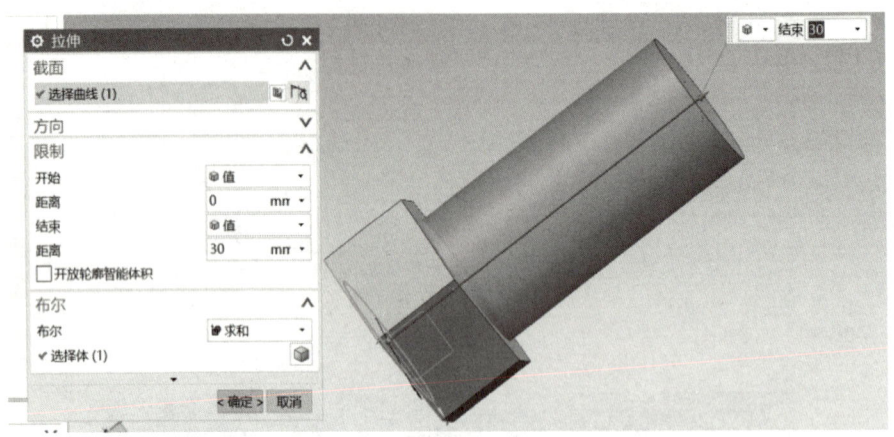

图 8-45　螺杆主体的创建

螺栓螺纹的创建步骤如下:

单击"主页"→"更多"→"设计特征"→"螺纹"命令,如图 8-46 所示。

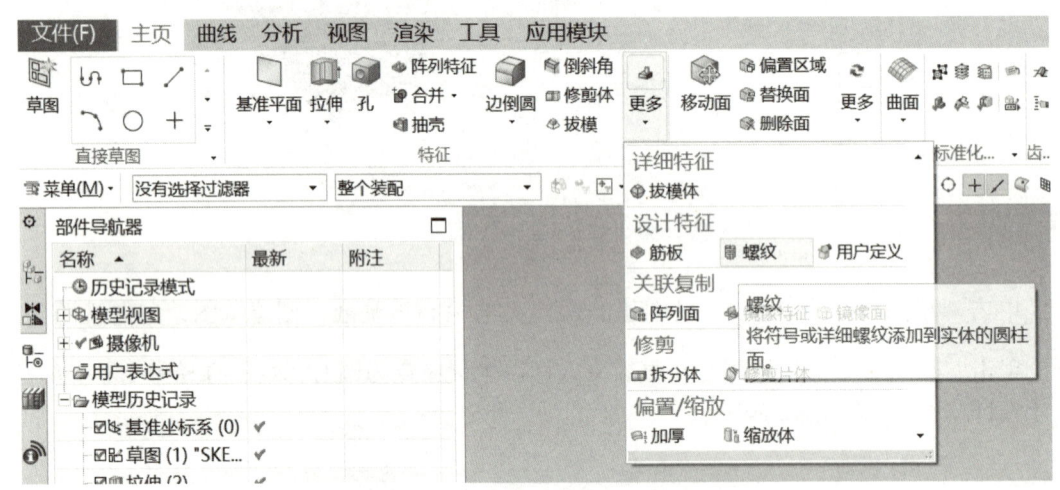

图 8-46　单击"螺纹"命令

弹出"螺纹"对话框,"螺纹类型"选择"详细","旋转"选择"右旋",单击要建立螺纹的圆柱表面,"小径"选择 14mm、"长度"选择 30mm、"螺距"选择 1.5mm、"角度"选择 60deg(即 60°),单击"确定",完成螺栓螺纹的创建,如图 8-47 所示。

(2) 螺母的创建　单击"草图"命令，进入"创建草图"对话框,定向视图到草图。单击"插入"→"草图曲线"→"多边形"命令,弹出"多边形"对话框,中心点选择坐标原点,边数选择 6,内切圆半径设置为 10mm,旋转 270deg(即 270°),创建螺母草图,如图 8-48 所示。

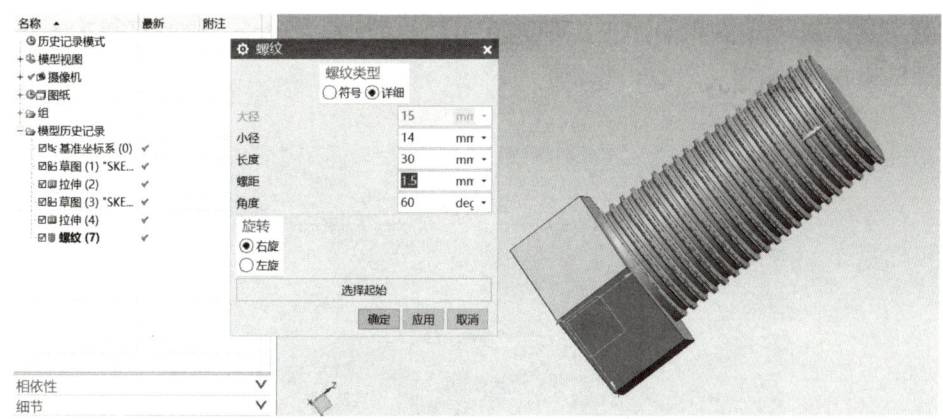

图 8-47 "螺纹"对话框

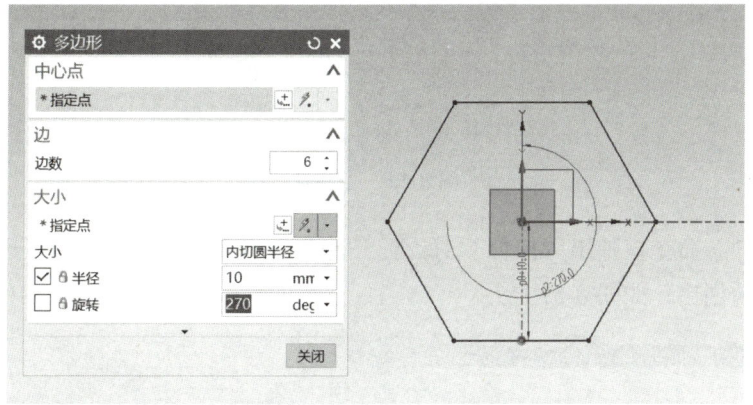

图 8-48 创建螺母草图

单击"拉伸"命令,弹出"拉伸"对话框,"距离"选择10mm,选择刚建立的螺母草图,完成六边形螺母的拉伸,如图 8-49 所示。

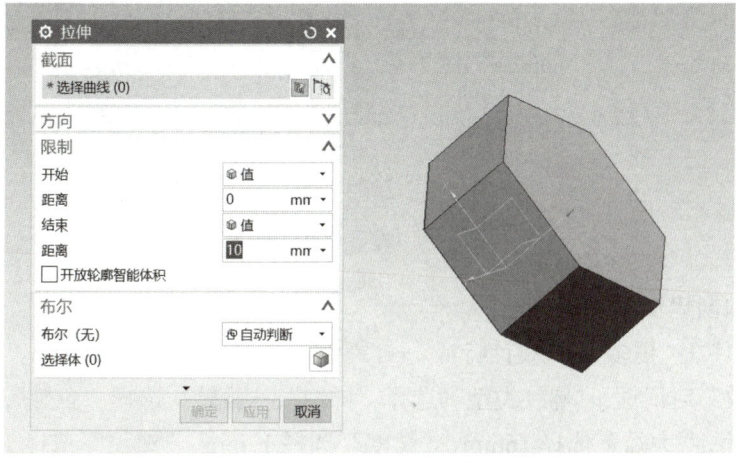

图 8-49 "拉伸"对话框

单击"圆"命令,选择圆心和直径方式,以坐标原点为圆心,绘制直径为14.6mm的圆,如图8-50所示。

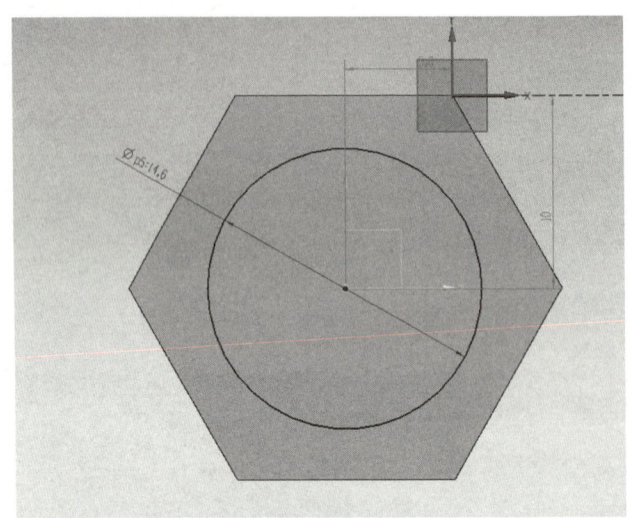

图8-50 绘制圆

单击"拉伸"命令,弹出"拉伸"对话框,"距离"选择10mm,"布尔"运算为"求差",完成螺母主体的创建,如图8-51所示。

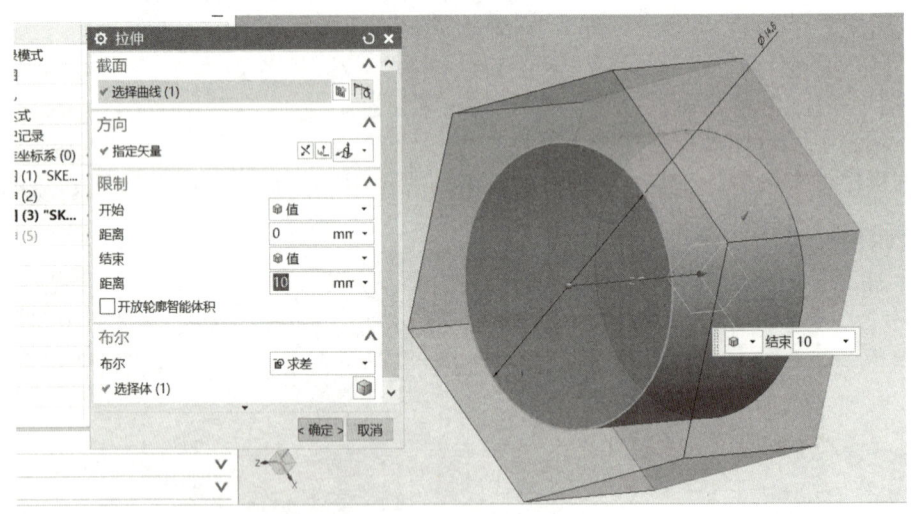

图8-51 螺母求差拉伸

螺母螺纹的创建步骤如下:

单击"主页"→"更多"→"设计特征"→"螺纹"命令,如图8-52所示。

弹出"螺纹"对话框,"螺纹类型"选择"详细","旋转"选择"右旋",单击要建立螺纹的内圆柱表面,"大径"选择16mm、"长度"选择12mm、"螺距"选择1.5mm、"角度"选择60deg(即60°),单击"确定",创建螺母内螺纹,如图8-53所示。

项目8 综合实训

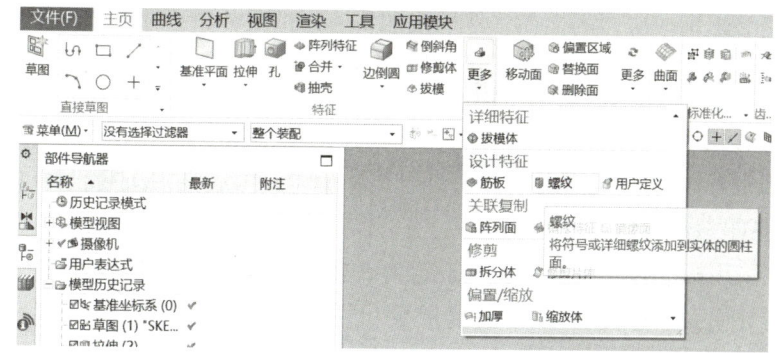

图 8-52 单击"螺纹"命令

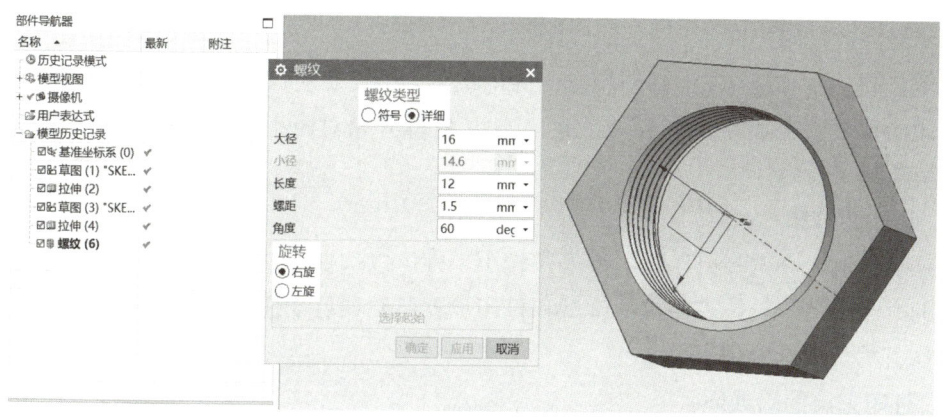

图 8-53 创建螺母内螺纹

建模完成后单击"文件"→"导出",选择 STL 对模型进行导出,文件保存为"螺栓",方便后期导入切片软件进行切片处理,如图 8-54 所示。

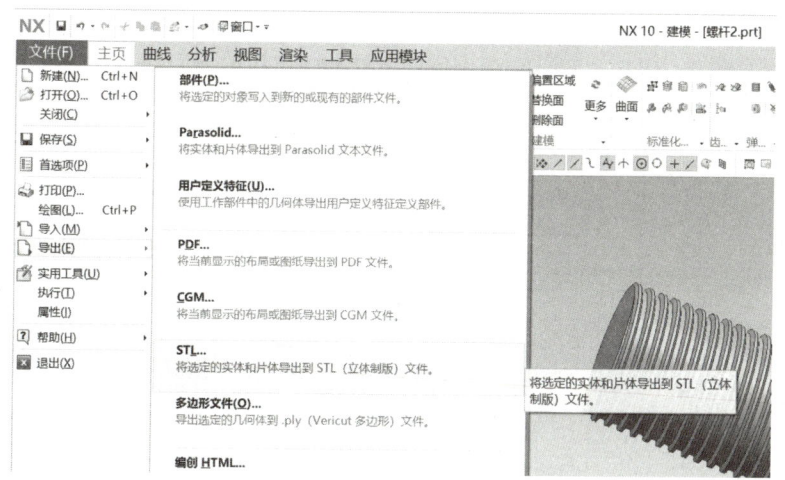

图 8-54 导出 STL 格式文件

2. 物体的切片处理

立体坐标系模型设计完成之后,将导出的 STL 格式模型导入切片软件进行切片处理,使3D打印机能够识别一层层的文件,然后按照每一层的文件进行层层打印。

载入 STL 模型。打开切片软件,单击 [载入],在弹出的对话框中选择要载入的模型。调整模型,将其居中放置到地板上。

由于设计时没有特征悬空,所以不需要打印支撑。调整参数,完成对螺杆螺母的切片处理。本任务的打印参数设定如下:

1)层高:采用标准打印质量,层高设定为0.18mm,保证打印速度。

2)外壳:外周壳数量设定为3,封底层数和封顶层数设置为2。

3)填充:填充设置为15%。

4)打印速度:打印速度设置为70mm/s,空走速度设置为120mm/s,这样既不影响打印质量,又能保证打印效率。

5)打印温度:按照 PLA 材料特点,为增加黏附力,将打印温度设置为220℃。

打印参数设置完成后,单击"确定",切片软件开始对模型进行切片处理,并估算打印时间和消耗耗材长度。

3. 物体的打印

根据物体的大小选择打印机的型号,较小零件可以选择小型的打印机,本项目选择三角洲结构的打印设备,具体打印机的调试和打印步骤参照项目3任务4的操作方法进行操作。

打印流程如图8-38所示。

4. 打印完成的后处理

3D打印是通过逐层打印成型的,在打印螺纹的时候,螺纹间会有毛刺出现。为更好地解决打印产品的表面质量问题,需要对打印好的模型进行后处理操作,在处理过程中要注意不要改变螺纹的螺距和螺纹的精度,不然会影响螺栓与螺母的配合,具体后处理操作方法参考项目6。图8-55所示为FDM成型工艺流程图。

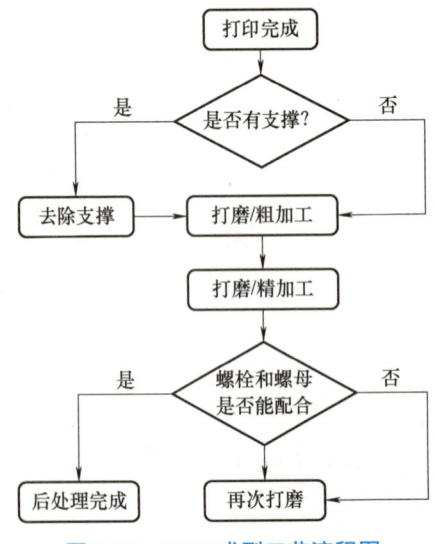

图8-55　FDM 成型工艺流程图

任务评价

记录任务实施过程中的数据，评价任务实施效果，填写任务评价表，见表 8-2。

表 8-2 任务评价表

(1) 三维建模设计

操作内容	阶段评分				
方案规划（15 分）	20% □	40% □	60% □	80% □	100% □
三维建模（30 分）	20% □	40% □	60% □	80% □	100% □
特征设计（30 分）	20% □	40% □	60% □	80% □	100% □
数据整理与备份（10 分）	20% □	40% □	60% □	80% □	100% □
熟练度（10 分）	20% □	40% □	60% □	80% □	100% □
操作规范（5 分）	20% □	40% □	60% □	80% □	100% □
总分					
评价					

(2) 增材制造设备选用

设备名称		设备型号	
设备结构			
设备特点			
耗材选用			

(3) 增材制造成型工艺分析

工艺分析过程	
小结	

(4) 增材制造成型工艺切片处理

操作内容	阶段评分				
模型获取（5 分）	20% □	40% □	60% □	80% □	100% □
姿态摆放（20 分）	20% □	40% □	60% □	80% □	100% □
优化减重（20 分）	20% □	40% □	60% □	80% □	100% □
支撑设置（20 分）	20% □	40% □	60% □	80% □	100% □
切片参数设置（20 分）	20% □	40% □	60% □	80% □	100% □
保存打印文件（5 分）	20% □	40% □	60% □	80% □	100% □
熟练度（5 分）	20% □	40% □	60% □	80% □	100% □
操作规范（5 分）	20% □	40% □	60% □	80% □	100% □
总分					
评价					

（续）

(5) 增材制造成型设备使用和制件加工

操作内容	阶段评分				
3D 打印机准备工作（20 分）	20% ☐	40% ☐	60% ☐	80% ☐	100% ☐
3D 打印机材料安装（10 分）	20% ☐	40% ☐	60% ☐	80% ☐	100% ☐
3D 打印机材料卸载（10 分）	20% ☐	40% ☐	60% ☐	80% ☐	100% ☐
3D 打印机基本检修（15 分）	20% ☐	40% ☐	60% ☐	80% ☐	100% ☐
运行设备加工制作（25 分）	20% ☐	40% ☐	60% ☐	80% ☐	100% ☐
3D 打印制件卸载（10 分）	20% ☐	40% ☐	60% ☐	80% ☐	100% ☐
熟练度（5 分）	20% ☐	40% ☐	60% ☐	80% ☐	100% ☐
操作规范（5 分）	20% ☐	40% ☐	60% ☐	80% ☐	100% ☐
总分					
评价					

(6) 增材制造成型工艺后处理

后处理工艺流程	
运用到的后处理工艺	
小结	

(7) 任务评价

小组评价	
教师评价	
自我总结	

参考文献

[1] 李艳.3D打印企业实例[M].北京：机械工业出版社，2018.
[2] 姚继蔚.3D打印产品成形与后处理工艺[M].北京：机械工业出版社，2023.
[3] 张瑜胜，马勇侠，周明.增材制造技术应用实例[M].北京：电子工业出版社，2022.
[4] 孟献军.3D打印造型技术[M].北京：机械工业出版社，2018.
[5] 魏青松.增材制造技术原理及应用[M].北京：科学出版社，2017.